动物疫病净化系列丛书

美国伪狂犬病根除经历回顾

[美] 美国农业部动植物检疫署　编
中国动物疫病预防控制中心　组译

中国农业出版社
北　京

本书编审人员

主　　审　陈伟生

副 主 审　辛盛鹏　杨　林

主　　译　翟新验　张淼洁

副 主 译　刘林青　康京丽　杨文欢　付　雯　张　倩

译　　者（按姓氏笔画排序）

王　赫　王羽新　王志刚　王慧强　付　雯

刘林青　杜　建　李　琦　杨文欢　张　倩

张淼洁　陈慧娟　康京丽　翟新验　穆佳毅

译者的话

伪狂犬病又名奥耶斯基氏病，是由伪狂犬病病毒引起的家畜和多种野生动物共患的急性、热性传染病，除猪以外的其他动物均呈致死性感染，世界动物卫生组织（OIE）将其列为必须报告的疫病，我国列为二类动物疫病。该病呈全球性分布，是严重危害世界养猪业的主要疫病之一。通过实施根除计划，英国、丹麦、荷兰、德国、美国等国家已经在家畜群中或全国范围内实现了该病的根除。但是，包括我国在内的多数发展中国家仍呈流行态势，给养猪业造成巨大的经济损失。2008 年 10 月，美国农业部动植物检疫署发布第 1923 号技术公报《伪狂犬病及其根除——美国经历的回顾》，详细阐述了自 20 世纪 70 年代开始的美国伪狂犬病根除项目。该公报从养殖业背景、伪狂犬病病毒的特性和历史、早期控制伪狂犬病的诸多尝试、疫苗以及诊断方法等多个方面介绍了开展根除项目的背景，总结了美国 5 个州的试点情况、全国根除项目的实施情况、各个州的根除历程及应急响应。该报告也记录了美国伪狂犬病根除项目的发展及其受到行业认可的整个过程。同时也讨论了根除项目的成本效益及经验教训等问题，对我国开展伪狂犬病净化工作具有很强的实践参考意义。鉴于此，我们翻译并整理了该公报全文，并定名为《美国猪伪狂犬病根除经历回顾》，供读者借鉴。

原版技术人员信息

Lowell A. Anderson,[1] D. V. M. , M. S. ; Neal Black[2]; Thomas J. Hagerty,[3] D. V. M. ; John P. Kluge,[4] D. V. M. , Ph. D. , Diplo. A. C. V. P. ; and Paul L. Sundberg,[5] D. V. M. , Ph. D. , Diplo. A. C. V. P. M.

[1]Lowell Anderson is Area Epidemiology Officer in the Veterinary Services branch of the U. S. Department of Agriculture's Animal and Plant Health Inspection Service in Des Moines, IA.

[2]Neal Black is the former president of the Livestock Conservation Institute and former editor of National Hog Farmer magazine.

[3]Thomas Hagerty is the former chair of the United States Animal Health Association's (USAHA) Pseudorabies Committee, former chair of the Program Standards Subcommittee of USAHA, past president of USAHA, and former Minnesota State Veterinarian.

[4]John Kluge is professor emeritus in the Department of Veterinary Pathology, College of Veterinary Medicine, Iowa State University, and is former chair of the Transmissible Diseases of Swine Committee of USAHA. He was also the first chair of USAHA's Pseudorabies Committee and wrote the chapter on pseudorabies in Diseases of Swine, published by the Iowa State University Press.

[5]Paul Sundberg is Vice President, Science and Technology, the National Pork Board, and a member of the Pseudorabies Control Board.

美国农业部（USDA）在其项目与活动中禁止基于种族、肤色、民族背景、年龄、残疾的歧视；在适用情况下，禁止基于性别、婚姻状况、家庭状况、父母身份、宗教、性取向、遗传信息、政治信仰、报复行为的歧视；禁止因个人的全部或部分收入来源于任何公共援助项目而对其存有歧视（这些禁止的方面并非适用于所有项目）。需要其他方式（盲文、大号字体、录音带等）获取项目信息的残障人士请联系USDA的TARGET中心，联系方式：(202) 720-2600［支持语音和失聪者用电信装置（TDD）］。关于歧视现象的投诉，请致函美国农业部民权办公室主任，地址：华盛顿哥伦比亚特区西南区独立大道 1400 号 Whitten 大厦 326-W 室，邮编：20250-9410；或致电：(800) 795-3272（语音）、(202) 720-6382（TDD）。美国农业部以平等的方式提供机会和雇佣员工。

对一些公司或商业产品的提及并非意味着美国农业部推荐或认可这些公司或产品优于其他未提及的公司或产品。美国农业部既没有担保，也没有批准所提及的任何产品的标准。提及产品名称仅仅是为了对获得的数据进行真实的报告，并提供具体的信息。

本出版物报告了涉及农药的研究。所有农药的用法在经推荐前，都必须由合适的州立和/或联邦机构进行登记。

敬告：若使用不当，农药将对人类、家畜、植物、鱼类或其他野生动植物造成伤害。请有选择性地并谨慎使用农药。对于剩余农药及农药容器的处理，请遵循推荐措施。

2008 年 10 月发布

原版前言

撰写这一报告是为了将其用作美国伪狂犬病（奥耶斯基氏病）根除项目的历史记录，以及在考虑未来疾病根除项目之时用作指导。本报告提供了对该项目及其历史的概括。整体上本报告是非技术性的，其中有些章节是由学科专家所撰写的。在最后四个州达到第五阶段（无伪狂犬病）的三年之后，即 2007 年，这些信息被汇编成册。伪狂犬病根除工作是从 1989 年正式开始的。

本报告的内容包括了各种各样的信息，这些信息代表了参与根除项目的人士的观点。为了介绍伪狂犬病所带来的挑战，本报告涵盖了伪狂犬病病毒（PRV）的特性、该疾病在美国的历史，强毒株的出现，以及 20 世纪 70 年代养猪业的变化。本报告也讨论了早期对 PRV 进行控制的尝试、疫苗以及诊断工具，回顾了不同的试点项目、各个州的经历以及关于根除或控制的正反两方面的全国性讨论。此外，本报告也提供了国家根除项目的发展与其受到认可的过程，包括在该行业以及州/联邦官员之间的辩论、资金、测试方案、清除计划以及基因缺失疫苗与其补充检测的发展。报告也包括了再次引入野生猪所带来的威胁以及应急方案。最后，关于疾病根除工作的不同观点，技术协调员们专门编写了一章内容，即从中得到的经验教训。

尽管在本报告中，我们具体提及了一些为该项目作出贡献的个人，这并非意味着我们忽略了其他为之作出卓越贡献的人们。如果没有这些人的辛勤工作与支持，伪狂犬病根除项目不会获得成功。对未能提及姓名的所有的贡献者表示感谢，我们对此深表遗憾。我们将本报告献给众多以其独特方式为完成根除目标作出贡献的人们。我们也深深地感激我们的国际伙伴——他们慷慨地分享了自身经历，帮助我们实现了在美国家养猪中根除伪狂犬病的目标。

原版致谢

以下 31 位作者为本报告的内容提供了信息，他们是由技术协调员根据其专业领域以及在根除项目中所扮演的角色而挑选出来的。

这些角色包括猪肉生产商、猪肉生产商咨询委员会成员、猪肉生产商协会管理者、美国猪兽医协会官员、现任以及前任州兽医、来自国家畜牧业学会的官员以及委员会领导、大学推广兽医、来自美国动物卫生协会的官员以及委员会领导、来自大学和政府机构的研究员，以及来自美国农业部（USDA）动植物检疫署（APHIS）兽医局的兽医。

作者

Lowell A. Anderson, D. V. M., M. S.

Paul L. Anderson, D. V. M., M. S.

Joseph F. Annelli, D. V. M., M. S.

Mary Battrell, D. V. M., M. S.

George W. Beran, D. V. M., Ph. D., L. H. D.

Troy T. Bigelow, D. V. M.

Neal Black, Editor and Industry Leader

Philip E. Bradshaw, Pork Producer

Robert G. Ehlenfeldt, D. V. M.

John I. Enck, V. M. D.

David A. Espeseth, D. V. M., M. S.

Robert D. Glock, D. V. M., Ph. D., Diplo. A. C. V. P.

Thomas J. Hagerty, D. V. M.

Edwin C. Hahn, Ph. D.

Howard Hill, D. V. M., Ph. D.

Richard D. Hull, D. V. M.

John P. Kluge, D. V. M., Ph. D., Diplo. A. C. V. P.

John A. Korslund, D. V. M.

Willard J. Korsmeyer, Pork Producer

James W. Leafstedt, Pork Producer

Bret D. Marsh, D. V. M.

James D. McKean, D. V. M., M. S., J. D.

William L. Mengeling, D. V. M., Ph. D., Diplo. A. C. V. M.

R. R. Ormiston, D. V. M.

Kenneth B. Platt D. V. M., Ph. D., Diplo. A. C. V. M.

Mark A. Schoenbaum, D. V. M., Ph. D.

R. L. 'Rick' Sibbel, D. V. M.

Paul L. Sundberg, D. V. M., Ph. D., Diplo. A. C. V. P. M.

Mike Telford, Industry Leader

Max A. Van Buskirk, V. M. D.

Larry L. Williams, D. V. M.

技术协调员对参与报告审查以确保技术准确性的下列人员表示感谢。

审阅者

Tom Burkgren, D. V. M., M. B. A., Executive Director of the American Association of Swine Veterinarians

Sam D. Holland，D. V. M. ，South Dakota State Veterinarian

Elizabeth A. Lautner，D. V. M. ，M. S. ，Director of the USDA-APHIS-VS' National Veterinary Services Laboratories and former Vice President of Science and Technology，National Pork Board

David G. Pyburn，D. V. M. ，USDA-APHIS-VS，Swine Health Programs

James E. Stocker，former Director of the National Pork Producers Council and National Pork Board，former board member of the National Institute for Animal Agriculture，past Director of the North Carolina Pork Producers Council

Jeffrey J. Zimmerman，D. V. M. ，Ph. D. ，Diplo. A. C. V. P. M. ，Associate Professor of Veterinary Diagnostic and Production Animal Medicine，Iowa State University

时间轴与里程碑

关于伪狂犬病根除项目的发展、实践与完成过程，将在以后章节中详述，下面只简要说明期间所发生的里程碑事件。

1975 年——在伊利诺伊州皮奥瑞亚召开的牲畜保护学会（LCI）全国性年会期间，组织了第一次关于伪狂犬病的会议。伊利诺伊州开始隔离受感染的畜群。艾奥瓦纯种猪委员会为艾奥瓦州立大学兽医诊断实验室提供了关于伪狂犬病研究的资金。1—5 月，艾奥瓦州发现了 30 个伪狂犬病病例。伊利诺伊州开始在受感染的畜群中使用 PRV 抗血清。LCI 伪狂犬病委员会成立，该委员会批准了支持“根除概念”的决议。印第安纳州成为首个需要进行 PRV 检测的产猪大州。在一些中西部州中，开始销售一种并未获得动植物检疫署（APHIS）兽医生物制品中心（CVB）许可的灭活疫苗。

1977 年——宣布了一个分为三阶段的根除计划草案初稿。诊断实验室的调查表明，1976 年共确诊了 714 个病例。美国动物卫生协会（USAHA）与国家猪肉生产商委员会（NPPC）支持根除。美国农场局联合会（AFBF）要求研究确定根除的可行性。出于对伪狂犬病的担忧，取消了三个国家种畜协会会议。兽医局（VS）的一个研究小组通过决议，呼吁将伪狂犬病列为紧急情况。兽医局开始考虑制定关于伪狂犬病的州际调运条例。兽医局在艾奥瓦州埃姆斯召开了一次会议，以制定针对该疫病的方针。在会议结束之际，APHIS 前署长——弗兰克·马尔赫恩博士说道：“这个行业并没有放弃在将来的某天实现根除，但并不是现在。现在，这个行业需要的是可以紧急接种的疫苗。”确认了三个伪狂犬病流行区：艾奥瓦州西北部、伊利诺伊州派克县与印第安纳州卡洛尔县。由内布拉斯加州林肯市的诺顿实验室生产的伪狂犬病疫苗成为首个获得联邦许可的疫苗。在夏季育种会议上，要求对所有动物进行阴性测试。在监测的基础上，兽医局宣布了一个伪狂犬病防控项目，以确定发病率，同时通过限制动物移动减少传播，在流行区限制性使用疫苗。由于伪狂犬病流行，各州优质猪的展览会大量减少。动植物检疫署提议，开展调运种畜前进行伪狂犬病阴性检测的法规的讨论。为回应种猪饲养者，对这一规范性提案作出了修改。

1978 年——由州兽医所进行的调查表明，40 个州均至少有一个基本的伪狂犬病控制程序，涉及检疫隔离和病例报告。动植物检疫署发布了联邦法规的第二和第三草案，并征集建议。

1979 年——动植物检疫署发布了联邦法规的最终稿，于 5 月开始生效。批准了密歇根州西南部试验的根除项目。种猪饲养者呼吁统一州际调运法规。

1980 年——密歇根项目在关于补偿款支付方面出现争议和困难。四种可选方案中的一种，在根除项目生效之前进行防控，得到了 LCI 伪狂犬病委员会的认可。全国猪良种记录协会呼吁改变州际调运法规，允许已接种疫苗的动物移动。

1981 年——国家猪肉生产商委员会（NPPC）理事会请求兽医局下放对伪狂犬病的管控并允许各州自行管控该病。一个全国性的联合听证会（由 NPPC、LCI 与 USAHA 组成）阐述了行业内存在的深刻分歧。LCI 请求兽医局开展试点项目，以确定根除是否可行。艾奥瓦州立大学的研究员宣称，在对猪进行检测时，可以使用一种“亚单位”疫苗将疫苗株和野毒株产生的抗体区分开来。

1982 年——LCI 发行了两本小册子，一本内容涉及从畜群中根除伪狂犬病，而另一本则介绍了伪狂犬病的流行病学。研究者们设计了一个屠宰场调查方案，以确定三个主要养猪大州中猪伪狂犬病的血清学阳性率。调查结果显示，群体阳性率和个体阳性率分别为 20%和 10%。

1983 年——NPPC 呼吁 APHIS 在为试点项目提供资金和撤销所有相关联邦法规中进行选择。APHIS 同意为这些项目提供 40 万美元资金，NPPC 也提供了 10 万美元支持这些项目。首先在艾奥瓦州和伊利诺伊州开展了试点项目，后来也在威斯康星州、宾夕法尼亚州和北卡罗来纳州开展。

1984 年——伊利诺伊州率先推出了《保育猪检测规范》，要求母猪群检测为阴性，以允许保育猪流动。这一规范于 1985 年 2 月 15 日开始生效。

1985 年——国家伪狂犬病控制委员会成立。

1986 年——召开了伊利诺伊州皮奥瑞亚会议，讨论试点项目执行情况。在听取了试点项目分析后，评审委员会投票支持根除活动，并要求特别工作小组编制一份根除计划。同年，首个基因缺失疫苗获得了许可，乳胶凝集试验与酶联免疫吸附试验获得了许可。特别工作小组发布了根除计划的“第七草案”，并征求来自行业的意见。USAHA 伪狂犬病委员会同意了该计划。国家伪狂犬病控制委员会授予了首个州状态，威斯康星州等级 B。

1987 年——NPPC 在 3 月份批准了 1986 年制定，并在 1986—1987 年冬季讨论决定的伪狂犬病根除计划。兽医局关于试点项目的总结表明，在畜群中根除 PRV 的成功率接近 98%。州兽医估算出的感染畜群数量如下：艾奥瓦州 3 000 个，伊利诺伊州 570 个，印第安纳州 1 000 个，明尼苏达州 1 000 个。

1988 年——批准了一项用以鉴别基因缺失疫苗免疫抗体的诊断试验。对屠宰猪的调查表明，1974 年的血清阳性率低于 1%，而到 1984 年，在肉猪中超过 8%，在种畜中接近 19%，其中有些阳性是由疫苗免疫引起的。伪狂犬病集中于养猪量大的区域。USAHA 伪狂犬病委员会在阿肯色州小石城召开的年会上批准了《根除项目标准草案》。兽医局出版了这一草案，并于次年 1 月发给州政府官员。

1989 年——在全美召开了地区会议。在佛罗里达州奥兰多召开了首个关于野猪的会议。首个关于各州季度性报告的总结展现了各州每 1 000 个畜群中受感染的畜群数：艾奥瓦州 65 个，印第安纳州 53 个，内布拉斯加州 43 个，明尼苏达州 28 个，伊利诺伊州 25 个，北卡罗来纳州 18 个，南达科他州 14 个，乔治亚州 11 个，俄亥俄州 10 个。31 份州报告显示每 1 000 群平均有 21 群受到感染。印第安纳州报告将所有感染畜群都列入了净化计划。俄亥俄州报告将 90%的感染畜群列入了净化计划，31 份州报告的平均数是 36%。NPPC 与兽医局处成立了一个大型畜群净化委员会，以配合对于大型畜群净化伪狂犬病的研究。

项目目标获得了批准：到 1992 年，各州都应该达到第二阶段或更高的阶段，至少有 22 个州应该处于第四阶段或无 PRV 阶段；到 1995 年末，除艾奥瓦州外，各州都应该达到第二或更高的阶段，有 40 个州应该处于第四阶段或无 PRV 阶段；到 1996 年末，各州都应该处于第三阶段或更高的阶段；到 1998 年末，除艾奥瓦州外，各州都应处于第四阶段或 PRV 无疫阶段。到 2000 年末，各州都应该处于 PRV 无疫阶段。爱德士公司（IDEXX）的畜群检测鉴别诊断试验能够将野毒抗体和疫苗抗体区分开来，获得了兽医局认可，作为官方检测方法。

1990 年——对项目标准进行了修改，允许遵循新的畜群接种与检测程序的猪进行州际移动。28 个州实现了项目阶段目标。处于不同阶段州的数量如下：第三阶段 7 个，第二阶段 13 个，第一阶段 8 个。LCI 伪狂犬病委员会提出过渡州阶段，并由 USAHA 伪狂犬病委员会进行核准。不同的疫苗在修订的项目标准中获得了批准。华盛顿州是最后一个成立伪狂犬病咨询委员会的州。LCI 出版了新版的《伪狂犬病流行病学现场工作指南》（附件 1）。36 个州参与了这个全国性的伪狂犬病项目，其中 10 个州处于第一阶段，19 个州处于第二阶段，还有 7 个州处于第三阶段。启动了一个关于大型畜群净化的研究。LCI 出版了新版的《猪伪狂犬病根除指南》（附件 2）。在内布拉斯加州开始了强制性的畜群检测。

1991 年——除了 4 个州之外的其他各州都参与了这一项目。北卡罗来纳州是第一个采纳过渡状态的州。在明尼苏达州圣保罗召开了关于根除 PRV 的国际性研讨会。处于第二阶段的州内 70%感染母猪和 3/4 的感染畜群被列入了该项目畜群的净化阶段。APHIS 召集了一个野生猪技术组。7 月份各州的项目状态如下：12 个州处于第一阶段，20 个州处于第二阶段，13 个州处于第三阶段，1 个州处于第二到第三阶段的过渡状态，3 个州处于第四阶段，1 个州处于无 PRV 阶段。到 8 月，所有的州都参与了该项目。USAHA 伪狂犬病委员会建议对项目标准进行修改。(VS) 递交了一份年度报告，有 15 个州无伪狂犬病病毒感染，有 4 个州只有 1 个已知的感染畜群，还有其他 7 个州感染的畜群不到 5 个。

1992 年——来自伊利诺伊州的阿诺德·塔夫脱（Arnold Taft）博士成了兽医局伪狂犬病根除项目的管理者。缅因州成为第一个实现无疫的州。LCI 与技术顾问组联合，建议在 1993 年 7 月 1 日之前停止销售非 gⅠ（gE）缺失的伪狂犬病疫苗，并于 1994 年 1 月 1 日之前停止这类疫苗的使用。截至 7 月 15 日各州的状态如下：9 个州处于第一阶段，15 个州处于第二阶段，3 个州处于第二到第三阶段的过渡状态，14 个州处于第三阶段，8 个州处于第四阶段，1 个州达到无疫阶段。犹他州和新墨西哥州成了第二和第三个无疫州。

1993 年——阿拉斯加州被认可达到无疫状态。截至 7 月 30 日，全国范围内感染畜群的数量为 6 854 个。

1994 年——北达科他州成了第 12 个无疫州，其他各州为阿拉斯加州、康涅狄格州、爱达荷州、缅因州、密西西比州、蒙大拿州、新墨西哥州、纽约州、俄勒冈州、犹他州与怀俄明州。在年末处于其他阶段的州：1 个州处于第一阶段，9 个州处于第二阶段，25 个州处于第三阶段，2 个州处于第二到第三阶段的过渡状态，还有 10 个州处于第四阶段。全国范围内感染畜群的总数量为 5 342。

1995 年——美国伪狂犬病病毒感染的畜群数量减少至 4 789 个。

1996 年——马里兰州成了第 19 个无疫州。截至 6 月 30 日其他各州的状态如下：7 个州处于第四阶段，17 个州处于第三阶段，8 个州处于第二阶段。最大的产猪大州——南达科他州达到了第四阶段。

1997 年——艾奥瓦州实现了第二到第三阶段的过渡状态。有 32 个州处于第四阶段或无疫阶段。与波多黎各一起，田纳西州成为第 25 个无疫州。其他各州等级如下：5 个州处于第四阶段，2 个州处于第三到第四阶段的过渡状态，12 个州处于第三阶段，5 个州处于第二到第三阶段的过渡状态。美国已知的感染畜群数量减少到

2 077个。

1998 年——亚拉巴马州成为了无疫州。处于不同阶段州的数量如下：27 个州处于第五阶段，5 个州处于第四阶段，3 个州处于第三到第四阶段的过渡状态，11 个州处于第二阶段，还有 4 个州处于第二到第三阶段的过渡状态。

1999 年——启动了伪狂犬病根除加速项目，项目使用商品信贷公司基金来清除受感染的畜群。年末，美国范围内感染的畜群减少到了 200 多个。2000 年初，感染畜群数量增加到了 462 个，这主要是由艾奥瓦州暴发疫病所引起的。

2001 年——北卡罗来纳州、俄亥俄州和加利福尼亚州达到了无疫状态。截至 2 月 28 日，只有马萨诸塞州、南达科他州和伊利诺伊州仍处于第四阶段；印第安纳州、明尼苏达州、内布拉斯加州、新泽西州和田纳西州仍处于第三到第四阶段的过渡状态；佛罗里达州、路易斯安那州和得克萨斯州仍处于第三阶段；艾奥瓦州处于第二到第三阶段的过渡状态。截至 9 月 30 日，在美国只剩下 12 个已知的感染畜群：9 个在艾奥瓦州，3 个在内布拉斯加州。年末，4 个州处于第四阶段；3 个州处于第三到第四阶段的过渡状态；3 个州处于第三阶段（全部为野猪感染）；还有 1 个州（艾奥瓦州）处于第二到第三阶段的过渡状态。

2002 年——除了 6 月宾夕法尼亚州清除了一个感染畜群外，全国范围内已无已知的伪狂犬病例。内布拉斯加州和南达科他州达到了无疫状态，艾奥瓦州达到了第四阶段。

2003 年——除了艾奥瓦州、宾夕法尼亚州和得克萨斯州之外，各州都达到了无疫状态。这三个州处于第四阶段。

2004 年——各州都达到了伪狂犬病无疫状态。

2005 年——4 月，在国家畜牧业学会（NIAA）（LCI 的新名称）年度会议上，对实现了伪狂犬病根除进行了庆祝。

术语表和缩写词

AASP 美国猪医师协会。见 AASV。

AASV 美国猪兽医协会。旧称是美国猪医师协会（AASP）。美国猪兽医协会的使命是通过以下方式增加猪兽医的知识：促进可以强化专业活动有效性的资源的发展与可获得性；创造可以促进个人与专业成长的机会；宣传解决行业问题的基于科学的方法；鼓励个人与专业互动；以及指导学生、鼓励终生从事猪兽医工作。http：// www. aasv. org/

AAVLD 美国兽医实验诊断医学会。该学会的使命是宣传与动物疾病诊断相关的知识；协调监管、研究与服务实验室的诊断活动；确定统一的诊断技术；提高现有的诊断技术；研发新的诊断技术；确定公认的指导方针，以改进与实验诊断组织相关的人员资格与设施；并且，就动物疾病监管项目统一的诊断标准，担任美国动物卫生协会的顾问。http：//www. aavld. org/mc/page. do

AFBF 美国农场局联合会。是为农业发声的统一的国家组织，通过基础组织的工作改善美国农民的生活并建立强大的、繁荣的农业团体。http：// www. fb. org/

AHT 动物卫生技术员

ALA 自动乳胶凝集试验

APEP 伪狂犬病根除加速项目

ARS USDA 农业研究局。该局开展研究，从而为国家重点农业问题形成并输送解决方案，并为保证高质量的安全食品以及其他农产品提供信息获取通道，进行信息宣传；评估美国人的营养需求；维持有竞争力的农业经济；强化自然资源基础与环境；为作为一个整体的农村居民、社区与社会提供经济机会。http：//www. ars. usda. gov/main/main. htm

AVIC 地区兽医主管

CEAH 动植物检疫署兽医局动物卫生与流行病学中心。动物卫生与流行病学中心（CEAH）是 USDA 动植物检疫署兽医局的一部分。在兽医局中，人们期待 CEAH 以其创新与团队合作帮助美国农业团体应对具有挑战性的动物健康问题。

多学科的工作人员形成关于动物健康的及时的、真实的信息与知识。CEAH 由三个中心组成。每个中心都有其特定的关注点，所有三个中心共享相似专业领域的资源，结合起来满足兽医局和动植物检疫署的需求。CEAH 也是世界动物卫生组织动物疾病信息系统与风险分析协调中心，并参与各种国际活动。http：//www. aphis. usda. gov/vs/ceah/

CFR《联邦法规汇编》

Cleanup 净化。用于描述从猪群中根除 PRV 的程序的术语。这种根除活动可以通过以下方式完成：清群，检测并淘汰呈阳性的猪，隔离未被感染的仔猪并在一段时间后利用这些仔猪取代被感染的种猪。

Commercial Production Swine 商品猪，也被称为商业猪。是一类持续受到管理并有充足的设施和管理规范防止与过渡型猪或野生猪接触的猪。有时，“家猪”这一术语也被用于定义商业猪，与自由活动的猪对比。“商业”这个术语也被用于形容生产肉用型猪的猪或业务，与生产种猪的业务形成对比。

County Extension Education Director 县推广教育主管。合作推广体系是一个全国性的、无学分的教育网络。美国各州和各地区在其赠地大学中都有州办公室以及当地或地区办公室网络。州际研究、教育和推广合作局（CSREES）是合作推广体系中联邦的伙伴。县推广教育主管促进了这些教育项目在地区水平上的落实与分布。http：//www. csrees. usda. gov/

CVB-USDA 动植物检疫署兽医局兽医生物制品中心。对兽医生物制品（疫苗、菌苗、抗血清、诊断器材以及其他生物制品）进行监管，以保证关于动物疾病的诊断、防御和治疗可获得的兽医生物制品是洁净的、安全的、有效的。http：//www. aphis. usda. gov/animal _ health/vet _ biologics/

ELISA 酶联免疫吸附试验

EMRS 应急管理响应系统。是一个基于网络的数据库，兽医局利用该系统管理和调查美国动物疾病发生的情况。EMRS 也被用于记录和上报从例行的关于外来动物疾病与突发疾病而开展的调查中所获得的信息。

FA 荧光抗体

FY 财政年度

GDB 一般数据库

gE，gB，gC，gD，gI，gG 均指疱疹病毒粒子病毒包膜中所含的不同的糖蛋白（g）。通过删除某些特定基因而改变病毒基因组，可防止某些糖蛋白的表达。这可减少疫苗制品的毒性，也可以通过诊断检测以区分接种疫苗株的猪所产生的抗体与接触过野毒株的猪所产生的抗体。之前，这些糖蛋白由罗马数字进行命名，或根据其分子量进行命名。现在，这类命名法已被取代，从而在提及动物和人类疱疹病毒糖蛋白时保持一致性。这个表格总结了目前公认的命名法与相对的之前的命名法。

现在的，公认的	先前的缩写
gE	gⅠ
gB	gⅡ
gC	gⅢ
gD	gp50
gI	gp63
gG	gⅩ

Hog Cholera 猪霍乱（也称为猪瘟或 CSF），是一种具有高度传染性的病毒性败血症，只对猪有影响。

Hog Cholera Eradication 猪霍乱根除项目，是于 1961 年正式开始的国家项目，目的是从美国家猪中根除猪霍乱病毒。1978 年 1 月 31 日，农业部部长宣布美国已无猪霍乱。

kbp 千碱基对

LCI 牲畜保护学会。目前被称为国家畜牧业学会（NIAA）。更多信息，请见（以下）NIAA。http：//www. animalagriculture. org/

MLV 修饰后的活病毒

NC 核蛋白壳

NCAHP 国家动物卫生项目中心。该中心发起、领导、协调并促进国家认证与根除项目，根据组织价值观通过预防、减少或根除与经济相关的动物疾病而促进、保证并提高美国动物的健康情况。http：//www. aphis. usda. gov/vs/nahps/

NEPA《国家环境政策法》要求联邦机构通过考虑其拟议行动和这些行动合理的替代方案，在决策过程中结合环境价值。为满足这项要求，联邦机构准备了一份详细的报告书，即《环境影响报告书》（EIS)。环境保护署对其他联邦机构所准备的 EIS 进行审查与评论，为所有 EIS 维护国家存档系统，并确保其行动与 NEPA 相一致。

NIAA 国家畜牧业学会，旧称是牲畜保护学会（LCI）。国家畜牧业学会的使命是为畜牧业建立共识与推进解决方案提供论坛，并为畜牧业专家提供连续的教育与

沟通联系。http：//www. animalagriculture. org/

NPB 国家猪肉委员会。通过应对与研究、教育和产品推销相关的问题以及通过将美国猪肉建设成为全球首选蛋白质而促进所有猪肉生产商的成功。

NPPC 国家猪肉生产商委员会。代表其 44 个附属州协会成员开展公共政策延伸服务，将美国猪肉行业建设成为国内和世界市场上高质量猪肉的始终如一的、负责的供应商，增加了美国猪肉生产商和其他行业利益相关者获得成功的机会。http：//www. nppc. org/

NVSL 国家兽医局实验室。是 USDA 动植物检疫署兽医局的一部分。NVSL 起到了其作为各种国内外动物疾病的国家参考实验室的作用。该实验室为其他诊断实验室提供了动物疾病信息、技术指导与支持。NVSL 也起到了其作为特定动物疾病（包括伪狂犬病）的国际参考实验室的作用。http：//www. aphis. usda. gov/vs/nvsl/

OIE 世界动物卫生组织。OIE 的目标是确保全球动物疾病情况的透明性；收集、分析并宣传兽医科学信息；提供专业知识并鼓励国际社会团结一致控制动物疾病；通过出版关于动物与动物制品国际贸易的卫生标准而保护世界贸易；并且，提供关于食品动物来源更好的保证，以及通过基于科学的方法而提升动物福利。http：//www. oie. int/eng/en _ index. htm

PCFIA 微粒浓缩荧光免疫分析®

PDA 宾夕法尼亚州农业部

PRV 伪狂犬病病毒、伪狂犬病、奥耶斯基氏病、疯痒病、传染性延髓麻痹。

R. Allen Packer Heritage Room R. 艾伦·帕克文物馆是位于艾奥瓦州埃姆斯艾奥瓦州立大学兽医学院的一座关于兽医学历史的博物馆。乔治·W. 贝兰，兽医学博士，PhD，LHD ——杰出的荣休教授，是该兽医文物馆的项目主管。http：//www. vetmed. iastate. edu/the _ college/default. aspx？id＝920

SCWDS 东南部野生动植物疾病合作研究。SCWDS 的州-联邦合作结构是为负责国家野生动植物与家畜资源的州和联邦机构提供高质量的野生动植物疾病专业知识最合算的方式。通过共享设施、交通工具、科学设备、薪资和其他成本，每个赞助机构都可获得比之个体可负担的更为复杂与敏感的野生动植物能力。SCWDS 项目没有复制任何现有的州或联邦实验室或机构的工作；相反，该项目提供了其他情况下不可获得的、范围更广的高质量服务。SCWDS 由东南部的 15 个州和波多黎各、美国内政部生物资源部以及 USDA 动植物检疫署兽医局（关于可能有疾病影响野生动植物、家畜和家禽的国家地区和国际地区提供咨询和监测）提供支持。除了合作方式的经济效益之外，还有其他许多因素需要考虑。野生动植物疾病问题是各部门的人士（即：野生动植物管理者、户外娱乐者、农民、地主、兽医和医生）共同关注的问题。SCWDS 是野生动植物专家与私营机构、州和联邦机构为共同目标而努力的共同基础。http：// www. uga. edu/scwds/

SPF 无特定病原体

SVN 血清病毒中和

tk 胸苷激酶

TS 技术服务

UM&R 统一的方法和规则

USAHA 美国动物卫生协会，是一个有一个多世纪历史的国家动物卫生论坛，是一个以科学为基础的、非营利的、自发的组织。该协会 1 400 名成员是州和联邦动物卫生官、国家联盟组织、地区代表和个人会员。USAHA 与州和联邦政府、大学、兽医、牲畜生产商、国家牲畜和家禽组织、科研人员、合作推广服务以及其他 7 个国家合作，以控制美国牲畜的疾病。USAHA 代表了所有 50 个州，其他 7 个国家与 18 个服务于健康、技术与消费者市场的联合团队。http：//www. usaha. org/

USDA，APHIS，VS 美国农业部动植物检疫署兽医局。USDA 的使命是保护美国农业与自然资源的健康与价值。动植物检疫署采取了各种措施保护和提高国内动物、动物产品与兽医生物制品的卫生、质量与适销性。http：//www. aphis. usda. gov/animal _ health/

VMO 兽医卫生官员

VS 兽医局。见 USDA 动植物检疫署兽医局

WS 美国农业部动植物检疫署野生动植物局提供了联邦领导与专业技术，以解决野生动植物矛盾并创造一个允许人类和野生动植物和平共存的平衡状态。由于野生动植物与人类（或其他动物）之间的互动，存在健康与安全危险。WS 致力于预防这些类型的危险：比如航空安全、影响动物或人类的野生动植物疾病，以及财产损失和城区内其他相似的威胁。WS 频繁地与地主、资源管理者和大众进行合作，以保护自然资源。这些活动包括保护受到威胁的和濒危的动物/植物物种、自然区域、狩猎物种和其他有价值的野生动植物的项目。http：//www. aphis. usda. gov/wildlife _ damage/

目 录

第1章

变化中的养猪业

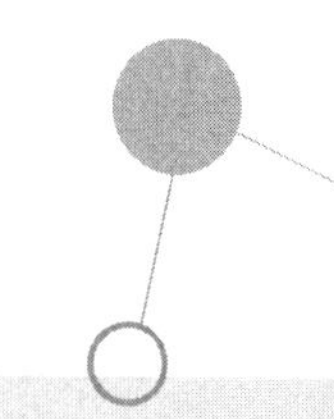

20 世纪 50—80 年代，PRV 给养猪业带来了比之前更为严重的影响，导致猪的生产方式以及畜牧业生产实践发生了巨大的变化。接连而起的损失与动物移动限制最终促使行业考虑开展根除项目。

在美国，大约从 1920 年至 1960 年，猪的生产实践都保持稳定。从 20 世纪 60 年代开始，行业开始发生变化。首先，遗传学技术被用于改良“肉用型猪”；其次，随着交通的改善，生猪移动开始成为猪病蔓延的一个因素。

20 世纪 50 年代，生产方式由之前的夏季在户外一建筑中产仔猪变为使用可供暖的建筑。北方在春季和秋季产仔猪，以避免极端温度。泥地被替换为水泥地（图 1.1）。大多数的养猪设施需要大量劳力来清理粪便。多数母猪在围栏中产仔猪，并采用木质地板和保温灯来保护仔猪。这段时期母猪要为小猪哺乳 8 周或更长的时间。同时，定量供应日粮和增加日粮中的蛋白质变得更加普遍。

图 1.1 泥地被替换为水泥地
（动植物检疫署照片，洛厄尔·安德森拍摄）

20 世纪 50 年代，猪的移动主要是流向市场（包括家畜拍卖市场）、通过私人协议流向其他农场以及相关展会。后两种移动需要动物检疫证明，包括关于猪瘟和丹毒的免疫情况。

20 世纪 60 年代，饲养者开始使用更大的、更加现代化的分娩设施（图 1.2），母猪妊娠舍，以及育肥舍。开始使用漏缝地板，并且能够实现完全密闭饲养。在美国东部，为了满足屠宰加工厂对附近生猪的需求，一些养殖场建造了户外设施用于对大量架子进行育肥，这些猪来源多样。室内养殖的猪为精瘦型，准备流向市场的猪的名称从“脂肪型猪”变为了“商品猪”或者“肉猪”。在有限的空间中饲养更多的猪，这一趋势为猪的疫病带来了新的变化。

图 1.2　现代的分娩设施
（乔治·W. 贝兰拍摄，R. 艾伦·帕克文物馆）

猪瘟根除项目使生产商更加关注疫病的感染情况。然而，还是很少有人关注到多个来源的动物进行混合饲养这一问题。把猪带往展会，再将其带回家的现象是很普遍的。仅有少数人知道隔离与生物安全的概念，但是没有在生产实践中普遍应用。

当时每个猪群平均有 25～100 头母猪，中西部的大多数农场是按照从产仔到育肥的模式运作，而在北卡罗来纳州和其他东南部的州中，架子猪产量迅速增长。许多种畜生产商开始为农户提供新的基因改良种猪。

猪的品系以及消费者偏好的改变影响了养猪业。20 世纪 70 年代，遗传学技术的进步使得猪的背膘减少，肌肉增加，饲料转化效率提高。公猪测定站聚集了许多不同来源的猪，以比较它们的特性，同时，这里也是很受欢迎的购买种猪的地方。交流会中的展览和国内的品种展览也帮助宣传并且出售这些改良后的猪。这一趋势促进了猪的混群，同时也促进了疫病的混合。这些生产实践在商业贸易中是十分重要的，并影响了消费者对猪肉的接受程度。

20 世纪 60 年代晚期至 70 年代初期，因为有了无特定病原体（SPF）猪的概念，隔离、闭群饲养和生物安全的概念开始出现。通过剖腹产接生仔猪可以使它们免于感染一些特定疾病，但是后来发现，这种方式并不能避免 PRV 感染。不过，生物安全的概念已经有了。

尽管无特定病原体种猪的销售良好，但是并未考虑普通生产商的成本效益。大多数饲养者仍然定期向猪群中引入不同来源的公猪，有时候也增加一些小母猪，但没有隔离措施。

20 世纪 70 年代依然是养猪业发生重大变化的时期，生产单元的规模持续扩大。生产商首次开始与育种企业合作进行生产，将后代猪带回农场饲养直到出栏。育种企业扩大了，个体农场和种畜生产商的规模也扩大了。种畜产业蒸蒸日上，开始减少从周边地区购买公猪，并鼓励从更远的公司来购买公猪和母猪。更好的交通与运猪车促进了种猪和架子猪的长途运输（图 1.3）。

图 1.3　在农场间运送猪，以及将猪运往市场

（动植物检疫署照片，洛厄尔·安德森拍摄）

分娩设施的数量增加，能够容纳更多猪的育肥舍变得普遍（比如“嘉吉公

司”）。在允许饲养、交通方便以及拥有市场的区域，养猪单元增加，猪群密度也开始变大。

20世纪70年代中期出现了第一份关于一种“新的”、更严重的猪病的报告，这种病称为伪狂犬病，也可以称作奥耶斯基氏病。面对这种新的疾病带来的威胁，养殖者有多种反应。第一种反应是无动于衷。大多数养殖者认为这只是一种暂时的、短暂的现象，并相信这不会给他们所在的地区带来问题。第二种反应是放弃。既然对于伪狂犬病无计可施，那么它就仅仅成为另一种需要处理的疾病。第三种反应是害怕。由于可以进行诊断检测，潜在的买家会避免购买受感染的架子猪或种猪。对于种猪和架子猪生产商而言，这种情况改变了他们的一切，他们很有可能因此而失去生计。

20世纪70年代晚期，伪狂犬病开始改变养猪行业。对种猪的检测和临床暴发证明了发病率的上升。生产商对于如何控制这种新的疾病感到困惑，其中的一个关注点是诊断检测的可靠性。最初，针对血清病毒中和试验展开了讨论。在一些猪群中，猪的检测呈低滴度的阳性结果，但并没有临床症状。面对猪群中的疾病，养殖者不得不作出决定：等待猪群自然产生免疫力，或是尝试着对猪群进行检测并清除感染猪，许多因素都会影响决定。许多州开始要求在进行猪的州际贸易之前，由认证兽医出具健康证明。一些州开始进行强制隔离检疫，限制PRV检测阳性猪群中猪的流动。生产商只能选择接受感染的猪群或是将阳性猪清除。

20世纪80年代，猪的生产仍在持续增加并且集中，一些新的实践开始用于解决特定的疾病问题。对闭群饲养和人员出入淋浴制度等措施进行了尝试。出现了全场或整栋舍全进全出的生产模式。早期断奶似乎可以控制疫病从种猪群传给后代猪群。三点式饲养（分娩、保育、育肥）的生产模式也可以解决一些问题。通过免疫来控制PRV也成为常规的考虑措施。

研发的一种有效的疫苗能够避免猪只流产和小猪死亡所带来的损失，但也带来了一些新的问题。在这样的情况下，一些养殖者改变了他们对于PRV的态度。自繁自养的生产模式需要养殖者像以前一样忍受PRV并接受损失。不允许接种疫苗的种猪和架子猪在各州间移动，但是一些州允许接种猪在本州内移动。因此，对于种畜生产商而言，他们面临着是否要接种疫苗的选择。当时并没有一个统一的、由国家管理的监管项目。一些州并没有PRV存在的证据，而其他州则隔离任何检测结果呈阳性的畜群。如果畜主出售的猪不是用于屠宰，则需要从猪群中根除PRV。疫病成本、疫苗费用、市场限制，甚至市场的亏损促使行业考虑根除伪狂犬病。受到 PRV 问题困扰的养殖者对于根除理念的看法不同于那些没有受到疫病影响的养殖者。通常，没有受到移动限制和强制检疫的养殖者很快就支持根除的想法，而感染猪群的畜主则努力寻找能够控制伪狂犬病的措施。1978 年，养猪行业成功完成了一场根除猪瘟的战役，参与过那次战役的人们已经准备好在找到可利用的工具之前开始 PRV 根除活动。

第2章

病毒的出现

2.1 共存，1813 年至 20 世纪 60 年代

在美国，关于 PRV 最早的详尽描述，是由俄亥俄州的一位医生希尔德雷思记录于他的笔记本中的。1813 年 9 月，他写了一个病例，是关于客户的一头乳牛所发生的“疯痒病”。描述内容包括：这头乳牛摩擦自己的头部，抽动颈部肌肉，抓伤和残害自己。临床症状出现后的 12～14 小时，这头牛在痛苦中死去（图 2.1）。

图 2.1 PRV 引起的“疯痒病”，小母牛出现中枢神经症状
（乔治·W. 贝兰拍摄，R. 艾伦·帕克文物馆）

19 世纪后半叶，在农畜杂志和期刊中出现了其他相似临床症状和结果的病例。一些早期的文章描述了一种常见的生产模式，将猪与牛饲养在一起。两种动物吃的是共同的饲料，如玉米秆。人们认为是浸软的、被唾液弄湿的玉米秆将疾病传染给了牛。这是第一个表明猪可能与牛患伪狂犬病有关联的迹象。在世纪之交，学术界确定了猪是储存宿主，也是导致牛患病的污染源。

为了记录伪狂犬病的出现，我们转向 20 世纪早期的欧洲，并注意到在除了猪以外的其他动物身上发现这种疾病。1902 年，匈牙利人阿拉达尔·奥耶斯基研究了一种影响牛、猫和犬的致命疾病（图 2.2）。通过实验方法对兔、豚鼠和小鼠进行注射，他了解了关于 PRV 感染的原因，并认识到这种病毒是通过直接接触或吸

入空气中的传染性物质而进行传播的。“奥耶斯基氏病”的名称就出自他的研究，这也是伪狂犬病在国际上的名称。“疯痒病”这个名称在当时用来形容牛的发病。研究证实了病原体可通过破损的皮肤或接触其黏膜进入畜体，而牛会抓伤、破坏这些部位。

图 2.2　匈牙利布达佩斯的阿拉达尔·奥耶斯基半身像
（乔治·W. 贝兰拍摄，R. 艾伦·帕克文物馆）

奥耶斯基怀疑该病的病原体是一种病毒。1910 年，一位名叫 Schmiedhoffer 的德国科学家首先通过细菌过滤器实现了对该病原体的培养。1914 年，一个研究报道描述了如何通过实验方法将病原体转移到猪身上。1931 年，美国研究者进入了这个领域。在艾奥瓦州，Shope 从牛身上分离出了病毒，并发现在猪大脑组织皮下接种可引起麻痹症状。他证实了病毒可以在鼻腔分泌物中存活数天，并了解了许多有关猪感染这种疾病的发病机理。仔猪出现了严重的临床症状，所有康复的猪，包括经历了轻微或隐性感染的年龄稍大的猪，均是病毒携带者。猪之间的病毒传播被认为是通过气溶胶或通过母乳进行，而从猪传播到牛则被认为是通过伤口接触或携带病毒的小鼠引起的。在 1933 年，特劳布首次通过兔脑细胞和睾丸细胞的培养繁殖了这种病毒。

在美国，牛的这种疾病被称作“伪狂犬病”，因为该病与狂犬病的临床表现有类似之处。20 世纪 30 年代的这十年是美国 PRV 最为安静的时期。报道更频繁地来自亚洲、英国和南美地区，断奶仔猪高致死率，妊娠母猪流产或产死胎，一些成年的猪也因病死去。20 世纪 40 年代末，欧洲中部和东部国家都报道了猪群感染 PRV。在欧洲的报道中，这种病主要影响的是刚刚出生数天到 1 个月大的仔猪，在年幼的动物中有着更高的感染率和死亡率。在更大龄的猪中，记录的症状有四肢不协调、间歇性肌肉颤动和抽搐。在幸存的猪中，除了那些临床症状最严重的猪之外，所有的猪都有抗体。

1943 年，艾奥瓦州的雷·麦克纳特和帕克描述了两次仔猪群的疫病暴发，病死率分别达到 52%和 60%。接触过或靠近过死亡仔猪的断奶仔猪和母猪临床表现正常。对于仔猪临床症状的一种描述为：迅速从正常状态变为运动失调状态，渐进性麻痹，不到 1 小时出现虚脱，在随后的几小时内死亡。而在美国的经验中，在年龄更大的猪身上 PRV 感染表现为亚临床症状。实验中，成年猪颅内接种后也是致命的。

在艾奥瓦州东部所生产的 23 批猪瘟抗血清中，每一批大约代表了 125 头猪，用豚鼠中和试验滴定法检测其 PRV 抗体水平。在这 23 批血清中，有 21 批检测到 PRV 抗体，并且所有批次都具猪瘟病毒抗体。

1958 年，在一个每年向密苏里州市场销售 1 400 头猪的农场中，猪群经受了严重的中枢神经系统疾病，症状包括：松弛性麻痹、昏迷，2 群新引进的猪病死率达到 38%。剖检后，从感染猪的大脑中分离到了 PRV。实验中，这种病毒重现了临床症状，但是无法与感染猪中所暴发的脑炎症状进行区分。在这个农场中，至少有 20 头感染猪康复了，有一些猪好几天表现出行动迟缓，而场内的其他猪则都没有再表现出临床症状。

2.2 PRV 强毒株的出现

1961 年和 1962 年，印第安纳州的畜主开始报告伪狂犬病的暴发，其临床和病理上都不同于国内早期偶发的病例。20 世纪 60 年代晚期，伊利诺伊州和其他中西部的州报告了急性伪狂犬病的暴发，不同于之前病例，更像是欧洲报道中的暴发的疾病。描述的症状为：畜群内快速传染，乳猪损失严重，生长猪有临床病症和后遗症，在后备母猪和母猪中表现为生殖障碍疾病，剖检时观察到了病灶，尤其在脾脏和肝脏中分布有类似疱疹的黄白色小点状坏死。这一综合症状不同于之前认为的伪狂犬病作为一种地方性流行的、临床症状不明显的传染病的概念。

20 世纪 70 年代早期，强毒力 PRV 致使伪狂犬病成为美国集中养猪地区的一种流行疾病，这些病例让兽医们学到了很多关于伪狂犬病流行病学的知识。人们并不清楚强毒株的出现是由于病毒从其他国家传入美国猪群并在美国地方流行中或者选择压力下发生突变，还是由于养猪模式的改变影响了本地猪的暴露和对病毒的敏感性。但是人们发现了 PRV 毒株之间的不同，包括发病机制和毒力。普遍的观点是强毒株是通过进口公猪精液或者人员流动时无意引入国内的。

1972—1973 年，艾奥瓦州西北部首次发现了毒力更强的，或“典型”的 PRV。之后，1973—1974 年，在艾奥瓦州中部哈丁县发现这类典型 PRV。1976—1977 年，该县再次发现了这类典型 PRV。在这两个猪群数量较大的地区，PRV 的蔓延早于疫苗的广泛使用，这就为了解当时“典型”的 PRV 暴发提供了一些机会（尽管这些机会并不受人们欢迎）。这两个地区的特点是之前并没有在临床上发现 PRV，只有少数几个畜群接种过活疫苗或灭活疫苗，并且有大量的易感猪群。

每一次对 PRV 感染畜群的调查都会引出同一个问题：“疾病是从哪里传来的?”从养殖者到科研人员，所有人都表示困惑。很快，善于观察的执业兽医痛苦地意识到所谓的区域传播，他们观察到这种疾病可以在数平方英里 * 的区域内从一个农场传播到一个又一个农场。养猪业和兽医学出版物详细地描述了这种疾病及其临床特征。隔离检疫程序的要求和清楚了解销售已知或疑似感染 PRV 猪的责任，对控制该疾病施加了压力。这种总体形势也带来了个人困境——架子猪或种畜生产商不得不选择是请兽医来确认是否感染，或是选择等待到损失降低后继续销售猪。这看似是一个简单的选择，直到一对年轻农场夫妇深陷债务后需要销售架子猪或种猪作为收入来源时，才发现他们陷入了这种选择困境。这些类型的问题也导致了使用未经许可的疫苗。

* 英里为我国非法定计量单位，1 英里=1 690.344 米。

第3章

病毒的特性和影响

3.1 病毒

伪狂犬病病毒（PRV）是奥耶斯基氏病的病原体，是一种双链DNA包膜病毒，呈二十面体对称。这种病毒被归为疱疹病毒科疱疹病毒甲亚科。该亚科的特征包括：宿主范围广泛，有在感觉神经元中潜伏性感染的能力，复制时间相对较短，可裂解培育中的细胞。这种病毒可以在各种细胞系中进行繁殖，最常见的是来源于肾脏的细胞系，比如来源于猪、猴和牛科动物的猪肾细胞、绿猴肾细胞和牛肾细胞。该病毒也可以在鸡胚成纤维细胞中进行复制。

在负染色中，病毒表现出从球形到轻微多形的形态，并且大小各不相同，直径大约从120纳米到200纳米不等（图3.1）。该病毒的基因组大约为143kbp，呈线

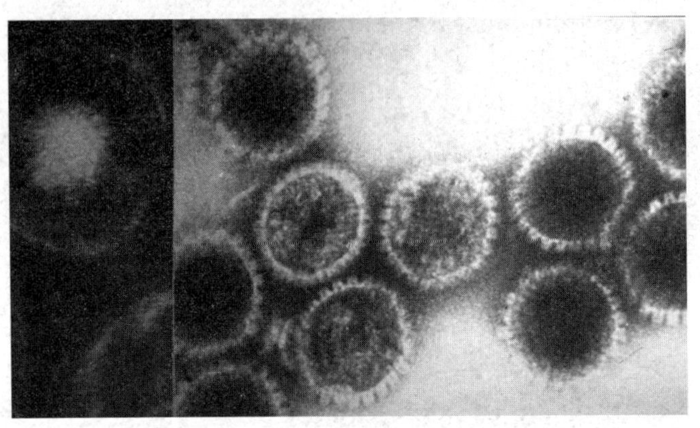

图3.1 疱疹病毒的电子显微照片
（乔治·W. 贝兰拍摄，R. 艾伦·帕克文物馆）

性排列，有一长（U_L）一短（U_S）两个独特区域。核蛋白壳（NC）直径大约从100纳米到110纳米，由162个衣壳粒组成，其中包括在衣壳顶端的12个五邻体。除了一个五邻体之外，所有的衣壳粒都由病毒蛋白、VP5蛋白和VP26蛋白构成。而那单个的五邻体由多分子的病毒蛋白UL6构成，形成了一个中空的、圆柱形的结构，在这之中，病毒基因组在复制期间可以进行包装。衣壳粒与由一个VP19c和两个VP23构成的三联体结构结合。在核蛋白壳的周围是天然壳，由至少14种蛋白构成，其中包括转录起始因子、VP16（αTIF）和一种能够促进病毒控制宿主细胞机制能力的vhs蛋白。病毒包膜是一层由修饰后的细胞膜转化而来的脂双层

膜，至少含有15种蛋白，其中11种是糖基化的。这些蛋白（括号中是它们目前被接受的命名）是gⅡ（gB）、gⅢ（gC）、gp50（gD）、gⅠ（gE）、gⅩ（gG）、gH、gp63（gI）、gK、gL、gM与gN，与感染人类的单纯性疱疹病毒1的类似蛋白相对应。在这些蛋白中，gB、gD、gH和gL对于病毒复制是必不可少的。其他糖蛋白（比如gE、gI、衣壳蛋白US9）和非结构蛋白胸苷激酶（TK）则是非必要的，但它们的存在与毒性相关。gE、gI和US9蛋白介导病毒在神经系统中的移动。TK见于病毒在非有丝分裂细胞（比如神经元）中的复制。这些信息为在基因水平上设计一种新的疫苗株提供了机会。这种疫苗株不表达gE或其他一种或多种与毒性相关的非必要蛋白质，具有极好的抗原性，并且可通过引入标记物来识别这种减毒毒株。事实证明，这一发现对于PRV根除项目是非常重要的。

PRV病毒只有一个血清型。疫苗株和野毒株可以通过与物理和生物学标记物的结合而进行区分（比如：易受热灭活和胰蛋白酶灭活作用的影响，在肺泡巨噬细胞中的复制效率，以及对于鼠、兔、鸡和仔猪的毒性）。但将这类标记物用于流行病学调查、管理和法律目的是不实际的。通过基因组差异可以明确地区分野毒株和疫苗株。

PRV易被氢氧化钠、漂白剂、含碘产品、酚类消毒剂、季铵化合物、甲醛和氯己定葡糖酸盐灭活。在使用消毒剂之前，应彻底清洁被污染的物体，否则这些消毒剂的效力无法实现。同时，PRV也容易被热灭活。

3.2 复制

PRV主要是通过gC附着易感细胞，在较少情况下是通过gB，这两种蛋白都可以与细胞表面的硫酸类肝素蛋白多糖结合。随后，gD会与三种不同蛋白家族的细胞受体结合。这三种糖蛋白在感染中所起的作用使它们成为宿主免疫反应的首要目标。之后，通过病毒包膜与细胞质膜融合，核蛋白壳可以进入细胞。这一活动是由gB、gH和gL介导的。核蛋白壳沿着细胞微管网移动到细胞核，在细胞核中完成了病毒脱壳，病毒基因组得到表达。核蛋白壳的装配发生于细胞核中。随着核蛋白壳从细胞核转移至高尔基体，天然壳和病毒包膜被捕获。包膜病毒体通过囊泡被转移至细胞的表面并得到释放。在感染后的8～10小时，可以检测到具有传染性的子代病毒粒子。感染了 PRV 的细胞通常可以存活至多 20 小时，并可以产生 10^2～10^3 个具有传染性的病毒粒子。

3.3 宿主范围

猪是 PRV 的自然宿主。在一定环境下，野猪也是可供选择的合适宿主，野猪可以通过它们绝大部分的活动进入传播循环，但野猪并不会永远保持传染性。20 世纪 70 年代有学者进行了除猪以外其他动物在流行病学中的作用的研究，并持续到 20 世纪 80 年代。所有易感的动物都被发现是异常宿主，不会独立地保持传染性。在有感染猪的农场，让牛与猪直接接触，或使牛在寒冷天气中能够接近猪圈的排气扇，前一种情况下偶尔会出现感染疯痒病的牛病例，后一种情况下则是牛感染脑炎疾病，所有发病动物均迅速死亡。绵羊极易通过口腔或呼吸道感染 PRV。与感染的、散毒活跃期的猪接触的绵羊表现出快速的致命感染。猫极易感染，犬、浣熊和臭鼬比较容易感染（图 3.2），而大鼠和小鼠对感染则有一定的抵抗力。

图 3.2 发现浣熊死于一个农场附近，这个农场的猪正处于 PRV 感染期

（乔治・W. 贝兰拍摄，R. 艾伦・帕克文物馆）

这些动物被病毒感染有可能是通过接触感染 PRV 的猪尸体，吸入雾化的病毒或是摄取被污染的饲料或水。疾病潜伏期通常少于 3 天。临床病例表现出脑炎症状，而犬则会出现瘙痒症状。在出现临床症状后 2～3 天内就会死亡。

犬也许会将病猪尸体从一个生产区拖到另一个生产区，易受感染的猪也许会食用病死动物的尸体，啮齿动物也许会不知不觉地被磨碎到猪饲料中或随着感染农场的草垫而转移。对在有感染猪的地区所捕获的野生动物进行调查，没有证据证明 PRV 在浣熊、臭鼬或负鼠中可以保持传染性。鸟和昆虫并没有进入传播途径，尽管在试验中，在环境温度下将 PRV 饲喂给家蝇能够使病毒在其消化道中保持 3 个小时的半衰期，但被病毒污染的苍蝇只是偶尔会在实验中通过角膜接触将 PRV 传给猪。

3.4　传播

猪之间的直接接触传播是 PRV 最有效的传播方式。交配传播和短距离或长距离的空气传播也时有发生。通过摄取被污染的物质（包括水，来自病猪的母乳和其他污染饲料及污染尸体），PRV 也可以通过口腔途径传播。

PRV 对外界环境具有较强的抵抗力。PRV 在阴冷、潮湿、pH 为 7.0 ±1.0 的环境中最为稳定。在干燥环境中或暴露于紫外线时，PRV 很快失去传染性。例如，在 14～37℃的环境下，在相对湿度为 30%～40%时，当病毒悬液置于玻璃片上干燥时，病毒在 2 小时内就会失去传染性。与之相反，在猪的唾液和鼻腔液中，PRV 可以保持传染性达几天。相似地，PRV 在雾化之后可以保持几个小时的传染性。在相对湿度为 55%，温度分别为 22℃和 4℃时，传染性的半衰期为 36～44 分钟不等。在这样的条件下，在将含有 106 个空斑的 1 毫升 PRV 悬液雾化后，具有传染性的病毒仍然可以存活 24 小时。猪粪便混合物中的 PRV 也能保持传染性，这是一个重要的污染源。在未稀释的粪便混合物中，在 15℃，pH 为 6.5 时，传染性可以维持至少 3 天，而在为了贮藏而掺水稀释后，在 4～15℃，pH 为 6.8 时，传染性可以维持至少 23 天。在井水中，病毒可以存活 7 天，而在污染的咸水湖水中可以存活 2 天。

PRV 在畜群间和群内动物间的传播，除了通过直接接触外，主要是通过空气、水和污染物传播。PRV 的空气传播主要是在生产设施和运输工具之间的短距离传播。随着大气活动，病毒可以移动数公里。尽管光照和干燥或病毒悬液的分散会使 PRV 迅速灭活，然而飞沫也许能在一定时间和距离上传播病毒颗粒。在 pH 低于 4.3 或高于 9.7 时，或者温度在冰点上下波动时，病毒是极不稳定的。在试验中，在环境温度下，猪唾液中的 PRV 在牛仔布、苜蓿干草上和矿井污水中的存活时间少于

1天；在橡胶、青草、肉骨粉、加氯水以及无氧的咸水湖污水中，存活的时间为2天；在塑料、钢铁、水泥、玉米粒、颗粒状的猪饲料、稻草垫和井水中存活3～7天。

PRV潜伏期一般为2～5天，病毒主要分布于鼻腔和口腔分泌物中，而在成年猪，则分布于阴道、包皮和乳汁分泌物中，这些器官的病毒与主要症状同时出现，或早于主要症状。终生的潜伏性感染一般都在临床康复或隐性感染之后，病毒会存在于三叉神经节和扁桃体中。潜伏感染猪在暂时压制病毒之后，会在患病、产仔、拥挤、与不熟悉的动物混合或运输的压力之下再次暴发。初次感染时排出的病毒可存活1～3周，而再次复发时，可以存活3～4天。这些排出的病毒是传播到未感染畜群或部分畜群的一个常见来源（见本章“潜伏”）。

通常，PRV是通过鼻黏膜进入易感猪的（当它们吸入污染病毒空气时），或是通过扁桃体或口腔/消化道黏膜进入（当它们摄入污染病毒物质时）。在繁殖过程中，污染病毒的精液也许会造成感染母猪。怀孕早期病毒并不会传播给胚胎；但在怀孕后期胎儿有可能在子宫中感染。

与未接种疫苗的猪相比，当暴露于病毒时，接种过疫苗的猪可以抵御更高剂量的病毒。接种过疫苗的猪可以避免发生临床症状。如果受到感染，与未接种疫备的猪相比，接种过疫苗的猪不会通过胎盘传播病毒，并且它们排出更少的病毒，整个排毒周期也更短。但是，当接种过疫苗的猪感染时，仍然会有潜伏性感染，也可能会再次复发并排毒。

疫苗接种影响了PRV的流行病学特征。在空气中和受感染场点的污染物中，病毒水平降低了。畜群内和畜群间的传播也减少了，在感染畜群中，畜群的总损失也大大地减少了。但同时，无法再通过临床症状来识别感染畜群或个体动物，而通过血清学方法发现病例也变得难度加大。

3.5 潜伏

PRV根除项目能否成功的关键因素之一就是了解PRV在感染猪中潜伏的能力，即病毒有再活化和传播的可能性。非常清楚的一点是，如果在临床康复的猪中普遍存在潜伏性感染，且这类猪最终并不容易被分辨是否曾经感染过（比如抗体的诊断水平），这个问题就会变得特别棘手。为了避免这个问题，根除项目将潜伏感染的影响最小化，也就是将任何已知的或疑似暴露于 PRV 的猪看成是潜伏性感染的携带者。通过采用这一谨慎的方法，根除项目得以顺利进展。然而，潜伏的问题不能被忽视，人们对于潜伏的实践启示继续保持活跃的研究。

多个研究尝试模仿病毒潜伏和再活化，但结果并非总是与自然情况一致。例如，猪总是被暴露于高剂量的病毒中，以使其感染或有病毒潜伏；或是之后以极高剂量的皮质类固醇处理，以使病毒再活化。通常，这两种情形都很常见。而且，基于从疑似感染猪体内采集的鼻腔或扁桃体样本中检测到 PRV，人们经常假设再活化病毒传播的可能性，并非通过直接接触传播来证实。

其他研究表明，潜伏是在猪感染了 PRV 强野毒株之后一种常见的结果。在接触了无毒性的或低毒性的病毒株（比如减毒疫苗株）之后，潜伏的频率就不太清楚了。在这样的情况下，再活化达到一个可以通过体外病毒分离或对易感猪的传播而检测到的水平是不常发生的。此外，在接触过强毒力的野毒株之后，主动或被动获得的已经在猪体内循环存在的 PRV 抗体并不一定能够阻止潜伏的发生。实际上，至少在一项免疫猪的攻毒试验研究中，在通过皮质类固醇处理而再活化之后，疫苗株和野毒株后来都被分离出来了。

从对再活化的刺激源的处理（通常是高剂量的皮质类固醇）到从鼻腔样本中分离出再活化的 PRV，这之间的时间可以是 1 天到 11 天甚至更长。在控制试验的情况下，影响时间长短的因素并不明确，但也许是来源于宿主的差异，比如说年龄、品种和健康状况，以及其他的变量，比如病毒毒力，被用于实现感染和潜伏的病毒剂量，被用于引发再活化的物质的剂量，以及严重感染与尝试的再活化之间可以忽略的时间长度。另外，人工试验中在更短的时间内检测到病毒也许提供了一种解释——为什么在狩猎期，犬在接触追赶野猪几天之后会感染致命的 PRV。

在一个试验中，猪先接种减毒 PRV 疫苗，之后暴露于野毒 PRV 中（攻毒），并且之后使用地塞米松或是再次接触大剂量 PRV 进行处理。这个实验有助于简单阐明猪体内 PRV 潜伏与再活化的特点。在病毒排出的基础上，之前接种过疫苗的猪和被攻毒的猪，对之后与野毒的外源性接触有了抵抗力。相比起来，那些最初以同样方式（即：接种和攻毒）处理过的猪，但没有被二次暴露于野毒 PRV 中，而是用地塞米松进行处理，在更长的时间里排出了更多的病毒。一种可能的解释是压力（正如在实验中通过地塞米松处理而模仿的压力）并非仅仅导致了 PRV 的再活化，同时也对猪免疫系统针对病毒的控制能力带来了不利的影响。同时也要注意到，在再活化之后，从鼻腔（鼻黏膜）中分离出了高浓度的病毒，而鼻腔是猪最容易暴露于空气传播和区域传播的部位。

3.6 免疫

早在美国 PRV 根除项目正式开始前，已经确定免疫［不管是主动获得（通过接种或自然感染）还是被动获得（通过摄取初乳中的抗体）］可以保护猪不受感染或者减轻临床症状。此外，体内存在的抗体，可能与细胞免疫有关，被认为在暴露或再次暴露于病毒时可明显地减少病毒复制的数量和持续时间。

许多研究表明，对小猪成功接种疫苗，可以提供至少几个月的临床保护，并且通常可以保护猪到销售的月龄。对生产种猪的猪进行再次接种，有利于保持甚至是提升其免疫力。被动方式（从初乳中）获得的免疫所提供的临床保护程度和持续时间更加多变，并与新生仔猪所摄取和吸收的抗体数量有关。而摄取抗体的数量主要是由产仔猪时母猪所贮存的抗体水平决定的。

被动获得抗体的积极影响是：这种抗体为仔猪提供了早期的保护，否则这些仔猪极易受到感染。这种早期的保护，虽然短暂，但在仔猪相对能够抵御感染，不太可能成为病毒携带者时，为将这些仔猪转移到无病毒环境（通常被称为后代隔离）提供了机会。而消极的影响是被动获得的抗体会干扰疫苗的效力。因此，为了保证仔猪接种成功，确定被动获得抗体何时消失（通常是通过血清检测）是十分重要的。

不幸的是，不管是通过疫苗主动获得的免疫力，还是被动获得的免疫力，都不能保证猪在接触野毒之后不会发生病毒复制。持续的病毒复制会导致猪潜伏性感染，可能会在之后出现病毒再活化和排出（见“潜伏”）。疫苗免疫也会使对潜在感染的携带者的鉴别诊断更为复杂。识别猪是否感染野毒的最有效最可靠的方法，即检测疑似感染猪的血清抗体，可以验证猪是接种过疫苗或是从野毒感染中恢复，还是两者皆有之。在后面的两个例子中，血清阳性猪是 PRV 潜在的携带者和排出者。因此，需要采用的是一种不管是否有接种史，都能够识别过去曾被野毒感染的检测方法。

20 世纪 80 年代晚期，荷兰莱利斯塔德动物科学与健康学会的 J. T. 范・奥斯楚特（J. T. Van Oirschot）与其同事进行了精确观察。在此基础上，发明了血清抗体鉴别方法，并在项目期间得到使用。他们注意到，PRV 减毒疫苗株丢失了一段蛋白（即 gE），而这种蛋白存在于来自 PRV 野毒中。范・奥斯楚特的团队很快意识到他们观察的实际意义。如果：

（1）所有的野毒株都编码这种蛋白（即 gE）；

（2）所有感染了 PRV 野毒的猪都对 gE 有免疫反应（体液中抗体水平变化）；

（3）在猪接触过 PRV 野毒很久之后，针对 gE 的抗体仍旧存在它们的血清中；

（4）可以发明一种经济、实用的检测方式，用于识别针对 gE 的血清抗体，能够标记出野毒株感染。只有当疫苗被限制为不含 gE 的疫苗时，这种标记物的存在才有价值。

在范・奥斯楚特等发现 PRV 自然“缺失突变”株（最初从猪体内分离之后，通过在体外反复的传代而在基因上明显有所改变的毒株）并报道后，商业实验室和公共研究实验室开展了一系列研究，鉴别或通过基因工程创造其他的缺失突变株、弱毒株并同时开发与之对应的鉴别诊断方法。尽管标记疫苗的概念看似很简单，只缺失非必需的病毒蛋白，但实际制备过程并不容易。此外，所选择的一种（或几种）蛋白必须是具有强抗原性的，以促进机体产生可以测量到的、持久的抗体，这个要求为开发这类标记疫苗带来了挑战。

尽管有许多限制，有几个研究组还是成功了。随之而来的是另一个问题：哪一种类型的缺失突变疫苗和对应的鉴别诊断检测是最可靠的，可用于根除项目。缺失了 gE、gC 或 gG（都是非必需蛋白）中的全部或部分蛋白的疫苗成为首要的候选者。但很明显，除非对接种过每一头猪的疫苗类型都是已知的，否则检测会变得复杂，并且结果也可能会有误导性。

最终牲畜保护学会委员会与技术咨询组一起作出了选择。研究人员检测了来自野猪的血清，这是很少或几乎没有接种过的或以其他方式接触过疫苗病毒的猪。最初是通过一种高敏感性的乳胶凝集试验检测血清，这种试验可以针对供体猪是否自然接触过 PRV 野毒给出一个血清学的答案。同一个血清的等分试样接下来则通过针对 gE、gC 或 gG 的酶联免疫吸附试验（ELISA）进行检测。尽管乳胶凝集试验结果和 ELISA 的结果并不是完美地匹配，但乳胶凝集试验的结果与 gE 和 gC 的 ELISA 试验结果之间有一种非常紧密的关联。之后不久，牲畜保护学会委员会与技术咨询组的成员决定了根除项目中所使用的所有减毒疫苗都应符合 gE ELISA 检测。

3.7 流行病学

专家通过实例描述了 PRV 最初进入易感群体时动物的临床表现。

第一种流行在临床上表现为毁灭性的疾病，成为典型的 PRV 感染。这种流行状况在三个互相关联的、地理位置明确的区域传播了 16 个月。流行病学证据表明，病毒是通过携带病毒的猪进入各个地区的。在第一个地区，在一群明显易感的混合架子猪中传播，开始时有 22%的发病率。当这种传染病蔓延到另一个由同一个主人所经营的猪场时，发病率超过了 93%。显然，病毒是通过第一个地区受感染的农场的母猪引入到第二个地区的。之后，病毒又在无意中经携带病毒的公猪引入到了第三个地区。来自艾奥瓦州立大学的研究人员追踪了这个地区 PRV 传播的流行病学特征。除了在同一个主人的养猪场之间的猪的流动，在该病所涉及的农场间并没有其他猪的流动。在第一个地区饲养了猪的 75 个农场中，只有 11 个农场记录有疾病的暴发。此外，可以确定有一个农场的猪感染了 PRV，但在临床上并没有被发现。证据表明，在混合了血清阴性的种畜和血清阳性的康复母猪与公猪的地区，只有在运输、产仔或哺乳的非常时期，才在易感家畜中出现临床病例。同一批艾奥瓦州立大学的研究人员跟踪了在发病农场的疾病流行中犬、猫和野生动物所起的作用。犬普遍地被诊断为感染。在 12 个养猪的农场中，有 11 个农场，还有一个非农场的住宅中都有犬。报告说，感染了 PRV 的犬出现在 5 个有病猪的农场，1 个没有病猪的农场，以及 1 个非农场的住宅中。在这 7 个例子中，所涉及的犬都接触或食用过死猪的尸体或是感染母猪的胎盘。所有犬的病例都与猪的病例同时发生，并且全部都是致命的。没有证据表明犬可能将这种病毒传给了猪或者其他犬。所有涉及的农场中都有猫，研究人员怀疑有 6 个农场的猫死于该病，三具交给实验室进行检查的尸体中有两具确定感染了 PRV。在这些农场中，在猪出现 PRV 之前的 1～3 周，在猫中出现了一个确诊病例和一个疑似病例。农场经营者报告在出现病猪的同时，发现 7 只臭鼬疑似病例死于猪场中或猪场附近；在出现病猪的期间，发现 6 只浣熊疑似病例在猪群中或猪群附近染病或死去，另外有一个病例发生在猪出现 PRV 临床症状的 1 周之前。交给实验室诊断的一具浣熊尸体呈 PRV 阳性。一旦在农场出现了猪的临床病例，5 天到 4 周之内就可在猪群中蔓延开来。血清学研究表明，猪群中 100%的猪都受到了感染。

第二种流行影响了 3 个农场，临床症状不明显。流行病学证据表明，这种病毒是通过 1976 年 8 月和 9 月初的展会被引入的。在 10 月，发现了一头血清呈阳性的公猪，这头公猪被卖给了没有被 PRV 感染的地区的农场。在所研究的 3 个农场中，感染是否存在由艾奥瓦州的研究人员通过血清学进行监控。在所研究的 3 个农场中病毒性感染呈现出独特而相似的特征：①通过这种毒株引起的感染完全是亚临床的，涉及的猪最初血清呈阴性，尽管 3 个农场有各种年龄的猪以及处于妊娠、生产和哺乳等不同阶段的猪，但也并没有发现临床或病理学特征；②毒株在畜群间的传播相对较慢；③康复动物的血清病毒中和抗体效价相对较低，平均为 1∶12；④血清抗体效价下降相对较快，有一些下降到检测水平以下。在 2 月和 3 月检测的 118 只动物中，68 只动物的抗体效价保持稳定，23 只动物的抗体效价下降，其中有 20 只动物的血清抗体从阳性变为阴性；⑤没有证据证明在 3 个农场中疾病的传播涉及猪以外的动物；⑥最后，一个农场将断奶后血清抗体阴性的猪转移到一个隔离的猪场中，而在原来的农场中，血清阳性的猪在 6～8 周大的时候失去了它们从母体获得的抗体。转移到隔离猪场的断奶仔猪总共有 194 只，在 4 月龄时血清仍然呈阴性。其中 10 只仔猪被带到实验室的隔离场所，并通过物理方式和药物刺激了 5 天；在 2 周的监控期内，血清抗体和病毒检测结果始终保持为阴性。

关于个别农场暴发疾病的流行病学研究仍在继续。研究人员分析了动物宿主、引起传染病的疱疹病毒的变异以及其他关于 PRV 流行病学的信息，并报告：①病毒在分散的户外畜群中传播缓慢，畜群与环境中的弱毒株接触的剂量较低，畜群染病的症状并不明显。②在封闭环境下大规模、集中的猪群中，感染猪排泄出大量的病毒，这些病毒在圈养场所中以全溶胶形式迅速流动，在选择压力下转变为具有更快感染能力、更快排放出的病毒。③停止使用含 PRV 抗体的猪瘟抗血清，不再为仔猪提供被动保护。④由于无临床症状的感染猪的流动（在压力下会散播病毒），出现了病毒株的快速传播。这些猪被认为是新的病毒来源。

3.8　临床症状

畜群最初的临床表现是：频繁有小于 3 周龄的、毛发粗糙、精神萎靡的新生仔猪停止喝奶，出现中枢神经系统症状，在 24～36 小时内死亡，幼崽死亡率达到

90%或以上（图 3.3）。

图 3.3 死于 PRV 的年幼的仔猪
（乔治·W. 贝兰拍摄，R. 艾伦·帕克文物馆）

在其他畜群中，临床症状首先出现在种畜中，怀孕母猪流产，产死胎或弱仔，这些仔猪经常在 1 天或 2 天内死亡。伴随繁殖障碍而来的是呼吸系统疾病、精神萎靡，在 3 天或更长时间内缺乏食欲，这些是仅仅能观察到的临床症状。在开放的种畜中，观察者注意到妊娠失败的现象，或在妊娠早期出现胚胎吸收和返情。在农场暴发疾病的过程中，断奶仔猪经常出现以下临床病症：精神萎靡，厌食，鼻炎，呼吸困难及剧烈咳嗽，在 1 周内可以完全康复。出现神经系统症状的猪通常会有其他后遗症。在育肥猪中，观察者经常能够发现沮丧、厌食、轻微到严重的呼吸系统疾病，体重下降，但可以快速康复。在有临床症状不明显的胸膜肺炎或多杀性巴氏杆菌感染的大龄猪或种畜中，PRV 的感染偶尔会导致临床胸膜肺炎或巴氏杆菌感染恶化。

3.9 病理学

最初，执业兽医和诊断专家注意到，在感染 PRV 的猪，很少能发现眼观病变。

然而，他们很快发现一些仔猪有明显的可见病变，认识到对死亡仔猪进行尸检可以帮助诊断。

在一些仔猪中明显的可见病变包括以下病变中的一种或全部：①根据纤维素性渗出物或腐蚀性的纤维素性坏死性的病变，可以观察到扁桃体炎。②在肝脏或脾脏中，有小白点（<1 毫米）。这些小病变通常有稍微不规则的或不明确的边缘，并没有明确的、界限分明的外观。③在肺胸膜上分布着红点。微观病变包括：扩散的非化脓性脑炎，通常表现为血管袖套现象和神经变性。大脑内一般有稀疏的包涵体。经常可见神经节神经炎，这促使诊断专家采集脑神经节用于组织病理学和病毒鉴定。细致的观察者发现在肝脏和脾脏中也有小的坏死灶和一些退化的细胞。这些细胞外围伴随一些具有不同透明度核内包涵体的细胞。在扁桃体中观察到了更多一般性的坏死病灶。

除了观察到可见病变和微观病变之外，关于 PRV 的最终确诊取决于病毒检测。最早的诊断方法之一是将从感染仔猪中获取的少量组织提取物皮下注射到兔背中线附近。这一方法是非常敏感的，仅接种少量即可引起强烈的瘙痒，兔会搔抓接种区域。兔很快会被实施安乐死。很快就研制出了敏感的组织培养系统用于 PRV 分离，以及其他更快的诊断技术（如荧光抗体染色），用以加快诊断过程，并调节所需要的样品量。

第4章

PRV控制的早期尝试

4.1 检疫隔离

PRV的暴发给艾奥瓦州、印第安纳州和伊利诺伊州两个相邻的大型猪群造成了重大损失。这促使伊利诺伊州在1975年初成立特别工作组，并呼吁召开全国性的PRV研讨会。PRV研讨会于1975年春季在牲畜保护学会（现为国家畜牧业学会）年会之前召开，会议地点设在伊利诺伊州皮奥里亚市。与会人员报告，从伊利诺伊州牲畜屠宰加工厂采集的6 200份血样中，有139份PRV检测结果呈阳性，阳性率为2%。这139份血样来自43个猪群。共有150～200名猪肉生产商、兽医和监管官员参与了此次研讨会。会上，猪肉生产商要求对发现的PRV感染猪群进行检疫隔离。伊利诺伊州州级兽医Paul Doby博士提醒来自其他州的监管官员注意检疫隔离带来的相关问题（尤其是缺乏解除检疫的方法）。

伊利诺伊州猪肉生产商协会理事会于次日召开会议，呼吁开展PRV检疫工作。Paul Doby博士宣布将启动检疫隔离项目。此外，伊利诺伊州的猪肉集团请求牲畜保护学会成立PRV常务委员会。这一请求于次日获得牲畜保护学会理事会的批准。

4.2 抗血清现场试验

4.2.1 伊利诺伊州

为制订措施减少PRV所造成的损失，伊利诺伊州农业部门和对生猪行业感兴趣的人士采取了若干项行动，其中有一项行动是由伊利诺伊大学兽医学院提出的。该项行动基于这样的设想：将从感染猪群采集的超免血清注射到出生时间不超过2天的乳猪体内，可防止乳猪感染PRV。伊利诺伊大学兽医学院为该项目制订了一套方案。若能筹集到资金，伊利诺伊州官员计划探索建立PRV超免血清库，提供可能的治疗方法以减少PRV损失。

该项研究由伊利诺伊州猪肉生产商协会资助（25 000美元）。协会与伊利诺伊州卡里市的一家实验室签订了一份收集和处理血清的合同。该项研究利用来自伊利诺伊州比尔兹敦市某个感染猪群的 12 头母猪生产血清。

这一抗血清项目最终生产出了 50 升 PRV 超免血清。项目人员根据伊利诺伊大学兽医学院制订的方案开展现场试验：同一窝猪有一半以皮下方式注射 5 毫升超免血清，另一半作为空白对照。伊利诺伊州农业厅人员花费大量时间与生猪感染群的畜主共同开展抗血清试验和隔离、分配、注射、收集数据、制表等工作。该项研究证实，注射超免血清使猪的死亡率降低近 28%，但在经济上缺乏可行性。

4.2.2　艾奥瓦州

抗血清在 PRV 暴发时仍能发挥作用，因此被视为抗击 PRV 的一种手段。作为猪瘟抗血清来源的猪通常曾接触过 PRV（PRV 以非临床形式普遍存在于猪群中）。这一事实使得关于抗血清功效的现场报告更加合乎逻辑。

早期尝试生产抗血清期间，伊利诺伊大学通过注射活病毒（3～4 次）使母猪具备超免疫性，然后将母猪麻醉并抽血。通过简单的凝血和离心操作获得血清。

若干家生产商为伊利诺伊大学开展的研究提供了少量资金。这些生产商的生产设施被作为试验现场。PRV 暴发期间在新生猪免疫处理方面开展的早期尝试并未取得显著的成功。一位经验丰富的疫苗公司代表指出，一半的猪注射血清、另一半作为空白对照可能导致对照组出现病毒复制和排出现象，进而导致注射超免血清猪体内的抗血清失去防护作用。这一意见获得了项目人员的认可。不久之后，研究证实，如果同一窝的所有猪均注射抗血清（或者采取更好的做法，即若干个相邻猪窝的所有猪均注射抗血清），抗血清将发挥非常好的保护作用。

抗血清被证明是一种有效的预防性物质，但它最终并未投入使用。至少有两个原因：①商业公司追求开发和生产过程的经济性，一般将重点放在疫苗开发活动上；②批准这种可能含有外来病毒的产品会引发广泛的担忧，且这种产品缺乏实用的消毒方法。

第5章

疫苗/诊断方法及其许可

5.1 历史

20 世纪 70 年代初，兽医学诊断专家利用当时可用的试验手段，通过剖检、镜检、病毒分离和组织荧光抗体试验检测活病毒。

随着 PRV 的传播，通过生物控制和诊断试验检测抗原和抗体（特别是以诊断、监管和根除为目的快速高通量血清检测）成为一项迫切的需求。血清病毒中和试验是当时唯一可开展的血清学试验。该项试验从开始到结束需要 3 天的时间。

血清学试验的首次改良是利用 96 孔板将血清病毒中和试验微型化。这次改良产生了一项金标准——微量滴定血清病毒中和试验。该试验被认为拥有良好的敏感性和特异性，且能够利用倍比稀释方法对抗体进行量化。但是，该试验同样需要消耗大量的时间和人力，特别是需要通过显微镜多次观察，限制了每天可测试的样本数量。

另一项重大改良是爱德士实验室有限公司（缅因州，韦斯特布鲁克）于 1986 年获得批准的筛选试验——ELISA（HerdChek® Anti-PRV）。ELISA 用于从大量血清标本中检测 PRV 抗体，在推出之后不久就取代了血清病毒中和试验。ELISA 可大大缩短试验时间，大幅提升实验室的处理能力，因为它不需要对血清标本进行滴定，反应速度快，试验结果通过机器读取和解释。

随着 PRV 疫苗的开发及广泛用于猪群，人们需要将接种 PRV 疫苗的猪与自然感染 PRV 的猪区分开。血清病毒中和试验和 ELISA 都可以检测 PRV 抗体，但无法区分疫苗抗体和野毒感染抗体。诊断专家和监管官员最初尝试根据血清病毒中和试验的抗体效价将接种疫苗的生猪与感染生猪区分开。这种尝试所基于的假设是，相比接种疫苗，感染野毒能产生更强烈的体液免疫反应。该方法将抗体效价≤1∶16 视为接种疫苗的结果，而不是感染。但是，在任何一个生物系统中，不同猪（尤其是多次接种疫苗的猪）的抗体反应会呈现差异。这意味着，许多动物和畜群会被误判为感染或未感染。该方法在临床上多少能发挥一些作用，但不能作为监管决策（例如关于生猪跨州运输和其他监管问题的决策）的依据。

随着 PRV 在美国猪群中的持续扩散，生物控制成为首要的需求。诺登实验室（内布拉斯加州，林肯）于 1977 年批准了首个常规弱毒活疫苗和灭活 PRV 疫苗。

总体而言，PRV 弱毒活疫苗之所以得到广泛的应用，是因为它的免疫反应和所产生的保护作用优于灭活 PRV 疫苗。

PRV 弱毒活疫苗和后续开发的二代基因缺失疫苗对于减少和防范 PRV 感染的临床症状十分有效。接种 PRV 弱毒活疫苗的猪后续感染 PRV 野毒株时，病毒较少侵入组织，且孕猪未将病毒传播给胎猪。因此，该疫苗可防止流产。但是，接种 PRV 疫苗的猪比感染 PRV 野毒株猪至少减少排出上千的病毒粒子，这对于根除 PRV 至关重要。某些 PRV 弱毒活疫苗株聚集在主要参与潜伏性感染的组织内（三叉神经节），进而阻断 PRV 野毒株通过重复感染实现潜伏的过程。

5.2　疫苗和诊断方法的开发

私营企业曾针对猪群开发若干种基因缺失 PRV 疫苗。这些疫苗获得了动植物检疫署兽用生物制品中心的许可。首个基因缺失疫苗（含一套相应的血清学鉴别诊断试验）在“美国 PRV 根除项目”启动的前一年，即 1988 年获得许可。该疫苗毒株缺失糖蛋白基因 gⅩ（gG），由 SyntroVet 有限公司（堪萨斯州，雷那克萨）制造。该疫苗配套的 ELISA 血清学鉴别诊断试验（HerdChek® Anti-PRV-gpⅩ）由爱德士实验室有限公司开发。多家生产商表示，这一名为“Marker Blue”的疫苗注射到北卡罗来纳州生猪密集区域的猪群体内后产生了高度的保护作用。一年之后，普强公司（密歇根州，卡拉马祖）获批了一种缺失 gG 基因的疫苗（Tolvid®）（配套相应的血清学鉴别诊断试验）。这两种疫苗都很有效，但诊断试验的敏感性不够理想。

表 5.1 列出了各类 PRV 疫苗、配套的鉴别诊断试验及其制造商和所采用的 PRV 毒株。

表 5.1　PRV 疫苗和配套诊断鉴别试验

疫苗	制造商	病毒株	缺失基因	鉴别试验
Bio-Ceutic PRV®（MLV）	Boehringer Ingelheim	Bartha	gI	HerdChek® Anti-PRV-gⅠ（IDEXX）
OmniMark™（MLV）	Tech America Fermenta A. H.	Bucharest	TK-，gⅢ	Diasystems™ OmniMark-TM PRV（gⅢ）

（续）

疫苗	制造商	病毒株	缺失基因	鉴别试验
PR-Vac®(MLV)	SmithKline Beecham Norden Laboratories	Bucharest	gⅠ	ClinEase-PRV®
PR-Vac®(inactivated)	SmithKline Beecham Norden Laboratories	Bucharest	gⅠ	ClinEase-PRV®
PRV /Marker®(MLV)	SyntroVet Inc	Iowa S-62	TK-,gⅩ	Anti-PRV-gⅩ-Herd-Chek®(IDEXX)
PRV/Marker KV®(inactivated)	SyntroVet Inc	Iowa S-62	gⅩ	Anti-PRV-gⅩ-Herd-Chek®(IDEXX)
PRV/Marker Gold™(MLV)	SyntroVet Inc		TK-,gⅩ,gⅠ	HerdChek® Anti-PRV-gⅩ or Anti-PRV-gⅠ(IDEXX)
Tolvid®(MLV)	The Upjohn Co	Rice株	TK-,gⅩ	Anti-PRV-gⅩ-Tolvid Diagnostic®(AGDIA)

MLV＝减毒活疫苗，gⅠ＝gE，gⅢ＝gC，gⅩ＝gG。

1990年，SyntroVet和IDEXX再次开展合作，推出了一种基于缺失糖蛋白基因gⅠ（gE）的病毒株开发出的新疫苗（SyntroVet PRV/Marker Gold®），含配套的ELISA血清学鉴别诊断试验（HerdChek® Anti-PRV-gⅠ）。与首个基因缺失疫苗一样，Marker Gold在实践中表现出良好的功效。此外，血清学鉴别诊断试验的敏感性和特异性有显著提升。

另外两家生物制品公司也开发了gE基因缺失疫苗。诺登实验室的PR-Vac®疫苗天然缺失gE基因。收购诺登实验室的史克必成公司于1990年开发并推出了一种血清学鉴别诊断试验——Clin-Ease-PRV®。勃林格殷格翰公司的PRV疫苗BioCeutic®与IDEXX开发的HerdChek® Anti-PRV-gⅠ配套血清学鉴别诊断试验一起获得许可。

PR-Vac和PRV/Marker Gold®是根除项目开展期间应用最广泛的PRV疫苗。同时，IDEXX开发的HerdChek® Anti-PRV-gⅠ ELISA试验方法成为确定生猪或猪群是否接种PRV疫苗、是否感染PRV的“标准”血清学鉴别试验。Tolvid疫苗也非常有效，但配套的gG血清学鉴别诊断试验缺乏敏感性，对其使用造成了限制。此外，由于行业当时呈现明显的gE基因缺失技术标准化的趋势，缺失gG基因对Tolvid疫苗而言是缺点。在猪群中同时使用gG基因缺失疫苗和gE基因缺失疫苗会造成混淆，因为接种gG基因缺失疫苗的生猪会产生gE抗体，进而导致gE血清试验期间接种疫苗的猪群被错误地认定为感染猪群。反过来，利用gG ELISA

对接种 gE 基因缺失疫苗的种猪进行试验时也会产生错误的诊断结果。因此，PRV 根除项目要想获得成功，必须为所有 PRV 疫苗确立统一的基因缺失标准。如果行业未能就 PRV 疫苗缺失哪种基因达成共识，将无法开展血清检测。对基因缺失疫苗进行标准化（至少删除表达 gE 的基因）的协议于 1993 年实施。

为检测 PRV 抗体，行业开发了其他若干种血清学试验方法。微粒浓缩荧光免疫分析和自动化乳胶凝集试验是两种在高通量诊断实验室得到广泛应用的方法。与 ELISA 类似，这两种试验以自动化方式开展，仅耗时 2 小时，具有良好的敏感性和特异性。某些实验室持续将自动化乳胶凝集试验用于筛选 PRV 抗体。生物制品制造商还开发了补体结合反应、免疫扩散试验、对流免疫电泳试验、间接免疫荧光试验等其他若干种血清学试验方法，但都存在敏感性有限、耗时过长或难以实施的问题。

2005 年 11 月 3 日，兽用生物制品中心批准了 IDEXX 基于 gⅡ（gB）糖蛋白开发的新型阻断 ELISA-PRV 筛选试验方法。据报道，该试验的敏感性和特异性高达 99.5%，已经取代了 HerdChek Anti-PRV 筛选试验。

PRV 根除项目的成功很大程度上要归功于开发出高效 PRV 疫苗和配套血清学鉴别诊断试验方法的科学家和诊断专家。如果没有这些技术，这一项目根本不会存在。

5.3 技术的实际应用

对于从事生猪医药工作的兽医而言，将鉴别试验投入实际应用是一项高难度的教学和辅导活动。首先，兽医们必须学习关于鉴别试验为什么具备可行性的基础理论。其次，他们必须让生产商相信这一新的检测理念是有效的。以往的经验表明，当前使用的大多数疫苗可有效防止生猪的临床疾病。

在疫苗的研究、开发和专利申请领域，科学家动保企业之间存在激烈的竞争。这种竞争促使多种基因缺失疫苗被批准并投放市场。开发这些疫苗的企业必须与开展动物诊断试验的企业合作，因为只有极少数的疫苗开发企业同时拥有生产经批准的疫苗和开发配套诊断试验所需的商业资产。

PRV 根除项目开展初期，一些兽医在同一猪群中使用超过一种 PRV 疫苗。此外，某些 PRV 疫苗既不具备特异性，也未开发配套的试验方法。使用缺失不同基因的疫苗且未能充分保存记录的畜主发现，他们无法准确地解释试验结果，因而无法了解其猪群的状况。

最初，生产商和兽医期望试剂盒的敏感性和特异性达到 100%。但是，实践表明，这一期望落空了。此外，不同系列的试剂盒的检测结果之间存在一些差异，而非特异性反应要在测试数千个样本之后才能观测到。当时，诊断专家、执业兽医和监管官员难以对造成试验结果冲突的众多原因进行分类。这些差异会带来一定的问题，少数生产商和兽医最初以此为由拒绝全面采用这一新技术。

5.4　小步前进

率先理解这一技术并将其成功运用于猪群净化方案的人士经常受到批评。这些人通常拥有自己的猪群，并利用自己的猪群来证明相关疫苗及配套诊断试验的效果。在学习过程中，很多人都有过“前进两步、后退一步”的经历。生猪行业的领导者通过召开论坛对该技术应用的成败进行探讨。存在竞争关系的科学家和动保公司的参与增加了这些讨论活动的复杂性。他们每个人都在鼓吹自己的技术优势。论坛的参与者定期汇报田间案例，并对其进行讨论。

关于成功案例的报告开始在生猪行业内传播，批评者甚至也开始注意到该技术在应用方面所取得的进展。随着试验技术的发展及各种试验方法敏感性和特异性的提高，评估猪群净化方案的能力也有所提升。随着实践中的应用增加，这些产品开始证明哪些技术实现了疾病防控（疫苗）和试验准确性（诊断方法）的最佳结合。这些“优胜”的技术逐渐成为生猪行业的首选。

5.5　逐个完成

完成猪群净化活动的例子有很多。将完成此类活动所需的各个步骤整理成名为“猪群净化方案”的书面材料是一种普遍的做法。通过研究已净化猪群的实例可以更好地理解这一过程。

（1）初步联系：猪群的主治兽医联系疫苗公司的技术服务兽医前往某个PRV净化进度不如预期的猪群进行调查，并开展合作。

（2）现场访问：技术服务兽医和主治兽医审核检测结果和该猪群使用的PRV疫苗的品牌名称。

（3）分析：技术服务兽医和主治兽医确认，该猪群过去4年使用了两个品牌、缺失不同基因的PRV疫苗，其中一些年龄较大的生猪这两种疫苗都使用过；该猪群过去2年只使用了一种疫苗；尽管使用了疫苗，该猪群仍存在感染PRV的情况。

（4）养殖场访问：在访问养殖场期间，技术服务兽医和主治兽医对畜主当前的操作方法进行观察。此外，他们还检查疫苗接种记录和动物标识的完整性。

（5）初步行动计划：猪群管理人员识别出所有2周龄以上的生猪，并在下一窝猪断奶之后将这些生猪出售，供宰杀。

（6）猪群重新接种疫苗：对整个猪群进行评估，确保所有生猪在过去90天均已接种疫苗。管理人员将没有标识的生猪出售，供宰杀。

（7）检测并挑选结果呈阴性的动物：对所有年龄小于2周龄、大于3月龄的生猪进行检测，以确定野毒感染的血清学状况。如果某一头猪的检测结果阳性，该猪尽快出售，供宰杀。血清阳性的猪不能用于交配。管理人员采取较为激进的措施清除曾注射两种不同品牌的基因缺失疫苗、感染PRV以及年龄较大的猪。

（8）隔离：技术服务兽医和主治兽医建议将年龄较大的猪与年龄较小的猪隔离。

（9）选择并使用同一品牌的疫苗：技术服务兽医和主治兽医提倡使用缺失同一种基因的疫苗产品继续开展疫苗接种工作。此外，这些咨询人员还建议每90天对所有猪开展一次疫苗接种工作，以尽量提高免疫性、尽量减少病毒的排出量。

（10）跟踪计划：在开展猪群净化90天后对年龄较小的猪进行统计抽样，并在咨询人员的建议下开展分析工作，旨在更好地评估病毒在年龄较小、易受影响、接种疫苗的猪之间的传播情况。这种分析还被用于向畜主证实净化项目已取得的进展。

（11）评估：若统计样本对野毒抗体的反应呈阴性，则猪群净化方案不变更。若任一样本的血清反应呈阳性，咨询人员将对猪群净化方案进行二次评估，明确方案的缺点并相应进行调整。

（12）区域评估：技术服务兽医和主治兽医对区域内的猪群密度进行评估，以确定猪群接触来自相邻猪群的 PRV 的风险。地区监管官员也参与决策过程，并为地区风险评估提供协助。

（13）完成：PRV 通常在猪群净化方案启动 2 年内被清除。

每个猪群都面临着一系列挑战。某些时候，管理方法必须接受评估并进行多次变更。养殖场的雇员必须就如何实施各猪群净化方案的各个步骤接受培训和辅导。畜主对成功实施猪群净化方案的积极性存在差异。一位经验丰富的兽医能了解所有这些不断变化的挑战。

猪群有时会出现意想不到的问题。管理人员在评估和监督过程中发现许多令人瞠目结舌的事件，例如心怀不满的雇员将疫苗倒入粪池。分析发现，养殖场的自来水中含有高浓度的氯，用这些自来水清洗注射器导致弱毒活疫苗失去活性。这些事件使人们更加关注细节的重要性。

此外，试验期间偶尔会发现某一猪群只有一头猪的试验结果呈阳性（又称“个例”）。有时对处死的猪进行组织分析，发现其并未感染 PRV。虽然类似的意料之外的结果很少出现，但提醒人们：不同猪之间的生物差异性也需要纳入考虑范畴。

5.6 基因缺失疫苗和诊断试剂盒的许可

PRV 疫苗和诊断试剂盒在美国是依据《病毒-血清-毒素法案》（1913）（1985 年修订版）接受监管的兽用生物产品。该法案规定，出售无效、受污染、危险或有害的兽用生物制品属非法行为，在美国境内生产的或运输的兽用生物制品必须是在经批准的设施内按美国农业部法规制备的产品。将这些产品投放美国市场之前，企业必须为其生产设施获取美国兽用生物制品公司许可证，并为其生产的每一种产品获取美国兽用生物产品许可证。

疫苗的通用许可要求

某一经批准的兽用生物制品公司如想为某个 PRV 弱毒活疫苗获取兽用生物产品生产许可证，必须向动植物检疫署兽用生物制品中心提交兽用生物产品许可证申请，并出示生产数据和支持性数据为产品申请提供支持。生产大纲是产品制造和试验所依据的具体方案。

申请企业必须根据生产大纲提供数据证明产品的纯度、安全性和功效。将主毒种作为疫苗生产所用的所有毒种的来源有助于保持生产活动的统一性。主毒种连续传代的限定次数为5次。兽用生物制品中心的人员负责确保主毒种、主细胞库、原代细胞、动物源性成分和最终产品根据标准试验程序接受测试。产品的免疫原性必须通过具有统计有效性的动物疫苗接种和攻毒试验（通常采用20头接种疫苗的生猪和5头对照组生猪）予以证明。疫苗接种必须在生产大纲规定的年龄最小的动物身上实施，并采用最低数量的抗原。产品应采用主毒种繁殖的最高代次的毒种生产。申请企业必须确定产品标签显示的各个成分的功效。具体的攻毒方法和确定保护力的标准随免疫原的变化而变化。每一系列产品被许可之前，兽用生物制品中心的人员还会要求测定产品的效价。

安全测试结合了一系列研究工作。产品一般以10倍剂量在动物宿主体内使用以进行评估。活疫苗产品必须进行特征化处理，以确定其是否有能力从宿主体内排出，进而传播至与宿主接触的动物体内。为了解遗传稳定性及实践中疫苗注入动物体内的预期结果，需开展直肠研究。

一旦实验室完成特征化研究，即开展田间试验以提供安全性相关数据。田间安全试验的设计目的是检测产品开发期间未观察到的意外反应。相关试验在动物宿主体内开展，分布在各类场所，使用大量易感的动物。实验动物应能代表拟使用相关产品的所有动物年龄阶段和饲养方法。

获得生产许可证的企业需在其经批准的设施内根据批准的生产大纲连续生产3个批次符合要求的产品，并将主毒种、主细胞库和这些批次产品的标本发送给兽用生物制品中心的实验室以接受许可前测试，以确认企业的试验结果。

申请企业满足所有要求（包括标签、宣传资料的审核和验收方面的要求）之后，兽用生物制品中心发放美国兽用生物产品许可证。

5.7 基因缺失疫苗的其他要求

兽用生物制品中心认为，重组体衍生的弱毒活疫苗与常规方法生成的疫苗之间没有重大差异。因此，该中心认为现有法律法规适用于新型基因改造PRV疫苗，并要求这些疫苗满足上文描述的适用于常规疫苗的纯度、安全性和功效许可标准。但是，《国家环境政策法案》则要求为这些基因改造活疫苗申请许可证的企业在疫苗投放市场之前开展研究工作，评估这些疫苗对人类环境可能产生的所有影响。需开展的调查活动包括通过研究描述重组微生物的生物化学特性，评估其在体内外的遗传稳定性，检查其在宿主体内的组织嗜性或毒性是否有任何变化，评估其从宿主体内排出并扩散至靶宿主和非靶宿主的可能性，评估其在环境中持续生存的能力，检查其与类似的微生物野毒株进行重组的可能性。在产品投入现场试验或获得许可证之前，兽用生物制品中心的人员利用来自这些研究的数据，根据《国家环境政策法案》开展风险分析，为环境评估做准备。《国家环境政策法案》的程序还要求该中心通过《联邦公报》公示其拟开展的所有重组体微生物许可。

针对首类基因改造疫苗（缺失 PRV 基因组中的两个基因），企业在获准开展田间试验之前必须满足《国家环境政策法案》的要求。为确定该基因对人类环境的安全性，企业需通过开展研究工作证明：①基因改造 PRV 活疫苗病毒无毒性，完全有能力引发使生猪免于感染 PRV 的免疫反应，但无法诱导产生 gG 抗体，因此感染生猪与接种疫苗的生猪之间存在血清学差异。②接种疫苗的生猪或哨兵动物的鼻拭子未证明这种重组 DNA 疫苗病毒株发生传播。③接种重组疫苗可减少野毒株的复制和排出现象。因此，这种疫苗可减少烈性病毒在环境中的传播。④缺失 tk 基因是疫苗病毒的一个稳定特性，这种缺失出现逆转的可能性基本为零。⑤PRV 野毒株在自然界分布广泛，且不含致癌基因或致癌物质。由于不含任何新的遗传信息，病毒所产生的重组体不可能具有致癌性。⑥PRV 野毒株对人类无致病性，且缺失两个基因是重组体衍生的疫苗与 PRV 野毒株存在的唯一区别，因此，重组体衍生的疫苗也被认为对人类无致病性。⑦生产该疫苗的企业制备并进行特征化处理的主毒种与亲株的生物性质相同。向兽用生物制品中心提交的数据确立了用于制备试验疫苗的两个病毒库之间的相互关系。在此基础上，兽用生物制品中心确定重组体衍生的活病毒疫苗的田间试验不会对人类环境产生重大影响。

除评估整体安全性之外，现场研究还包括评估该疫苗对公猪的精子质量、母猪和幼年母猪的生殖能力及在自然环境下饲养的架子猪的感染率和长势的影响。现场研究结束且数据表明安全性符合要求之后，兽用生物制品中心在《联邦公报》发布第二份公告，并在环境评估中考虑预示该产品将获得许可证的田间试验结果。重组体后续衍生的 PRV 疫苗（表 5.2）的许可工作重复这一过程。通过选择天然突变的病毒开发出的疫苗以常规疫苗的身份获得许可。

表 5.2　获得许可的基因改造 PRV 疫苗

制造商	缺失基因	自然突变基因	许可日期
Boehringer Ingelheim		gⅠ-，g63-	04/04/84
Norden		gⅠ-	04/09/84
Diamond Scientific	gⅩ-，tk-		12/03/87
Syntrovet	gⅩ-，tk-		03/29/88
Fermenta	gⅢ-，tk-		02/21/89
Syntrovet	gⅩ，gⅠ，tk-		1990

gⅠ=gE，gⅢ=gC，gⅩ=gG，g63=gⅠ。

5.8　诊断方法通用许可要求

诊断产品的许可在申请、证明材料和程序方面与上文针对常规疫苗描述的内容一致，区别在于支持性数据必须涉及多项问题。诊断产品的数据必须证明产品的敏感性、特异性、耐用性、重复性、适用性及预测值。此类数据通过将新的诊断试验方法与当前的"金标准"进行对比来获得［对高度特征化的参考标本（来自至少20只动物）进行测试］。标本取自PRV测试结果呈阴性的动物（未被感染的动物）、PRV测试结果呈强阳性的动物、PRV测试结果呈弱阳性的动物、测试值在临界值上下的标本动物，对密切相关的抗原（可能是交叉反应性抗原）有反应的动物和/或接种疫苗的动物及只对多抗原反应性检测试剂盒中的某一个或某一组抗原有反应的动物。

5.9　PRV 诊断试验的审批

随着防止PRV扩散的生猪跨州移动法规的发布，获批准的PRV诊断试验被要求只在经批准的实验室内开展。因此，兽用生物制品中心批准某项PRV诊断试验方法并不会自动授权相关机构在生猪跨州流动的官方测试中采用该方法。除获得许可证之外，PRV 诊断试验还需获得动植物检疫署国家兽医服务实验室人员的审批推荐，并获得动植物检疫署国家动物卫生项目中心的批准，动植物检疫署同时也是联邦负责发布《州-联邦-行业 PRV 根除项目标准》的机构。

PRV 诊断试验批准程序的设计目的是为该试验的潜在用户提供体验产品的机会，并使合作方能更可靠地确定疫苗产品能否按标签上描述的内容发挥作用，并在各类指定现场条件下和不同实验室内产生一致的、可再现的结果。为此，制造商负责开展田间试验，并将结果上报给美国兽医实验室诊断专家协会、美国动物卫生协会和国家兽医服务实验室。同时，制造商要向至少 3 个位于美国不同地区的实验室提供试剂盒，比对金标准测试参考标本和实地标本。国家兽医服务实验室、美国兽医实验室诊断专家协会与国家动物卫生项目中心、兽用生物制品中心共同审核这些实验室提供的与产品在 PRV 根除项目中的潜在用途有关的数据。如符合前述设计目的，相关试验方法将获得审批推荐，国家动物卫生项目中心将通过《联邦公报》发布公告告知利益相关方：该方法被批准用于经批准的 PRV 根除项目官方检测实验室。

PRV 鉴别试验的批准程序还要求试验方法能将接种疫苗的生猪与感染野毒株的生猪区分开。此外，试验方法应：①仅用于接种相关官方批准的基因改造疫苗的猪群；②用于对猪群（而非单头生猪）进行诊断；③在经国家兽医服务实验室批准的实验室实施。

首个 PRV 鉴别试验方法于 1988 年 8 月 1 日获得批准，并于 1990 年 5 月 9 日成为供 PRV 根除项目使用的“经批准的 PRV 鉴别试验方法”。截至 20 世纪 90 年代中期，已有 5 个 PRV 鉴别试剂盒获得许可，其中 2 个 PRV 鉴别试剂盒获得批准用于根除项目（表 5.3）。

表 5.3　20 世纪 90 年代中期获得许可的 PRV 鉴别试验方法

制造商	许可日期
IDEXX	08/01/88
Agdia	11/22/89
Fermenta	06/18/90
Norden	06/04/90
IDEXX	05/22/90

第6章

根除活动的规划

6.1 委员会

6.1.1 牲畜保护学会（国家畜牧业学会）

牲畜保护学会（国家畜牧业学会）的作用是推动生猪行业就针对疾病采取的行动达成共识。该学会组建于1975年，学会主席是来自伊利诺伊大学的Al Leman博士。学会首次会议于1976年召开。此次会议批准了要求采用标准诊断方法的决议及一项针对种畜生产商设计的PRV检测和根除项目（如果PRV继续蔓延，该项目将转为强制性检测项目）。

在1977年召开的会议上，讨论了关于利用首类PRV疫苗成功开展现场试验的信息。该疫苗由诺登实验室生产，并于当年晚些时候获得许可。会议还讨论了疫苗的使用规则，以及制定统一的检疫法规和跨州流动要求。

在1978年召开的会议上，牲畜保护学会PRV委员会要求美国兽医实验室诊断专家协会成立负责制定标准化诊断方案的委员会，会上还探讨了PRV在野生动物之间传播的问题。

1979年，该学会要求制订架子猪群PRV低风险认证方法（对代表母猪群的生猪进行抽样检查）。此外，学会成员在该年度的会议上获知，诺登实验室生产的疫苗可阻止PRV的流行性传播。

1981年召开的会议是该学会最重要的会议之一。当时，PRV委员会批准了一份试点项目建议书。该建议书的设计目的是确定PRV可否在某一地区根除及根除PRV的地区能否继续保持无PRV的状态。批准该建议书是为了回应生猪行业内根除项目支持者和接种疫苗支持者之间的争论。

次年，PRV委员会的成员听取了伊利诺伊州、艾奥瓦州、北卡罗来纳州、宾夕法尼亚州、威斯康星州的试点项目建议书报告，并正式通过决议批准建议书。在当年的会议上，学会建议实施一项对架子猪群进行抽样检测的项目，并批准了在根除项目启动之前对PRV进行控制的方案。

1983年，PRV委员会鼓励相关机构为新型快速实地诊断试验方法颁发许可证。

1984年，学会建议动植物检疫署兽医局制定州和地区无PRV判断准则及维持无PRV状态的标准。PRV委员会还要求对试点项目的结果进行讨论。学会特别要求由7位行业机构代表组成的评审团听取试点项目的结果。为确立未来10年或更长时期内抗击PRV的行动方向，评审团提出了如下建议："我们建议生猪行业将根除PRV作为一项目标。为实现这一目标，需在某一时期实施自愿性猪群净化计划，之后，以明确所有感染猪群的监测工作为基础，实施强制性项目。"

该建议基于以下观点：①有从美国商业猪群中根除PRV所需的技术知识；②鉴于猪肉生产商的投入程度和领导能力，可以实现PRV的根除；③根除PRV最符合生猪行业的利益。

评审团要求制订覆盖整个行业的PRV信息和培训项目，并向国家猪肉生产商委员会、美国农业局联合会及二者的州级附属机构分派任务，要求它们带头推动国会将根除PRV确定为一项公共政策、为根除PRV争取必要的资金并建立州咨询委员会。

此外，评审团要求学会在1986/1987年冬季建立覆盖整个行业的特别工作组，提出PRV根除项目纲要，供行业各集团考虑。特别工作组的成员包括动物卫生协会、兽医实验室诊断专家协会、兽医局和农业部农业研究服务处的顾问，由Hilman Schroeder担任组长。Hilman Schroeder是一位来自威斯康星州的猪肉生产商，也是代表国家猪肉生产商委员会的评审团成员。

这一根除项目包含以下要点：

(1) 该项目在最初几个阶段为自愿性项目，致力于通过技术协助、建议和试验的方式为感染猪群的畜主根除病毒提供支持。

(2) 该项目将向特派兽医提供检测猪血清的新技术，以确保这些技术在感染猪群净化期间得到广泛应用。

(3) 该项目应尽量减少补偿费用（如被纳入项目）。如需将其他补偿资金来源纳入该项目，需举行生产商公投活动。

(4) 在任何州实施该项目强制性阶段的工作之前，如需为该部分工作颁布法律，应充分获得该州食用动物行业的支持。

(5) 如果生产商表示在自愿性阶段结束后将继续实施该项目，强制性阶段将包括明确所有感染猪群的监测工作。监测工作将根据新技术的可用性采取屠宰场检测、第一点检测或追踪检测的方式。监测计划预计将包括检测挑选的种畜并建立有效的标识系统。

(6) 该项目在各州逐一开展，对各州、各个地区和各个猪群而言具有灵活性，能适应条件和情况的变化。无论在自愿性阶段还是强制性阶段，州官员和农场主都将根据感染猪群各自具体需求和情况制订相应的计划。各州将根据与动植物检疫署兽医局签订的合作协议参与该项目。

(7) 该项目的初步目标是促使根除计划于 1989 年 1 月 1 日之前在各州生效。

6.1.2 根除计划第七次草案

特别工作组 1986 年制定的计划有一个广为人知的名称为《根除计划第七草案》(见附件 5)。1986/1987 年冬季，该计划在整个行业内得到广泛传播，并成为猪肉生产商小组和其他各方的讨论话题。在 1987 年 3 月召开的国家猪肉生产商委员会年会上，与会代表以绝对多数通过了该计划。此外，该计划还获得了美国农业局联合会、美国猪医师协会 (AFBF)、牲畜保护学会以及众多州猪肉生产商小组和其他相关方的认可。

该计划具有灵活性，要求建立由生产商和行业其他部门组成的州委员会。这些委员会将决定如何开展 PRV 根除活动，并按阶段对各州项目进度进行监控。

项目的第一阶段是准备工作。该阶段需组建州委员会。组建之后，州委员会对州内 PRV 的流行率进行调查，为今后的 PRV 根除活动制订计划，并确定为实施这些计划需对本州的法律法规作出哪些变更。

第二阶段聚焦疾病控制。在这一阶段，各州通过实施监测计划发现感染猪群并对其进行检疫隔离。如果各州认为这些行动仍显得太过谨慎，还可启动自愿性猪群净化项目。

第三阶段是启动强制性猪群净化活动。该阶段开始时，各州要求感染猪群的畜主制订、实施从猪群中消除感染的计划。在该阶段的后期，如果某州仍存在若干感染猪群，动物卫生官可要求强制清除这些猪群，并在资金允许的情况下为此提供补偿。

第四阶段面向已完成感染猪群的清除且不存在已知感染猪群的州。该阶段仍开展 PRV 监测工作。

最后阶段的工作内容是明确无 PRV 的状态。

6.1.3 PRV 控制委员会

PRV 控制委员会是在牲畜保护学会 PRV 委员会的行动下成立的小组委员会。

1984年，该委员会的任务是为确立州或地区进入无PRV状态应采取哪些行动制定评估标准。由于意识到对无PRV州的认定工作缺乏相应的技术和能力，该委员会提出了两级状态：A级状态适用于被证实PRV发病率较低的州/地区，B级状态适用于正实施监测计划检测感染猪群并对其进行检疫隔离的州/地区。鉴于起草、实施联邦计划和法规要耗费大量的时间，该委员会提出将这种两级状态的建议提供给生猪行业和各州去实施。

该委员会的建议于1985年10月获得牲畜保护学会、动物卫生协会和国家猪肉生产商委员会的批准。这3家机构同意分别任命两名代表对相关信息进行审核，确定各州/地区是否有资格获得其申请的级别。国家PRV控制委员会在此基础上成立。1986年1月1日，威斯康星州成为首个获控制委员会颁授B级资格的州。

不久之后，要求架子猪只能来自母猪样本PRV检测阴性猪群的法律在以伊利诺伊州为首的许多州获得通过，PRV控制委员会在生产商和州官员的心目中成功占据了一席之地。这些州认为，符合PRV控制委员会标准的监测计划利用当时可用的技术发挥了最大限度的保护作用。之后，他们接受了PRV控制委员会划定的生猪流动分级。一开始不认可这种分级的5个州后来大都接受了这种分级。

PRV根除项目标准的制定工作在20世纪80年代末开展。在此期间，PRV控制委员会继续根据已确立的标准对各州的级别进行审核。前面提到的3家机构（牲畜保护学会、动物卫生协会、国家猪肉生产商委员会）和兽医局希望让生猪行业和各州持续根据根除项目的标准参与级别资格的授予工作。PRV控制委员会后来被要求就这一问题向兽医局提供意见。作为回应，PRV控制委员会制定了一份篇幅为一页的检查表，随其他证明文件一起作为州或地区申请文件的附件。之后，PRV控制委员会对州或地区的申请进行审核，并向兽医局提交建议。PRV控制委员会成员每年召开两次会议（分别在牲畜保护学会春季会议和美国动物卫生协会秋季会议期间）。在这两次会议的间隔期，PRV控制委员会成员负责接收通过邮件发送的申请，并以电话方式将自己的投票结果报告给委员会的秘书。必要时对检查表（包含经控制委员会审核、用于确定某一州所处阶段的信息）进行修订和更新。

在极少数的情况下，PRV控制委员会会就各州项目的相关问题或需要澄清的地方直接与各州进行联系。PRV控制委员会成员召开会议期间，州级兽医或其指定人员会提交申请并提出若干问题。来自兽医局的全国PRV协调员负责就与这些申请有关的问题与各州进行联系，接收PRV控制委员会提交的建议，并批准将PRV根除项目某一阶段的资格授予某州。

PRV 控制委员会仅仅评估某州或地区是否符合其所申请阶段的项目标准，仅有少数几次，就项目标准的修改和更新提供了意见。在美国动物卫生协会 2006 年 10 月召开的会议上，PRV 控制委员会对暂停其工作的决议投了赞成票。在此之前，PRV 控制委员会一直在对所有申请开展审核工作。

农业部长宣布美国已根除 PRV 并确立更有效的 PRV 监测计划之后，PRV 控制委员会决定解散。

6.1.4 国家猪肉生产商委员会（NPPC）

1976 年 8 月，国家猪肉生产商委员会要求 PRV 监督委员会收集关于 PRV 造成的经济损失的信息，并为研究这一疾病筹集资金。

1983 年，国家猪肉生产商委员会发起了试点项目并提供了部分资金。试点项目是发展的必然产物，旨在利用科技，通过落实预先计划的方案解决行业问题。通过由专业人士和生产商组成的技术咨询委员会，生猪行业确定了成功实施 PRV 控制和根除计划的基本原理。

四年后，国家猪肉生产商委员会提交了一份为期 10 年的 PRV 根除项目计划。该计划最后得到了美国国会的支持，国会授权农业部开展立项工作并在 10 年的时间内每年为该项目拨款 2 000 万美元。

1988 年，国家猪肉生产商委员会制定并通过了十年目标纲要。1988 年和 1989 年，项目资金呈现缓慢增长的态势。该委员会于 1990 年 3 月认可并证实了生产商就推动 PRV 根除项目所达成的一致意见。当年 5 月，该委员会批准了自身为适应更大规模、更高强度的根除工作重新设计的组织结构。该委员会负责整个项目的所有方面，所有参与的人员都将成为这个由 16 人组成的委员会成员。美国 4 个地区兽医局各指派一名成员加入该委员会的预算小组。

随着这些变动的落实，PRV 根除项目能够成功的实施很大程度上是因为建立起了系统的工作制度，各州、兽医局和行业集团不断的落实预算和资金。

6.1.5 美国动物卫生协会（USAHA）

美国动物卫生协会有着很长的历史，致力于抗击猪瘟等各类生猪疾病。20 世纪 70 年代末，后来被称为“奥耶斯基氏病”的生猪疾病引发了大量关注。为抗击这一新发疾病，美国动物卫生协会决定成立一个小组委员会，后者最终演变成美国动物卫生协会 PRV 委员会。成立之后，为了给这种病起一个适当的名字，委员会内部开展了大量的讨论。协会成员最终接受了“伪狂犬病（PR）”这一名称。

美国动物卫生协会的领导层在 20 世纪 70 年代末与兽医局、国家猪肉生产商委员和牲畜保护学会开展讨论，目的是为解决生猪健康问题确立适当的防治计划。和生猪行业一样，美国动物卫生协会成员（尤其是 PRV 委员会）对执行怎样的防治计划也存在分歧。鉴于当时已经开发出一种非常有效的生猪疫苗，一些成员认为应通过接种疫苗控制 PRV。其他成员则认为，尽管这种疫苗控制了 PRV，但并未能阻止 PRV 传播给其他生猪或其他动物。注射这种疫苗对任何其他物种几乎都会造成死亡。这场激烈的争论持续到了 20 世纪 80 年代。争论的核心问题是：控制病毒和根除病毒这两种策略，哪种策略更好？鉴于 PRV 为疱疹病毒，许多人觉得 PRV 不能被根除。

在其他利益相关方的催促之下，美国动物卫生协会的领导层成立了 PRV 委员会，负责解决此次争论，收集这些问题的相关信息，并推动全体成员开展讨论活动。在 PRV 委员会 1987 年 10 月 27 日召开的会议上，协会主席宣布成立一个特别委员会，负责审核针对 PRV 提出的“统一办法和规则”。布鲁氏菌病、结核病等其他疾病的“统一办法和规则”由协会下属各委员会制定，并由协会发布。PRV 委员会的成员一直负责研究这种提议。

特别委员会就该项提议开展汇报工作，协会对该项提议进行大量讨论之后，协会主席将该项提议提交给 PRV 委员会内部新成立的一个小组。该小组后来演变为项目标准小组委员会，负责制定控制 PRV 的办法和规则。

PRV 委员会之后演变为审核和探讨根除项目所采取的措施、为兽医局提供建议的年度论坛。该委员会历年的议程是相似的：兽医局代表提交关于项目进度的全国性报告，然后各州被邀请汇报其在国家 PRV 根除项目中通过采取各类措施（从建立州咨询委员会开始）所取得的进展。此外，国家猪肉生产商委员会负责呈递行业报告。

在 1981 年 5 月召开的会议上，协会批准了通过建立试点项目确定根除 PRV 是否具有可行性的建议。寻找解除检疫的适当方法成为州级兽医和生猪行业面临的一个主要问题。此次会议要求 PRV 委员会开展大量工作，并成为项目标准制定工作的一个重要里程碑。

美国动物卫生协会项目标准小组委员会每年召开两次会议（分别在牲畜保护学

会春季召开的会议和美国动物卫生协会秋季召开的年会期间）。会议期间，委员会成员和牲畜保护学会的相关人员表达各自的想法并开展讨论，同时针对项目标准提出修订意见。

这些修订意见在PRV委员会会议上再次接受讨论，并在与会人员一致同意的情况下呈递给美国动物卫生协会，供其审批。PRV委员会还负责接收PRV控制委员会关于各州PRV根除项目资格的建议，为自身作出的关于各州所处阶段的判断提供支持，并将这些资格信息告知兽医局。

多年来，根除项目中疫苗的使用这一问题在委员会会议上一直饱受争议。当时存在可供使用的有效疫苗，且这些疫苗被用于大多数生产生猪的重要州，但人们无法将接触野毒株所产生的抗体与疫苗株所产生的抗体区分开来。这种情况严重妨碍了项目进度，并在项目标准小组委员会和整个PRV委员会内部受到长时间的争议。PRV根除项目当时似乎要陷入"停滞"状态。各类疫苗和配套鉴别诊断试验方法的出现才使这种情况得以避免。随着这些疫苗和诊断试剂盒于20世纪80年代末和90年代初被陆续投放市场，PRV委员会建议兽医局和州级兽医批准使用这些产品。这些产品后续的改良使监管官员在将这些产品用于根除活动期间获得了更好的效果。之后，疫苗成为控制PRV的有效工具，尤其在生产生猪、感染猪群数量最多的重要州。

1990年，PRV委员会决定成立两个由技术专家组成的小组委员会，一个负责审核正在生产的PRV疫苗，另一个负责审核正在开发的诊断试验方法。这两个小组委员会每年向PRV委员会汇报产品评估情况及关于使用产品的建议。此类信息对于项目标准小组委员会的审议工作具有重要价值。

20世纪80年代，PRV委员会一直关注各类规模的商业猪群和种猪群中PRV和其他疾病的防控工作。1993年，美国动物卫生协会成立联邦生猪咨询委员会。该委员会负责审核野生猪PRV和猪布鲁氏菌病有关的信息。

国家PRV根除项目的资金筹集工作是历次PRV会议的另一个重要讨论课题。鉴于该项目属于州-联邦-行业合作项目，预计各方分别负责筹集一部分资金。生猪行业在为项目筹集联邦级资金的工作中起带头作用。同时，在各州生猪行业与州监管官员共同负责筹集州级资金。美国动物卫生协会大力支持这些工作，并鼓励州级兽医和生猪行业与兽医局紧密合作，及时沟通资金的需求和用途。

20世纪90年代，生猪行业对推进PRV根除活动的热情日益高涨。当时，美国有6 000多个猪群被感染；监测工作拥有更多可用资金；随着更多感染猪群被清除，检疫隔离的数量持续下降。将所有利益相关方汇集在一起为持续推进根除活动提供必要支持成为之后非常重要的一项工作。

在 PRV 委员会 1996 年 10 月召开的会议上，PRV 控制委员会汇报称，美国 80%的猪群和 65%的种猪处于第三、第四或第五阶段。PRV 控制委员会指出，州级报告必须探讨两个受到关注的方面：①各州必须解决野生猪问题；②申请第四阶段资格的各州在申请前的 12 个月内不得出现新的 PRV 病例。

项目标准委员会和 PRV 委员会负责按年度对项目标准进行修订，以体现根除项目的进度，澄清需完成的事项，为推进根除项目制定更严格的标准。一旦美国动物卫生协会正式通过，根除措施就会获得整个生猪行业的支持，进而向兽医局清晰说明下一步应为根除项目采取哪些措施。

在 PRV 委员会 1999 年 10 月召开的会议上，兽医局汇报了“PRV 加速根除项目”所取得的成就。在次年的会议上，项目标准委员会建议不要再对项目标准作出变更。该委员会当时负责对《联邦法规汇编》第 85 部分拟作出的变更作出审核（这些变更旨在将许多项目标准纳入《联邦法规汇编》）。需要注意的一点是，美国动物卫生协会当时并不愿意将项目标准纳入《联邦法规汇编》。该协会的领导层担心这将降低项目的灵活性。生猪行业和该协会相信，凭借自身的灵活性和生产商、生猪行业的有力支持，PRV 项目将继续取得进展。有关生猪跨州流动、官方检测和猪群资格的标准最后获得通过并被纳入《联邦法规汇编》。

在 PRV 委员会 2001 年 11 月召开的会议上，兽医局汇报称，截至 2000 年 10 月，美国仅有 434 个隔离猪群。到 2001 年，隔离猪群的数量已降至 12 个，分布在艾奥瓦州和内布拉斯加州。2002 年，兽医局汇报称，美国最后一个 PRV 检疫隔离猪群（位于艾奥瓦州）于当年 7 月 12 日被解除。这是美国首次出现无已知感染 PRV 的商业猪群或种猪群的情况。在这之后，项目标准要求任何发现感染 PRV 的猪群均必须在 15 天内完成扑杀处理。联邦为扑杀感染猪群提供资金。美国动物卫生协会强烈支持各州遵循这一要求。

6.2　州/生产商 PRV 咨询委员会

随着 PRV 根除项目下的州级控制/根除项目的实施，许多州成立了 PRV 咨询委员会，目的是为生猪行业和生产商提供关于政策和实施策略的指引。某些州的咨询委员会依法获得授权，并直接向立法机关或州级兽医办公室负责。其他州的咨询委员会在州动物卫生局的支持下成立，直接向州动物卫生局提供意见。某些咨询委员会是 20 世纪 80 年代中期成立的州教育委员会或 PRV 行动委员会随着人们意识到 PRV 的存在而重新演化的产物。无论属于何种性质，咨询委员会均作为生猪行业、生产商和监管官员探讨 PRV 根除活动、项目状况和潜在结果或报告项目实施活动相关问题的平台。它们的工作范围和影响力取决于其成立所依据的指令或州动物卫生局对其参与程度的期望值。

咨询委员会的人员构成和工作范围随相关州的需求、立法权或部门特权、之前或现行的动物卫生法规、疾病防控或根除目标等众多因素而变化。在少数情况下，咨询委员会的人员构成由法律规定。在大多数情况下，咨询委员会的人员构成在州动物卫生管理机构及州猪肉生产商小组的指导下确定，并能代表州内各类利益相关方或行业部门。一般而言，咨询委员会的人员包括猪肉生产商机构、牲畜市场和其他附属行业、州和联邦动物卫生监管机构、高校或州诊断实验室、高校研究和推广人员及执业兽医的代表。若法律并未要求向前述各方授予正式成员的身份，前述各方的代表在咨询委员会活动中会被授予特别成员或顾问成员的身份（无投票权）。

从积极制定纲领性政策、管理此类政策产生的州级监管机制到作为生产商的宣传媒介，咨询委员会的工作范围取决于其成立所依据的法律法规。各咨询委员会承担顾问职能和基层计划性控制职能，其工作范围体现了相关州的需求、政治环境、现有监管结构和动物疾病防控管理机构的情况。各咨询委员会在州政治和监管环境内开展工作，目的是加强对生产商和附属行业的支持，研究并讨论新的科学技术和生产经验，改善根除活动或行业验收活动，对法律或预算的修改工作施加影响，接收并评估关于项目实施情况的投诉，在州级根除措施落实期间为监管官员提供实地情报。在特殊情况下，咨询委员会或其代表会建议生产商或市场参与或配合州级根除活动。

州咨询委员会对于各州成功开展 PRV 根除活动至关重要。它们在国家根除项目的背景下负责成立由了解地方工作、地方需求、资源和可能存在的限制因素并且具有积极响应能力的人员所组成的核心小组。许多情况下，如果各州的猪肉生产行业未能从实质上自愿遵守监管要求并提供行政方面的支持，项目政策将难以实施，甚至无法实施。州咨询委员会为猪肉生产行业提供行政方面的支持创造条件，进而促使根除项目在州层面上取得成功。

6.3　项目标准

1987 年初国家根除计划获批之后，美国动物卫生协会要求动植物检疫署为根除活动制定拟实施的项目标准。项目标准为根除 PRV 提供路线图，向各州概述推进根除项目（分 5 个阶段）的要求。州和联邦通过发布相关法律法规公布项目标准的要求，动植物检疫署负责审批、印发这些标准。美国动物卫生协会 PRV 委员会每年对项目标准进行审核。1987 年 10 月，该协会建议对项目标准作出修订。次年 1—2 月，动植物检疫署将这些建议的内容纳入新版项目标准，并广泛发布修订后的文件。

项目标准规定了 PRV 根除项目的以下 5 个阶段：

6.3.1　第一阶段——准备

这是项目的初始阶段。各州在该阶段制定控制和根除 PRV 的基本程序。为获得第一阶段资格，相关州必须满足以下要求：

（1）该州的 PRV 委员会正在开展工作；

（2）该州为确定 PRV 流行率建立了可靠的程序；

（3）州和（或）行业代表拥有或正在积极寻求实施诊断和根除活动的法定权限；

（4）该州正在实施发放项目文件的制度；

（5）联邦相关法规在该州得到落实；

（6）该州每月编制一份州进度报告。

6.3.2　第二阶段——控制

在该阶段，相关州根据项目指南开展合作。该阶段的目标是识别感染猪群并启动猪群净化工作。该阶段的措施包括：

（1）落实第一阶段的标准；

（2）在所有新发现的感染猪群周围实施监测计划（包括循环检测）；

（3）获得针对所有已知感染猪群开展猪群净化计划的权限；

（4）对流入该州的生猪进行控制；

（5）适当控制生猪的跨州流动；

（6）控制野生猪 PRV 的传播。

6.3.3 第三阶段——强制净化猪群

在该阶段，净化感染猪群成为一项强制性活动。该阶段的必要措施包括：

（1）落实第二阶段的标准；

（2）采用特定的流行病学程序；

（3）落实监测程序（包括从屠宰场、市场和养殖场采集血样）；

（4）可批准开展疫苗接种工作；

（5）实施防止野生猪传播病毒的法规。

6.3.4 第四阶段——监测

在该阶段，相关州已成功控制 PRV，并把焦点转移到疾病监测上。处于该阶段的州必须满足以下要求：

（1）州内未发现感染现象，且第三阶段的监测工作已实施至少 2 年；

（2）该州有权鉴定经挑选的母猪和公猪的来源养殖场，并正在行使这一权限；

（3）申请第四阶段资格的前一年未确诊任何新的 PRV 病例；

（4）控制商品猪和种猪接触野生猪的管理计划正式获得通过。

6.3.5 第五阶段——无 PRV

这是项目最后一个阶段。处于该阶段的州被认为不存在 PRV。为获得第五阶段资格，相关州必须满足以下要求：

（1）落实第四阶段的标准；

（2）获得第四阶段资格后 1 年内未发现 PRV 病例；

（3）按第四阶段的标准控制生猪入境；

（4）一般不允许接种 PRV 疫苗；

（5）生猪的跨境流动未受到 PRV 的限制；

（6）第四阶段与野生猪有关的要求继续适用。

兽医局负责提供资金，由工作优秀的州、联邦和行业代表组成的项目审核团队每年对被选中的各州进行视察，并检查其项目是否符合项目标准的要求。

6.4　试点项目

通过试点项目探索美国根除 PRV 可行性的想法首先由牲畜保护学会 PRV 委员会在 1981 年 5 月于密苏里州圣路易斯市召开的年会上提出。

之后，美国农业部请求国会拨款 150 万美元为试点项目提供资助。多个州向兽医局提交了试点项目建议书。各个试点项目均计划覆盖某个县。

1983 年 2 月，在视察华盛顿地区立法工作期间，国家猪肉生产商委员会执行理事会主动提出为两个州级项目提供 10 万美元的资金，前提是兽医局为该项目拨款 40 万美元。之后，兽医局和该委员会达成了一份筹集 50 万美元资金的协议。该协议规定相关项目将在两个生猪密度较高的州实施，并明确了 PRV 相关问题。之后，伊利诺伊州和艾奥瓦州被选为首先实施试点项目的 2 个州。

此外，由 PRV 控制和根除专家组成的技术咨询委员会为 5 个试点项目的规划、实施和结果汇报工作提供了协助。其中 2 个项目选择在 3 个 PRV 患病率较高的县（一个位于艾奥瓦州，两个位于伊利诺伊州）实施，其他项目在 PRV 患病率较低的 3 个州——北卡罗来纳州、宾夕法尼亚州和威斯康星州实施，作为这些州正在实施的根除项目的一部分。艾奥瓦州（马歇尔县）的项目旨在对 PRV 控制方法和生猪生产大县清除 PRV 的准备方法进行测试。伊利诺伊州的项目旨在确定 PRV 在该地区的流行情况及 3 个猪群清理策略的有效性，并评估新开发的皮试方法在实地条件下的应用效果。北卡罗来纳州的项目要求评估屠宰监测可否作为识别感染猪群的方法，目的是确定感染猪群的追溯和清除是否具有可行性。宾夕法尼亚州和威斯康星州的项目旨在对可能促使 PRV 成功根除的监测工作、清除策略和方法进行测试。

这 5 个项目在完成之后均被鉴定为成功的、具有可实现性和经济可行性的项目（在伊利诺伊州开展的皮试研究除外）。农业部和各州利用收益-成本法分析所产生的计算数据（包括所有 5 个试点项目的成果所产生的数据，见第 10 章），为 13 个生猪密度处于中高水平和 37 个生猪密度处于低水平的州估算了 PRV 根除项目的所有成本。为期十年的根除项目的估计总成本超过 2.57 亿美元，其中感染猪群清理成本合计约 1.05 亿美元。这些原始数据预测联邦政府、州政府和生产商将各承担 1/3 的成本，在全国开展 PRV 根除活动（预测周期为 10 年）的前几年被作为实施项目的指导阶段，直至国家在后面几年启动加速项目。试点项目位置：艾奥瓦州马歇尔县、伊利诺伊州马库平县和派克县、北卡罗来纳州、宾夕法尼亚州和威斯康星州。

6.4.1 伊利诺伊州

为确定伊利诺伊州的项目在什么地方实施，伊利诺伊州的试点项目选择委员会在 1981 年伊利诺伊州展览会期间召开了一次会议。与会人员认为马库平县、麦克多诺县、派克县可作为项目试点。1981 年下半年，这 3 个县分别召开了公共会议，目的是确定项目所涉及的利益，并将初始计划告知猪肉生产商。但是，1981—1982 年，由于缺乏资金，除了为 PRV 试点项目制定原始方案之外，该州几乎没有取得任何进展。

兽医局针对试点项目的立项向伊利诺伊州拨付了 25 万美元的资金。当时，兽医局认为这笔资金不应被用作补偿款。伊利诺伊州项目负责人对这一问题持不同意见。他们认为，兽医局应允许为某些感染猪群和暴露猪群的急宰工作支付适当的补偿款。两方不久之后陷入僵持。项目负责人曾多次尝试说服兽医局改变立场，但均以失败告终，这几乎导致伊利诺伊州项目被放弃。事实上，如果没有几位对该项目抱有强烈兴趣人士的努力，该项目可能真的已被放弃。

在多方均可接受的版本定稿之前，伊利诺伊州项目的建议书至少经历了 12 次修订和易稿。在伊利诺伊州 PRV 咨询委员会召开的一次紧急会议上，与会人员决定先在某个镇启动伊利诺伊州项目（后续可能将项目拓展至更大的区域）。1983 年 2 月 9 日，该委员会召开会议决定是否将不包含补偿条款的试点项目建议书呈递给指定县的生产商，以了解后者会作出怎样的反应。该委员会专门组建了试点项目选择委员会，成员包括伊利诺伊州猪肉生产商协会的主席、执行副主席和 1 个代表伊利诺伊州猪肉生产商协会以及国家猪肉生产商委员会的执行理事会成员、伊利诺伊州农业协会（现为伊利诺伊州农业厅）代表、来自伊利诺伊大学的生猪推广专家和兽医、兽医局伊利诺伊州地区主管兽医和伊利诺伊州的首席兽医。1983 年 4 月 19 日，在被伊利诺伊州考虑作为项目地点的 3 个县举行一系列会议期间，该委员会及来自兽医局的若干生猪疾病兽医与县猪肉生产商协会成员、合作社推广人员和当地兽医进行了会面。

会议期间，该委员会将试点项目的阶段概括如下：

（1）将项目区域设在一个或少数几个镇。这种做法缩小了最初设想的项目区域，最初设想将整个县作为项目区域。若项目在这些镇取得有效进展且有资金可供利用，则可拓展项目区域。州官员作出这一变动主要是为了选择一个能获得猪肉生产商大力支持的区域（州官员希望这种支持可鼓励各方开展合作，并使猪肉生产商不再要求获得补偿款）。

（2）对指定区域的猪群进行调查。

（3）通过检测确定所有猪群的 PRV 感染情况。

（4）以根除 PRV 为目标针对各感染猪群制定猪群净化计划。

（5）通过监控确定清除后的区域是否保持无 PRV 的状态。

（6）评估在现地条件下利用 PRV 衣壳抗原进行皮内试验的诊断方法。

该委员会还讨论了试点项目所在镇应具有的特点。指定区域应符合以下要求：

（1）拥有代表全县生猪整体状况的猪群。

（2）当前或之前存在已知感染 PRV 的猪群。

（3）相关猪群拥有一定的天然边界。

（4）镇内的猪肉生产商愿意合作。

在了解项目阶段和试点项目所在镇的要求之后，派克县和马库平县的委员会请求将本县选为项目试点，原定的麦克多诺县后来请求退出。之后，选择委员会决定在这两个申请县启动镇项目，并将这些项目作为伊利诺伊州试点项目。

伊利诺伊州试点项目启动之前，推广人员和生产商小组列出了被选中的县所有被认为拥有生猪的场点。伊利诺伊州的两名工作人员根据这些名单对每个生产商进行调查，以获得关于各猪群的具体信息。

之后，州和联邦相关人员启动了一项对项目区域内所有猪群预先确定的统计标本进行检测，进而确定各猪群 PRV 感染情况的计划。联邦或州级兽医流行病学家负责制定净化所有感染猪群的计划。牲畜保护学会的《猪伪狂犬病根除指南：从猪群中根除 PRV 的计划》被发放给所有感染猪群的畜主。猪群计划一般采用计划 A、B 或 C 的格式。牲畜保护学会的另一份手册《PRV 流行病学：实践指南》在相关人员与畜主接触及开展调查活动期间发放。

在6个月的测试期内，州和联邦官员确认了许多值得关注的事项：

(1) 检测结果呈阳性的猪群数量高于预测水平，64个猪群中有15个（23%）猪群的PRV检测结果呈阳性；

(2) 有4个猪群的检测结果仅出现一份阳性病例（后被证实属假阳性反应）；

(3) 皮试作为猪群诊断试验手段时的表现低于期望值；

(4) 生产商的合作情况良好，派克县69个生产商中只有4个选择不参加试点项目，马库平县75个生产商中只有3个选择不参加试点项目；

(5) 两个县的项目区域在1984年拓展至更多的镇。

在州和地方猪肉生产商的催促下，伊利诺伊州议会于1984年5月底批准了一项金额为7万美元的专项拨款，用于向试点项目区域PRV阳性种猪的畜主支付补偿款。试点项目要求将感染生猪运送至屠宰场，并就每头种猪向生产商提供25美元（外加种猪的市场价值）的补偿款。补偿款适用于母猪、公猪和年龄超过6个月的后备母猪。“伊利诺伊州PRV补偿计划”是美国首个用于根除PRV的补偿计划。尽管生产商和其他利益相关方对将生猪扑杀补偿款纳入试点项目表现出极大的兴趣，但资金批准时间过晚（资金1984年5月批准，到1984年6月30日才得以落实）和必须制定长期计划的矛盾限制了生产商和其他利益相关方的参与。尽管时间紧张，但仍有2～3个畜主利用补偿款完成了猪群清除工作。

动植物检疫署试点项目资金筹集工作曾预计于1985年9月30日结束。然而，1985年11月，伊利诺伊州农业厅请求兽医局批准对现行的试点项目协议进行修改，以确保其覆盖伊利诺伊州所有隔离猪群。兽医局于1986年1月批准将试点项目资金用于伊利诺伊州所有隔离猪群的检测工作和开展自愿性猪群净化计划的制定工作。

1986年1月28日，伊利诺伊州向隔离猪群的畜主发出了427封信函，对猪群检测和净化项目进行了说明。信中要求畜主说明自身参与该项目的兴趣。在作出回复的229位畜主中（回复率为54%），有138位畜主表示对该项目有兴趣，20位畜主正处于清除阶段，24位畜主的设施中没有生猪，27位畜主表示对该项目没有兴趣，另有20位畜主作出了其他回应。

及时回信的90个畜主猪群被视为“最优先猪群”，在项目最初时开展净化工作，包括完成一份关于猪群、猪群净化计划制定、以确定猪群状态为目的对生猪进行初步检测的详细问卷。1986年4月底，鉴于资金充足，更多猪群被纳入“最优先猪群”名单。截至 1986 年 6 月 30 日，共有 138 个猪群主动参与该项目。

马库平县和派克县于 1986 年完成州-联邦合作试点项目。1986 年开展的主要活动是对未感染猪群进行监测，以确定其测试结果是否仍呈阴性，并对各类感染猪群净化计划进行审核。

基于试点项目，州和联邦官员得出了关于根除 PRV 的结论：

(1) 根除 PRV 可在不干扰生猪生产的情况下进行。即使试点项目区域存在不合作的感染猪群畜主，通过执行减少 PRV 接触的程序仍可使项目区域其他猪群免于感染 PRV。无 PRV 区域有少数猪群出现二次感染的情况。经追溯发现，所有这些情况都是因为畜主发生了未经批准的行为。

(2) 鉴于伊利诺伊州项目属自愿性项目，项目区域的畜主并非都愿意合作。因此，需要监管机构推动州或国家项目目标的实现。

(3) 相比覆盖整个猪群的检测，统计抽样或筛选更适用于 PRV 检测。

(4) 针对反应率较低的猪群，项目官员应制定一套检测+净化方案。该方案被成功用于净化。

(5) 州和联邦官员在项目规划阶段认为对饲养场进行隔离是不可或缺的一项措施，但实践表明，并不需要对饲养场进行隔离。

(6) 架子猪生产商不愿意参加自愿性项目是《伊利诺伊州架子猪 PRV 法规》颁布的一项重要原因。该法规要求生产种猪的母猪群在流动之前必须接受检测。

(7) 如果为感染猪群扑杀工作提供补偿款，试点项目将获得更大的成功。

(8) 皮试被证明在实践中并不是一种快速、准确、可预期的诊断试验手段。

(9) 非特异性反应可能是某一猪群只有一头生猪在血清病毒中和试验中呈现阳性的原因。为减少此类事件，项目官员要求从猪颈内静脉抽血，并在收集、向诊断实验室提交血样时使用无菌真空试管。此外，他们还建议只提交血清（尤其在热天和缺乏隔夜送达服务的情况下），以减少某一猪群只有一头生猪试验结果呈阳性（又称“单例”）的情况。

6.4.2 艾奥瓦州

20 世纪 80 年代初，许多因素共同造成了 PRV 在艾奥瓦州的出现。第一，该州猪的饲养密度偏高。该州面积约 6 万英里^2，每年生产近 2 500 万头猪。第二，该州有大量独立管理的猪群，约有 3.5 万个猪群。第三，该州有着活跃的架子猪产业和市场，通过销售畜棚和农场之间的直接销售进行交易。第四，该州的农场经济处于危机之中，原因在于股权价值的严重损失、高利率和低商品价格。以上因素再加上 PRV 在猪之间很容易传播，造成的结果在后来的计划中被记录为：在艾奥瓦州的一些局部地区，感染猪群中的个体流行率超过 60%。

在该州最初的试点项目中，艾奥瓦州猪肉生产商协会的生产商和兽医成员首先规定了选定参加试点项目的县需要满足的要求。主要标准如下：①该县应代表艾奥瓦州所有县猪和生产商的平均数量，以便获得的结果适用于大多数的县；②该县应距离艾奥瓦州的艾姆斯市相对较近，便于获得艾奥瓦州立大学和兽医学院的诊断资源，让研究人员最直接的体验其研究的应用；③该县的生产商组织必须愿意致力于该计划，采取必要的措施来在地方层面组织试点项目。这些措施包括确定该县的所有生产商，联系有意支持该项目的兽医，为情况介绍会议提供赞助，会议上生产商最终达成共识，支持项目的理念和应用。

该项目选择了艾奥瓦州的马歇尔县。该县有 580 个农场，224 个猪群和 7.5 万头猪。在试点项目开始时，有 11 个猪群正在接受 PRV 检疫隔离。

执业兽医在养殖场实地从代表猪群状态的动物中采集血液标本，且采集血液标本的动物数量以统计为基础，后来这成为发现感染 PRV 的猪群的有效方法。阴性猪群每隔 6 个月重新检测。若一个种猪群采集 25～29 头猪的样品，在 PRV 流行率至少 10%的猪群中检测出血清阳性猪的概率为 95%。一旦动物卫生官员确诊感染猪群，他们就可通过研究猪的临床症状和易感染猪群中的潜在 PRV 来源，获得宝贵的信息。

由于疫苗的广泛应用，且未开发出以浓度来区分疫苗抗体和感染抗体的诊断方法，因此，动物卫生官员常使用血清病毒中和试验结果的解释：效价不超过 1∶16 的抗体被认为是疫苗来源；在超过该效价时，动物卫生官员在 3 个月内再次进行猪群检测，如果抗体效价依然大于 1∶16 表示感染 PRV。在试点项目期间，仅授权使用灭活疫苗。抗体效价检测在试点项目期间足够精确，但在开发出基因缺失疫苗及其补充检测方法后，这种诊断方法立即停止使用。

在艾奥瓦州项目期间，45 个猪群（占马歇尔县总猪群的 21%）被确诊为感染猪群。该项目的主要目标是确定猪群净化策略的有效性。上述清除行动在 36 个感染猪群（80%）中成功进行。在上述猪群中，有 12 个猪群的数量减少，此后全部都没有引进新的猪。4 个猪群采用了检测加淘汰的净化策略，28 个猪群中有 20 个采用了后代隔离的净化策略。总体而言，在确诊感染后采用后代隔离策略来净化的用时大约为 15.4 个月。检测加淘汰的策略被认为在单个猪场的净化中有效，条件是该场少于 20%的种猪血清检测为阳性。简而言之，动物卫生官员得出结论：上述净化策略均有效。最终采用的最有效的策略取决于操作的类型，是否可得到隔离设施，以及血清检测为阳性的动物的流行率。

马歇尔县试点项目证明，动物卫生官员、兽医和猪肉生产商在先控制住 PRV 的传播，之后根除疾病方面取得重大进展。该项目还证明了以有组织的方式来协调当地生产商和兽医根除疾病的重要性。然而，尽管项目很快就开始，且在前几个月展现出了极大的潜力，但也面临诸多挑战。首先，某些猪群再次被感染，且有时不清楚此类感染的来源。动物卫生官员认为，此类病例的发现是因为将感染 PRV 的动物引入猪群，使用未清洗的卡车或拖车运送动物，或 PRV 在猪群之间区域传播。其次，项目的另一个挑战就是即便抗体效价的解释是当时最好的诊断工具，但该方法在确定猪群的 PRV 状态时面临挑战。后来，在可区分感染抗体和疫苗抗体的技术出现后，这一问题得到解决。再次，应对不配合的生产商，并使其参与到项目中也是一项极为艰巨的挑战。在根除任何疾病的计划中，总会有生产商不支持行动。为处理这一问题，该州随后通过立法强制要求生产商参与试点项目。最后，项目证明，由于 PRV 疫苗可以控制疾病的临床症状（但是并非控制猪群之间全部的疾病传播），因此，很容易将许多生产商吸引到 PRV 管理系统中，依赖于用疫苗控制该病，从而忘掉根除疾病的重要性。

通过本项目，动物卫生官员得到关于根除 PRV 的一些重要的经验和教训。一是，PRV 疫苗在降低感染猪群的流行率方面非常有效。疫苗同样也有助于猪群排出更少的病毒，减缓疾病的传播速度，提供足够的时间进行应对，清除感染动物。二是，将断奶仔猪隔离到其他设施或场点以及全进全出的饲养模式被证明为阻止 PRV 从一个猪群传播到另一个猪群的重要管理措施。三是，通过统计学方法对一个猪群进行取样来确定猪群的 PRV 状态可节约金钱和劳动力，在个体阳性率 10%以上的猪群无须浪费更多的劳动力。

6.4.3 北卡罗来纳州

北卡罗来纳州的 PRV 试点项目是始于 1984 年 2 月的全州项目。在该项目中，动物卫生官员确立了在屠宰场选择性宰杀的种猪中取样，若标本检测为阳性，则追踪动物至其来源农场的监测方法。监管人员或执业兽医从来源猪群中统计取样，确认是否感染 PRV。受感染的猪群将被检疫隔离，来自该猪群的动物只能被送入获得批准的屠宰场。动物卫生官员鼓励感染猪群的所有者通过实施牲畜保护学会手册《猪伪狂犬病根除指南：从猪群中根除 PRV 的计划》（见附件 2）中的计划来净化猪群。最常见的情况是，猪群所有者选择使用检测加淘汰的计划。只有在猪群所有者拥有州兽医办公室签发的许可时，动物卫生官员才允许接种疫苗。

在项目开始时，北卡罗来纳州有 83 个 PRV 检疫隔离猪群。动物卫生官员总共收集了 56 202 个血清标本，其中有 4 117 个（7.3%）检测为阳性。除了来自该州以外地区的猪，动物卫生官员成功追踪了 58%位于北卡罗来纳州农场的阳性样品。较低的成功追踪率意味着即将送往屠宰场的猪的确认还不够充分。约 1/3 的阳性样品追踪到了已确认的 PRV 检疫隔离的猪群；然而，使用该方法确认了 29 个新感染的猪群。

北卡罗来纳州试点项目于 1986 年 8 月结束。研究结果证明屠宰监测可用于成功确定受感染的猪群。但是，必须改进对动物来源的追溯。此外，事实证明大型猪群的净化非常困难，项目中的几个例子证明，病毒仍然存留在场所中，感染了易感的替代动物。另一个重要的发现就是，PRV 疫苗降低了仔猪的死亡率，减轻了猪的临床症状，但是并不能阻止病毒潜伏或传播至易感动物。因此，州和联邦的官员质疑从大型猪群根除 PRV 与使用疫苗来降低疾病的临床影响相比的经济可行性。

6.4.4　宾夕法尼亚州

20 世纪 80 年代早期，宾夕法尼亚州的许多养猪户开始感觉到他们不应因为 PRV 而强制接受监管行动（无补偿），除非其他州的生产商也同样接受监管。由于宾夕法尼亚州的生产商必须同其他州的生产商竞争，因此，有必要保持平等的竞争环境。

此时，宾夕法尼亚州农业部门（PDA）从生猪行业中寻求对 PRV 控制规划的直接投入和监督。州官员组建了猪健康顾问委员会，该委员会成员包括感染猪群的所有者、来自该州高风险地区的兽医，以及联合的牲畜与产业组织。该委员会受邀检查该州的 PRV 状况，以及现有的计划程序，并提出建议。因为委员会的建议，PDA 暂停了激进的根除程序，新计划取代了委员会和州农业部批准的自愿猪群净化计划。新计划包括采用 PRV 疫苗来将病毒传播降至最低程度，直到剔除感染动物。PDA 向种猪场提供免费的实验室检测和付费的私人兽医，并向委员会提供资金来推广产业赞助的计划。

与此同时，主要的猪生产州同兽医局合作，就一个非常重要的问题达成一致——从美国根除 PRV 的必要性。这些州提议通过试点项目来处理该问题。宾夕法尼亚州提交的提案得到了兽医局和来自国家猪肉生产商委员会监督委员会的认可。

宾夕法尼亚州试点项目始于 1983 年，是整个州的行动，从屠宰场采样，并追踪血清阳性样品至来源农场。在 35 个月期间，州官员收集了 18.5 万份屠宰场样品，其中有 1.2%检测为阳性。其中，77%的阳性样品成功追踪至来源农场。在项目开始之初，11 个猪群因 PRV 被检疫隔离。项目期间，通过屠宰场检测发现了另外 27 个感染 PRV 的猪群。受感染的猪群被检疫隔离，要求对猪群进行净化。清群/建群是最常见实施的猪群净化计划，清群预计将在 8 个月内完成。州官员确定已成功完成 82%的净化计划。

从宾夕法尼亚州试点项目中政府或行业得到了采用疾病控制措施的诸多教训，包括：

(1) 政府监管行动下的动物疾病分类不应在没有强烈的公众关注下进行，除非涉及其中的产业强制要求，以及行业有意愿向其成员施加影响，敦促其配合；

(2) 不应启动监管行动，除非所需的技术和科学知识、人力和资金资源已到位，且专用于该任务；

(3) 监管行动应对不可预见的后果保持敏感性，并拥有足够的灵活性来管理冲突问题；

(4) 动物疾病控制计划应包括行业和学术监督与建议；

(5) 应向受动物疾病控制计划影响的动物所有者传达该计划，获得他们的理解。

6.4.5　威斯康星州

威斯康星州于 1984 年 2 月启动 PRV 试点项目。该项目包括位于该州各个地区的猪群。该项目也包含在该州现有的 PRV 根除计划（始于 1976 年）中。该州的西南部猪群最多。为了确认感染猪群，试点项目对市场、屠宰场和第一集中点的所有猪进行检测。为了控制疾病的传播，该项目追踪 PRV 检测为阳性的动物至其来源猪群，并检疫隔离所有动物，即将运送至屠宰场的除外。州官员建议猪群净化的时限为 2 年。大部分感染猪群都通过清群来进行净化。

威斯康星州试点项目的目标包括：①从该州根除 PRV；②评估不同的 PRV 监测技术；③确定威斯康星州的猪群和威斯康星州各农场中的猪的 PRV 流行率；④确定 PRV 传播至该州内猪群的方式；⑤确定各个净化策略的有效性。

在威斯康星州的项目启动前，通过血清病毒中和试验检测的威斯康星州猪血清流行率从 20 世纪 70 年代末期的 1.41%增至 1981 年的 2.96%。在项目的前两年中，州官员发现血清流行率在种猪中为 4.76%，在市场猪中为 1.7%。同其他参与试点项目的州相比（18.8%的种猪和 8%的市场猪血清检测为阳性），这一血清流行率较低。该州不允许使用 PRV 疫苗，可通过血清病毒中和试验检测的阳性结果来精准发现感染动物。

州官员在项目期间发现许多感染猪群，并同生产商合作进行猪群净化。在项目开始之初，已知 12 个猪群感染。在项目实施期间，州官员检测了 120 个猪群，确定 35 个猪群感染。通过将从屠宰场和市场收集的阳性样品追踪至来源猪群，成功确认感染猪群。在项目期间，州官员采集了在屠宰场和市场收集的超过 49 500 个样品。35 个猪群采用清群、检测加淘汰或后代隔离等技术或方法进行净化。这 35 个猪群中有 20 个进行了清群。威斯康星州为该项目提供资金，为畜主提供高于屠宰市场价的补偿款。为了完成净化计划，州官员要求将感染种猪销售至屠宰场。该州内全部感染猪群都需参与净化计划。

威斯康星州试点项目获得了多项重大发现。首先，该项目发现在屠宰场对选择性屠宰的种猪进行取样是在 PRV 流行率低的州查找感染猪群的最有效方法。此外，通过与威斯康星州感染猪群的畜主进行面谈，发现并非所有感染猪群都有临床症状。只有 22%的感染猪群畜主报告有临床暴发。临床症状为仔猪死亡和母猪流产。然而，同平均猪群规模较高的猪群（130 头）相比，平均猪群规模较低的猪群（73 头）流产问题较少。项目还发现，感染 PRV 的主要经济损失由检疫隔离和限制流动造成，因为阻止了种猪或架子猪的销售。PRV 也造成了其他经济影响，包括由于疾病造成的肉用公牛的死亡（一些畜主报告），以及在猪群感染后越来越多地出现因猪群发育不良/生长缓慢而造成的损失。

据参与清群/建群计划的生产商所言，成本最高的项目是在动物可再次投入市场之前的停工或现金流损失。表 6.1 将 PRV 感染对生产商造成的损失进行了从高到低的排名。

表 6.1　威斯康星州猪生产商预估由 PRV 感染猪群造成的成本的调查结果

损失	成本（美元，按 1986 年的价值计算）
种猪销售损失	$ 848
架子猪销售损失	$ 673
哺乳母猪死亡	$ 394
其他牲畜的损失	$ 172
死胎	$ 119
母猪不育	$ 94
流产	$ 78
生长猪死亡	$ 40
发育不良/生长缓慢的猪	$ 21
治疗、清除和消毒成本	未知
平均总成本/感染猪群	$ 2 439/群 或 $ 33/猪

在试点项目后，威斯康星州的一项经济研究为三个替代计划估计了 1986 年该州可能感染 PRV 的猪群数量。若启动当前根除 PRV 的试点项目，可能会出现 7 个新感染的猪群。若启动仅有监测计划，可能会出现 21 个新感染的猪群。若完全没有 PRV 控制计划，研究显示 1986 年可能出现 130 个新感染的猪群，每个猪群发病可能会造成平均 2 439 美元的损失（按 1986 年的美元计算），若不采取任何行动应对 PRV，对威斯康星州猪产业造成的损失可能是进行根除成本的 19 倍。开展根除计划给生产商带来的明显利益是避免了因疾病带来的损失和成本，以及若疾病在该州流行，猪群采取生物安全措施避免感染的长期成本。

总而言之，威斯康星州试点计划证明，在猪群数量低于平均值的中西部州中发现感染猪群的最佳方法是在屠宰场对选择性宰杀的种猪进行取样。该项目发现，若发现感染种猪和架子猪，并阻止其销售，会给生产商带来巨大的成本。虽然清群加建群是有效的清理方法，但是从销售感染动物到新引入动物可生产出商品猪之间的时间内，销售损失巨大。最后，该项目估计，若威斯康星州不采取任何行动来应对 PRV，该疾病会继续在猪群中传播，给该州的猪行业带来长期的损失。

第7章

引入根除项目

7.1 关于计划开发需求和理念的讨论

20 世纪 70 年代末期，在就达成根除的共识似乎有所发展的一段时期后，开始出现关于如何应对 PRV 暴发的冲突立场，争论的焦点为疫苗接种和根除项目。

1977 年，有两项事件加重了对根除 PRV 的反对，一是动植物检疫署兽医生物制品中心批准了一种 PRV 疫苗，二是动植物检疫署宣布了之前提议的跨州移动规范。疫苗减少了 PRV 感染带来的损失，但同时也削弱了行业对根除项目的兴趣。当时对于这些问题的争议非常激烈，以至于动植物检疫署提出的规范在经历了两年三稿后才最终敲定。因为 PRV 主要影响的是留种猪群，且此类猪群需要清除感染来保留其商业价值，当时有成百上千个留种猪群被感染，有的还是多次感染，所以某些猪群的净化成本达到数百万美元。

1980 年，关注点集中到了疾病的控制上，直到制定了根除计划。当年末，种猪生产商要求修改联邦规定，允许已使用疫苗的猪跨州移动。1981 年初，国家猪肉生产商委员会董事会提出希望废弃关于限制跨州移动的联邦规定，依靠各州控制移动。随着反对根除项目情绪的增长，中西部几个州的猪肉生产商集体站到了相似的立场上。

1981 年初在圣路易斯举行的全国会议强调了行业内的分歧。牲畜保护学会 PRV 委员会要求兽医局开展试点项目以确定根除项目是否可行（见第六章“试点项目”）。在关于根除项目的讨论中，主要的问题是养殖场主是否可获得赔偿资金，许多人认为这在根除行动中是非常必要的。试点项目的理念在 1982 年初被普遍接受，但是，由于缺少联邦资金，项目的实施面临被推迟的威胁。

国家猪肉生产商委员会希望在 1983 年初启动试点项目，要求动植物检疫署为他们提供资金，或取消关于 PRV 的联邦规定。经过多次讨论后，国家猪肉生产商委员会提供了 10 万美元的资金，动植物检疫署提供了 40 万美元的资金，共同开展试点项目。随后，争论转向赔偿付款的问题。

1983 和 1984 年间，州官员在艾奥瓦州和伊利诺伊州启动试点项目（无赔偿），随后又在威斯康星州、宾夕法尼亚州和北卡罗来纳启动试点项目。项目旨在回答两个问题：①是否有工具可用于 PRV 根除？②PRV 根除的成本是多少？是否合算？

兽医局成立技术顾问委员会，该委员会由美国 PRV 领域最权威的五大机构构成，负责监督试点项目。该委员会得到以下结论："通过应用我们目前拥有的工具，PRV 区域控制可行。可通过猪生产商和计划协调员认可的方法来完成。"在试点项目期间，最初被确诊为感染 PRV 的猪群有 97%成功净化。

初步的经济分析显示，控制 PRV 的年度成本超过 3 000 万美元，主要是接种疫苗的费用。分析还显示，为期十年的根除计划的成本为 1.67 亿美元，预计效益成本比为 2∶1。

在等待试点项目的结果期间，"疫苗与根除"的争论也逐渐减弱。1986 年 1 月，在一场特别的"陪审团"听证会上讨论了争论结果。陪审团听取了任何希望解释项目结果的人的陈述。一个月后，陪审团开会并以 6 对 1 的票数赞成根除，建议任命特别工作组起草根除计划。特别工作组由威斯康星州的猪肉生产商希尔曼·施罗德领导，在 1986—1987 年的秋季和冬季提交了根除计划的"第七稿"（根除计划修订了七次，特别工作组才满意文件的内容），供行业讨论。

7.2 联合参与和决策

生产商是根除计划背后的推动力，大多数生产商的猪群并未感染 PRV，也不希望被感染。他们促使州和联邦监管者采取行动。较早的例子发生在第一次 PRV 全国大会期间（见第 4.1 章，"检疫隔离"），当时生产商坚持要求隔离感染猪群。来自生产商的压力持续贯穿于整个计划中。

最初，代表行业和政府的一些部门按照以下方法采取行动：生产商确保州和联邦层面的资金；牲畜保护学会委员会在业内寻求必要的支持；由州兽医占据领导地位的美国动物卫生协会 PRV 委员会向合适的机构提交关于未来国家层面发布的计划标准和规范的决议；州和联邦兽医负责执行计划。

州顾问委员会由行业中的各个部门构成，这一理念来自成功的猪瘟（也被称为 CSF）根除行动，是行动中的关键部分。由于根除计划是以州为基础开展，顾问委员会在确保各州资金支持和起草各州规定方面发挥重要作用。

另一个新的理念是成立国家 PRV 控制委员会（见第 6 章）。6 名委员会成员分别来自牲畜保护学会、美国动物卫生协会和国家猪肉生产商委员会，各提供 2 名成员，在根除计划开始之前宣布各州最初的 PRV 资格。委员会的工作持续贯穿于整个计划中，包括检查各州的 PRV 资格申请，确定该州是否有资格申请，建议兽医局认可各州资格。

7.3 国家猪肉生产商的职责

PRV 根除计划初期，在一份名为《PRV 根除的主要障碍与解决方法》的发言中，弗兰克·穆伦博士阐述了他对该计划的看法，当时他拥有 38 年同政府打交道的经验，并且最近三年从事猪肉行业。穆伦博士认可他所经历过各种根除行动中生产商参与的重要性，在发言的一开始表示："一直以来，我都认为，如果没有产业的参与和积极支持，这些类型的"动物疾病根除"计划不会取得成功，根除 PRV 也同样如此。这是我所知的第一个被定位为生产商计划的计划，因此生产商对该计划有更强的控制力。生产商需要完全理解其成员角色，这是一个新的角色，因为这也意味着许多责任。"

在根除计划即将开始之时，国家猪肉生产商委员会是国家猪肉委员会的主要承包商，使用生产商预扣资金开展研究、推广以及开展消费者宣传。由于其在政策和立法上的生产商主张，国家猪肉生产商委员会采用通过捐赠和其他集资活动筹集非预扣资金。由于该组织有两个资金来源，因此可发挥宣传和技术转化的作用，并且同国会和美国农业部的官员一同发挥倡导作用。

1987 年 11 月，牲畜保护学会提出的名为《责任总结》的文件得到了批准，列出了在州-联邦-行业合作根除行动中利益相关方的责任。规定国家猪肉生产商委员会在以下行动中扮演领导角色：

（1）组织州委员会；

（2）从州委员会收集行动进度信息；

（3）准备并分发信息至州委员会，包括各州规定的相关模板、各州的 PRV 根除计划，以及系统记录的范例；

（4）保持同国会代表团成员的关系，与美国农场局联合会就 1988 财年及未来几年资金开展合作，支持国会发布关于根除 PRV 目标的声明；

（5）就开展监测计划（病例发现）向兽医局提供建议的方法，并同各州协商；

（6）准备并分发针对猪肉生产商受众的信息/交易计划；

（7）同兽医局一同协调各州的PRV计划。

各州的PRV委员会是各州猪肉生产商推动的委员会，包括各州的生产商、动物卫生官员和联合行业。这些委员会检查、讨论和影响各州的根除计划。他们是汇集信息的中心，从生产商及其县级组织到州层面，在国家层面的国家猪肉生产商委员会协调下工作，最终到动植物检疫署和国会。

州PRV委员会的责任如下：

（1）为州的权威部门就该州将要制定和启动的PRV根除计划的类型提供指导和建议；

（2）在PRV根除计划期间持续向州权威机构提供指导和建议，同州监管官员一同承担领导责任，在该州开展计划；

（3）向国家猪肉生产商委员会和其他利益相关方告知委员会的行动，同其他州保持联络，并通过国家猪肉生产商委员会、牲畜保护学会、兽医局同全国计划保持联络；

（4）向该州猪肉行业内的所有部门提供信息/培训计划，任命信息官员，并为牲畜保护学会等提供建议。

大多数计划参与者意识到，生产商对组织、维护和实施该计划负有大部分责任。须从县内的农场层面开始领导。州协会和国家猪肉生产商委员会的首要目标是采取一切可能的行动根除疾病，并将对生产商造成的影响降至最低。以生产商停业为代价进行根除是不可接受的。计划提供了多个选择，包括疫苗接种联合检测淘汰、后代隔离及清群/建群。因此，生产商可选择符合其运营和销售需求的净化方案来净化猪群。

若该县所在的州拥有大量的猪，则该县须由一名或多名生产商愿意帮助在地方层面推广根除行动。这些县定期召开会议，由县推广培训主管或地方兽医主持，用于推广计划、提供信息、分享成功和失败案例，以及给生产商表达其观点的机会。在计划开始之初，这些观点通常都不是积极的。疫苗、劳动力、诊断实验室费用（计划支持的除外）、兽医服务和实施生物安全措施等费用影响了生产商的利润。实际成本巨大，但无法进行精确的计算。

地方层面的生产商领导层是促成根除行动成功的一个重要因素。他们组织其他生产商，同其交流并鼓励其参与计划。他们向州协会和国家猪肉生产商委员会提供帮助，为其他生产商树立了良好的榜样。

州生产商领导层及州协会必须确保该州拥有进行根除行动所必要的基础设施和资金。州协会同州动物卫生官员和立法者合作，在该州内部制定并实施有效的场所识别计划和数据收集系统，并提供足够的人员支持。他们还游说各自的立法机构通过法律，为按照统一的方式来加快进度和避免退步提供指南。

由于情况不同，各州实施计划的方式也是不同的。在计划加速推进的同时，行业也迎来了急剧的增长。比如，艾奥瓦州拥有全国约20%的育肥猪，但是其拥有的中小规模猪场要多于其他州。1992 年，艾奥瓦州向兽医局汇报，在全部 99 个县中的 51 个县（全州预计有 34 000 个猪群），有 19 599 个猪群适合参与计划。该州检测了其中的 12 134 个猪群，确定其中的 69%（8 369 个）未受感染。艾奥瓦州报告，该州有 3 223 个猪群（27%）感染，在感染猪群中有 2 808 个（87%）参与猪群净化计划。另有 4%正在调查中。持续的行动需要标准的措施，因为该计划需要在生产商之间建立认可度。通过科学地实施符合当前猪肉生产实践的稳健方法，州官员成功获得了信任。

以北卡罗来纳州为例，该州极少数的公司生产了州内大部分的猪。在该州推动计划需要这些公司的支持。1992 年，北卡罗来纳州的计划官员向兽医局汇报，该州总共有 8 895 个猪群，包括 554 000 头种猪。在这些猪群中，有 412 个（5%）猪群被诊断为受感染，在感染猪群中有 97%参与了猪群净化计划。然而，并非该州内的所有猪群都接受检测。若没有北卡罗来纳州生产商的支持，全国 PRV 根除计划有减弱的风险。在兽医局要求下和国家猪肉生产商委员会的支持下，牲畜保护学会召开了北卡罗来纳州公司的会议。在这个关键的会议上，生产商以小组的形式同北卡罗来纳州的农业特使交流了该州的疾病和根除计划。这场会议上形成的凝聚力促使该州和生产商提供必要的支持。

州-联邦-产业合作的另一项独特结果就是产业在提供生产商关于用于 PRV 根除的联邦资金的看法方面的作用。国家猪肉生产商委员会在向国会表达产业对 PRV 计划资金的大力支持上充分发表意见。此外，兽医局接受产业关于将联邦资金分配到各地区和州来支持根除计划方面的建议。

兽医局在制定各州分配资金的规则时考虑了每个州种猪的数量和 PRV 流行率。由于病毒能够潜伏在年龄较大的猪中，因此最有可能在种猪体内潜伏。因此，为了根除病毒，联邦资金按照从种猪群中根除病毒所需的金额来划分资金到各州。

每年，兽医局地区主任同国家猪肉生产商委员会猪卫生委员会的领导会面，检查提出的预算，并将资金分配到各州供第二年使用。按照兽医局获得的资金数量进行讨论，但是各州也需要生产商的经验和知识来协商最终的分配。虽然猪卫生委员会无权分配联邦资金，但兽医局在决策时会仔细考虑生产商的建议。这是新合作方式的又一例证，有助于成功管理联邦的根除计划。

由于长期的支持，生产商也得到了诸多好处。市场和生产优势是生产商行动的主要结果。例如，1998 年 12 月，加拿大政府认可美国在根除 PRV 方面的巨大进步，向来自有第五阶段（无 PRV 感染）PRV 资格的美国各州的猪开放进口边境（用于立即屠宰）。2006 年，加拿大为行业贸易贡献了 4.7 亿美元，成为美国猪肉产品的第三大市场。此外，PRV 根除计划还促进了基因缺失疫苗技术的出现。现在，从接种疫苗的动物中区分感染动物是其他疾病控制和未来根除行动的目标。行业也得到了关于生物安全措施的许多知识，该计划让生产商熟悉了生物安全措施，采取这一理念来保持其猪群不感染 PRV 或其他疾病。

生产商的另一项重大利益就是美国猪疾病监测系统的进步。PRV 根除计划中引入了场所识别系统，系统还进一步开发了对猪个体识别的功能。在国家猪肉生产商委员会促成的行动期间，州、联邦和行业同意实施一项“尾声计划”，该计划提出了为了让全国正式宣布商品猪群中无 PRV 而需要解决的问题。之后制定的 PRV 监测计划是全面综合的猪疾病监测计划的模板，根据行业的建议和疾病的优先程度选择病种。

在关于 PRV 根除计划发言的最后，穆伦博士总结道：“……我认为该项目面临的主要障碍很多，产业、州和联邦的作用，传染病学，疫苗接种，大型猪群，种猪，野猪，信息/教育，沟通和成本/效益……但是，我认为主要的挑战是对清楚地理解产业、州官员和兽医局在所谓的‘生产商未来计划’中的作用的认识和需求。”诚然，穆伦博士会为 PRV 根除计划的成果和猪行业取得的进步感到骄傲。

7.4　国家兽医的职责

兽医在 PRV 根除计划的发展中发挥了重要作用。在计划之初，他们获得了关于 PRV 给猪肉生产商带来的经济灾难和受该病影响的动物遭受的痛苦的直接经验。当 PRV 在整个地区的猪群中传播时，兽医根据从 5～10 头仔猪的尸检中得到的结果来进行诊断。高死亡率、高温、中枢神经系统症状、可识别的肉眼损伤都是确认疑似PRV感染的证据，这些证据提示兽医回到诊所要洗澡，并在下一次造访农场前更换工作服和鞋子。

最初，兽医在应对疾病时感到无助，因为没有可用的治疗方法。他们渴望尝试从高校正在开展的研究中得到的任何方法。他们在农场现场开展抗血清试验，将结果汇报给研究人员。他们在美国猪医师协会（现为美国猪科兽医协会）的年会上讨论成功和不成功的猪群净化经验。

之后，出现了可用的PRV疫苗。批准只能通过兽医分发疫苗，因为像这样的弱毒产品若注射到非目标物种中，则会致命。此外，疫苗可引发抗体反应，无法从受感染的动物中区分接种疫苗的动物。由于以上两个原因，兽医是唯一允许购买和分发此产品的人员。当这款有效的新产品供不应求时，人们很失望。很多情况下，经常会遇到疫苗企业延期交货的问题，猪生产商无法及时得到产品。

在根除计划启动时，兽医是向其各自的猪生产商客户传播关于计划的信息和事实的媒介。一些州召开会议，专门向兽医群体告知关于计划进度和新技术的最新消息。猪生产商信任自己的兽医对PRV阳性结果的解释以及州农业部门隔离猪群时将发生的情况所作出的解释。实际上，兽医通常负责解释、实施和监控受感染猪群的净化计划。

来自各个兽医诊所的兽医经常开会讨论伪狂犬病的暴发，感染猪群的位置，以及特定时间内邻近地区的猪群净化策略。他们此前已注意到，若距离较近的感染猪群的净化不同步，某些猪群就会被再次感染。因此，来自代表不同客户的多个诊所的兽医常联合起来共同净化同一地区内所有感染猪群。通过合作并且按照相似的时间线，开展整个区域内的根除行动，并向参与其中的生产商及监管官员展示根除进度。

一旦感染PRV的猪群数量下降，根除计划的重点将调整为发现最后少数感染猪群。兽医向监管官员传达信息，帮助其选择预期的猪群并在整个检测过程中进行监控。采用从业兽医的信息有助于监管官员设计猪群抽样检测策略，能够带来比仅仅是随机选择更好的结果。

简而言之，PRV根除计划的成功是多个因素的共同结果。该计划设计优良，这在很大程度上要归功于大量的团体和个人。监管官员收集全面的数据，并吸取兽医和其他有相关专业知识的人员的经验，作出知情决策。或许，最重要的是，他们征求了大多数利益相关方的建议，然后才开始计划，为计划的参与方带来的利益远超过了从猪群中净化PRV的原始目标。

第8章

实施计划

8.1 监测和病例发现

监测是收集猪群的疾病状况、特点或状态信息的常规方法。收集此类信息的目的在于发现影响猪群的传染病学参数的变化。之后，对收集的数据进行分析，以便让兽医局官员计划并采取适当的行动，确保美国动物卫生安全。

和所有的动物疾病根除计划一样，病例发现与监测是PRV计划的重要组成部分。此类活动应确定PRV的出现是否受到新的因素的影响。通过实施监测能够发现感染猪群中的PRV阳性动物。计划官员也是通过抽样来监测猪群，确保猪群为阴性。

PRV根除计划采用了6种采样方法监测商品猪群。一些州还监测野生猪群将PRV传播至商品猪的风险。计划官员在决定采取何种抽样方法时，必须考虑多种因素。这些因素包括：①根除计划的阶段；②可参与收集样本的经过培训的员工数量；③可用于收集和检测标本的资金量；④实验室的样本检测能力；⑤猪群中预计的流行率；⑥收集样本的目的。

在大多数病例中，组合的抽样方法可提供最佳信息。比如，在猪密度高且流行率高的地区，资金可更好地用于快速查找新病例。在预计有新暴发的地区，随机选择猪群进行检测，并随时监测发病率可能是更稳健的方法。这项长期疾病监测可用助于提供关于根除计划有效性的信息。

8.1.1 地区检测

特定时期内，在指定地区内对所有猪群进行采样，称为地区检测或“路边检测”（DTR）。这些地区被规定为州内的县、镇或区域。地区内的猪群首先由最熟悉该地区的个人进行确认，比如猪肉生产商、县推广培训负责人或兽医。由于PRV血清检测具有接近100%的敏感率和特异率，因此，计划官员决定，使用的统计学抽样方法应可满足在阳性猪群中至少发现一个PRV阳性样本的需要。

在伊利诺伊州PRV试点项目实施之前和实施期间，州官员通过检测一小部分种猪来确定与从猪群中转移种猪相关的疾病风险。这一小部分包括检测由最多10

头猪组成的种猪群中的所有猪，由 11～35 头猪组成的猪群中的 10 头猪，以及至少由 36 头猪组成的猪群中 30%的猪（最多 30 头）。之后，其他州通过统计学公式计算抽样量，根据不断变化的流行率、猪群规模和选定的概率来确定样本数量。

在地区检测中，经常会使用州-联邦-行业计划标准中的官方随机样本检测，也就是“95/10 检测”。若预计的 PRV 血清流行率至少为 10%，且发现至少一个血清阳性动物的把握为 95%，则下面的抽样集决定了从猪群中抽样检测的数量：若猪群规模低于 100 头，则对 25 头猪进行取样；若猪群规模为 100～200 头，则对 27 头猪进行取样；若猪群规模为 201～999 头，则对 28 头猪进行取样；若猪群规模至少为 1 000 头猪，则对 29 头猪进行取样。为了让这一子集在统计学上具备有效性，且能够准确地确定猪群的 PRV 状态，样本收集者必须随机选择动物，或确保组内的动物有同样的概率进行检测。只要种猪的后代育肥猪为隔离饲养，这些生长育肥猪就被视为独立的猪群。这样的抽样能准确预测猪群的 PRV 状态，因为大多数感染猪群的血清流行率都高于 10%。

在许多猪群都接种了 PRV 疫苗，且 PRV 阳性猪群数量较少的州内，上述统计学方法以满足 95/5 标准的官方随机样本检测为基础。计划官员将从猪群中收集额外的样本，确保在预期血清流行率至少为 5%的情况下有 95%的把握检测出至少一个阳性的动物。95/5 的抽样集包括：在数量低于 100 头的猪群中，对 45 头猪进行取样；在数量为 100～200 头的猪群中，对 51 头猪进行取样；在数量为 201～999 头的猪群中，对 57 头猪进行取样；在数量至少为 1 000 头的猪群中，对 59 头猪进行取样。

采用地区检测有诸多优势。在检测结果出来后，计划官员将尽快确定猪群的 PRV 状态。此外，他们可确定并记录动物在样本收集时的身份和类型。在样本采集时应已知动物的疫苗接种状态和疫苗品牌。若检测结果为疑似，可重新进行检测，或安排猪群的采样间隔时间。此外，即便样本来自不同的大型猪群，其采样的数量也可预测。这有助于计划官员更准确地估计预算和实验室能力需求。该方法也允许从不同的年龄段的动物中进行取样。在某些情况下，以服务费来雇佣执业兽医从其客户的猪群中收集标本（图 8.1）。该抽样方法在 PRV 流行率高、疫苗使用率高及猪的密度高的地区得到了令人满意的结果。

与此同时，计划官员在采用地区检测时也发现了一些不足。首先，由于需要向样本采集者支付费用（包括驱车前往农场、花时间保定动物、记录信息和收集血液样本的费用），致使收集样本的总成本更高。其次，地区检测的结果仅代表某个时

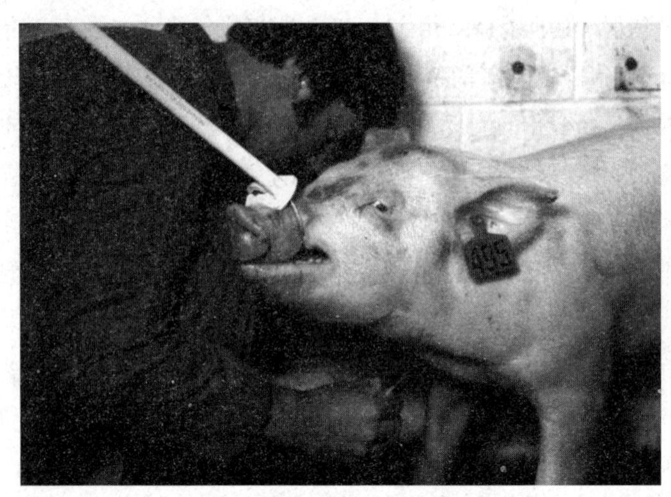

图 8.1　收集血液样本用于 PRV 检测
（照片：乔治·贝兰，R. Allen Packer Heritage Room）

间段的结果，因为猪群的状态由当日采集的样本决定。虽然鼓励对动物进行随机采样，但猪群所有者可能拒绝提供猪群进行检测，除非有规定强制采样。

8.1.2 第一点检测

在动物运输和所有权发生改变的第一点采集样本，称为第一点检测。只要种猪从猪群中移出，并出售至屠宰场或牲畜拍卖市场，则所有权发生改变。一些州利用这些市场来收集血液样本。该策略提供了定期对来自多个猪群的猪进行采样的方法，这些猪群集中到相对较少的集中点。

第一点检测有诸多优势。第一，该方法可以在猪离开来源猪群后立即进行检测。第二，计划官员可在猪销售时获得来源猪群的准确身份。第三，可使用记录系统来控制每年从各个农场收集的样本数量。第四，由于动物在样本采集前只会在销售渠道中停留较短的时间，因此，动物不太可能与来自其他猪群的被感染的猪接触后发生血清转化。第五，由于从同一个地方的来自多个猪群的动物身上采集样本，劳动力成本更低，因此，第一点检测与以每个猪群为基础的地区检测相比，成本更低。第六，该方法可发现此前计划官员未列出的猪群。

第一点检测也有一些不足。比如，需要雇佣额外的员工在上述市场上收集样本。另一个不足就是在收集样本时不太可能获得动物的疫苗状态。此外，第一点检测可能会对大型种猪群进行过度取样，在小型种猪群中又取样不足，这主要是因为各类猪群中出售动物的频率不同。该方法同样还需要对来源猪群进行额外追踪和检测，然后才能确定猪群的状态。最后，采用这种方法，对达到上市体重的猪进行取样的可能性较低，因为这类猪通常会被直接从农场运送至食品加工厂。因此，除非邻近的州也采用同样的样本收集方法，否则无法对运送至邻近几个州的市场上的猪进行取样。

屠宰监测

当在屠宰场处理猪时收集样本的方法，称为屠宰监测或商品猪监测。来源猪群剔除种猪后直接被交付至猪市场或食品加工厂。在这两种情况下，每头猪都有防水标识的标签，每个标签都有独立的编号。标签粘贴到每头猪背部的皮上。由于标签在动物身上的位置，标识标签被称“背上标签”（图 8.2）。

根据每个带编号的标签或标签系列来记录动物的所有者。在动物放血时，收集并保留血液样本和标识标签。实验室将检测为阳性的样本及其标签编号报告至市场所在州的官员。计划官员使用市场保留的记录来进行追溯，一旦确定猪群来源，计划官员通过开展调查来确定从该猪群的动物中收集多少额外的血液样本。然后，他们通过分析检测结果来确定猪群的 PRV 状态。

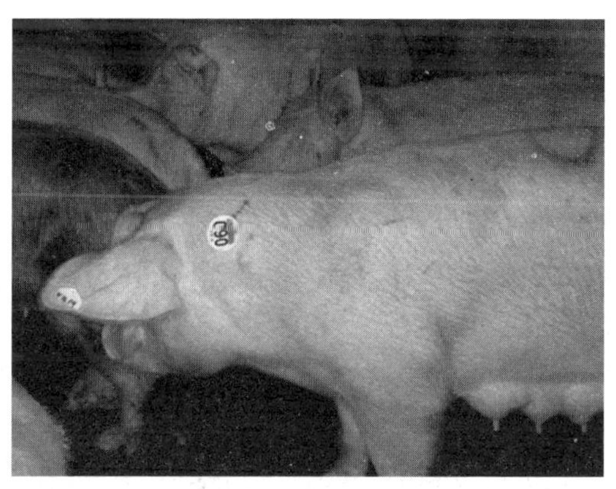

图 8.2　带有背部标签的选择性宰杀母猪
（动植物检疫署照片，洛维尔·安德森）

和其他监测方法一样，在屠宰场收集标本有诸多优势。其中最明显的优势就是，收集样本的成本低于其他任何收集方法。此外，在一整年中，来自同一猪群的猪可能会被多次采样，提供了在一整年内监控猪群的机会。屠宰监测的另一个重要优势就是，能够对所有运送至屠宰场的带仔种猪群进行检测。只要遵照背部标签的程序，且标签一直固定在猪皮上直到计划官员采集样本和标识标签，最后，这种方法能够监测到此前计划官员未列出的种猪群。

屠宰监测也有一些劣势。例如，这种方法需要精确地放置背上标签，保持记录准确，充分地留存标识标签。屠宰监测也需要联系第三方（不受雇于监管机构或猪的所有者）来检查记录，并报告与样本匹配的标识编号的所有者姓名。此外，计划官员在完成对来源农场的调查之前无法得知猪群的PRV免疫状态。而且，将动物追踪至正确的来源猪群取决于标识标签和血液样本在食品加工厂和实验室的精准配对。

屠宰监测的另外一些劣势包括：由于在采样时猪群的PRV状态是未知的，计划官员可能会采集和检测比其他方法更多的样本，并且还需要额外的费用来追踪和调查已知被感染的猪群，这是因为送至屠宰场的感染PRV的种猪重复出现阳性标本。样本的质量可能更低，在夏季送到实验室时的状态不够理想。商品猪并不在接收种猪的屠宰场进行处理，因此不包括在这一类的屠宰监测中。但是，在后来在监测计划中制定了对这些商品猪进行采样的方法。见本章后面的“肌红蛋白检测”部分，该部分讲述了在其他屠宰场对商品猪进行采样的方法。

8.1.3 诊断实验室检测

另一种对猪群进行PRV监测的方法是检测从病猪或濒死的猪身上采集并提交至实验室的样本（图8.3）。在计划早期就确立了这种发现PRV病例的方法。如果兽医怀疑其客户的猪群中有疑似PRV病例，可提交样本并要求进行疾病检测。许多州要求兽医和诊断实验室向州级兽医报告PRV监测为阳性的病例。在根除计划

图8.3 诊断实验室对可能感染PRV的病例保持警戒

（照片：乔治·贝兰，R. Allen Packer Heritage Room）

后期，PRV 检测申请出现的频率更低。随着技术的进步，出现了更多的检测方法，如免疫组织化学和聚合酶链反应，用于发现病原的存在。在使用这些新的检测方法后，实验室很少使用细胞培养分离病毒进行诊断。因此，除非疾病排除清单上专门包括了 PRV，否则可能不会进行专门的 PRV 检测。

为了应对 PRV 诊断检测率的下降，几个州制定了监控计划，为实验室的诊断专家提供 PRV 的病例定义和资金，从而利用提交的 PRV 疑似病例的组织进行直接荧光抗体检测和确认 PCR。计划还允许对田间病例提交的最多 5 个血清样本进行 PRV 检测。这类监控给计划官员带来了一个重要的好处——可以用 PRV 感染相似临床症状的病例为目标，实验室能够发现感染 PRV 的临床病例，如果在提交诊断标本时未要求进行 PRV 检测，则有可能错过这些病例。同所述的其他任何监测方法相比，这种以 PRV 疑似病例为目标的方法可以让计划官员在临床暴发之初以最快的速度发现 PRV。此外，PRV 监控计划的成本也降至最低，因为已经为其他原因而收集标本，监控计划只需支付 PRV 检测的费用即可。

诊断实验室监控 PRV 的主要劣势是采集和检测的标本多为便利标本。PRV 感染猪群畜主由于担心发现病例或导致后续的检疫隔离，因此可能选择不提交样本。此外，小规模的农场财力资源有限，可能因为成本高而不将样本提交至诊断实验室。因此，在使用这种疾病监控方法期间可能会错过 PRV 病例。

8.1.4 猪群认证检测

在整个 PRV 根除计划期间都会进行检测来保持已知为阴性的猪群的状态，或在各州之间运输或运至展览地的个体动物的阴性状态。虽然阴性猪群状态和个体动物检测通常不包括在监控或监测方法中，但结果提供了部分有用信息。例如，PRV 监控架子猪群、合格的 PRV 阴性猪群（QN）和合格的疫苗接种阴性猪群（QNV）等术语向这些猪群的购买者保证，已定期完成 PRV 检测，且结果为阴性。这对希望能确保购买到未感染 PRV 的种猪或架子猪的购买者尤其有利。若种猪并非来自 QN 或 QNV 猪群，则需要对出售的每头猪进行采样并检测为阴性。对经常出售大量种猪的猪群所有者而言，个体动物检测不仅不方便，而且成本太高。重复的阴性 PRV 检测记录有助于买家和监管官员相信这些猪群未被感染，且来自这些猪群的猪不可能向其他猪群传播 PRV。本手册的附件包含 PRV 根除州-联邦-产业计划标准（见附件 3 和附件 4）。此类标准规定了猪群如何获得或维持阴性状态的详细信息。

8.1.5 肌红蛋白检测

在全国 PRV 根除计划启动后，生猪行业经历了结构和生产实践上的大变革。1989 年之前，绝大多数农场都位于一个地理地区，或者都是在本地的生产业务，种猪和育肥猪之间有密切接触，接受同样的日常管理。种猪位于所有主要的生产地区内。因此，检测定点的种猪群能够为所有类型的猪提供诊断参考。随着多地饲养和早期断奶生产技术的发展，地理上分散的农场和猪的集中生产成为规范。育种和保育工作转移到此前猪密度较低的地区，而育肥地聚集在邻近的地理地区，以促进饲养、销售、运输和管理控制。由于这些变化，集中程度较高的大型肥育猪群所在地区内没有了已经在监测计划中的 PRV 标记种猪。艾奥瓦州、密苏里州、明尼苏达州和威斯康星州的传统架子猪来源被来自北卡罗来纳州、佐治亚州、俄克拉荷马州、科罗拉多州和加拿大的断奶猪代替。在 20 世纪 90 年代，每天都会建成新的育肥场点，但是当地动物卫生官员很少知道。因此，对于大量猪的移动，没有监管设备来监控 PRV 计划的进度。这些情况并非艾奥瓦州特有，已见于美国中西部、东南部的州和西南部的平原，以及加拿大西部平原的小范围内。

与其育种地区在地理上无关联的大量育肥猪场的出现形成了 PRV 监测的真空区。检测为阴性的种猪群和架子猪（跨州或在州内）运送至育肥场后受到当地的气溶胶传播或生物安全措施被破坏后其他途径的感染，持续成为未被发现的 PRV 感染储主。依靠传统的种猪和移动检测来确定地区的 PRV 状态的意义下降。通过 DTR 检测来监控这些猪群同样也受限，原因在于涉及的运送量和频率。在没有主动的商品猪监测系统的情况下，可能（实际上也确实）存在未被发现的重要 PRV 宿主。

2000 年，艾奥瓦州立大学（ISU）的一位研究员提出了一项试点商品猪项目，通过肌红蛋白技术来评估被感染猪群中的 PRV 抗体，正如此前在丹麦沙门氏菌控制计划中制定和实施的方法。肌红蛋白是肉类标本在冷冻后释放出的液体，可在常温下融解，包含抗体和其他细胞外和细胞内区分，反映出临死动物的状态。

在从胴体中取出内脏后即可作为肉样本，实现了标本采购的灵活性，可在安全卫生的环境下获得，且不会对胴体的价值造成实质性影响（图 8.4 和图 8.5）。屠宰场通常使用批次标识（印章、批次号）用于生产商付款。因此，该标识方法被认为是样本采集和追踪的最佳选择（图 8.6）。该方法是经州或联邦的监管机构和生产商监督认证的。

同样是在 2000 年，ISU 的研究人员同美国农业部的 PRV 根除加速项目人员合作，对 196 对血清和肌红蛋白标本进行初步检测（这些样本来自 4 个感染 PRV 猪群中的育肥猪），发现这四个猪群中既有阴性血清，也有阳性血清。

图 8.4　从膈膜的柱状物上收集猪肉样本
（动植物检疫署照片，洛维尔·安德森）

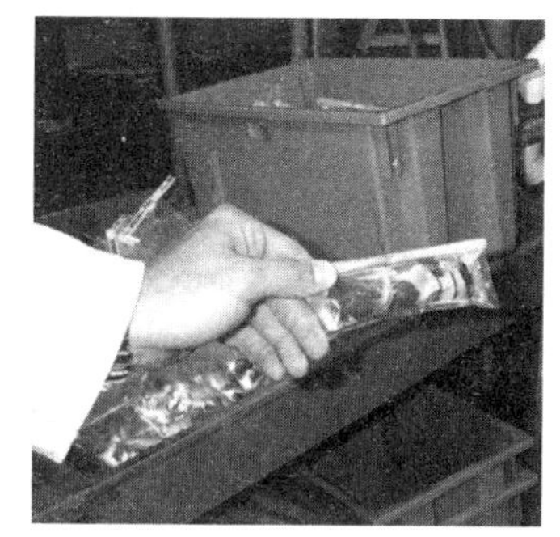

图 8.5　密封在容器内的猪肉样本，标有样本编号。将连夜冷冻，然后解冻，得到用于检测的肌红蛋白
（动植物检疫署照片，洛维尔·安德森）

从冷冻和解冻肉样本得到肌红蛋白，通过 IDEXX HerdChek® ELISA-gpE 血清方法进行检测本。对血清和肌红蛋白使用同样的阴性-阳性判定标准，肌红蛋白样本不再进行进一步的处理。个体比较结果显示，196 头接受检测的猪中，血清和肌红蛋白样本之间的一致性达到 97%。除 6 头猪外，所有猪的分类都与配对的样本一致。这 6 头猪的血清呈阳性，肌红蛋白为 5 个疑似和 1 个阴性。基于这一数据，基于个人兴趣形成了一个包括州和联邦监管官员、州和国家猪肉生产商代表、ISU 兽医学院研究人员在内的特别小组，其目标是为试点计划争取更多的支持。根据特别小组的考虑和对病例查找项目必要特征的构想，州和联邦的

图 8.6　猪尸体上的印章(照片增强)，确定尸体的所有者
（动植物检疫署照片，洛维尔·安德森）

PRV 官员批准了 3 个月的试点项目来确定肌红蛋白技术作为商品猪监测工具的潜力。

项目领导者寻求肉类企业的合作，获得样本和数据所有权，在 ISU CVM 建立处理实验室。2001 年 3 月，第一批的三家肉类企业开始采样并报告每天每一批猪的来源。ISU 的兽医诊断实验室分析此类样本，报告所有的阳性结果至艾奥瓦州的兽医进行评估和追踪。根据该试点项目有效性的早期证据，其在 3 个月内扩大至艾奥瓦州的 8 个主要屠宰场，代表了约 25%全国商品猪日屠宰能力。生产商识别数据显示，在接受采用这一方法的 PRV 监控猪群中，约 66%来自艾奥瓦州，剩余的猪群追踪到邻近的 10 个州，主要为 7 个邻近的州。2001 年 3—10 月，试点项目在艾奥瓦州共发现 13 个新感染的场点。2000 年和 2001 年，艾奥瓦州处于第二阶段的县进行了半年的广泛 DTR 检测，期间并未发现这些阳性场点。特别小组的成员根据试点项目的调查结果修改了采样率，因为计划的需求从病例发现转移至地区监测。

在之后的 3 年内，动物卫生官员在艾奥瓦州使用市场监测或其他监测方法并未找到新的被感染的猪群。这证明了商品猪监测在病例寻找和地区监测方面的价值。随后的研究证明，肌红蛋白是一种令人满意的抗体检测介质，可发现猪体内一系列的病毒、细菌和寄生虫。这些市场检测技术为一系列的抗体检测项目提供了数据，有助于未来控制、根除或认证计划的开发和监控。

8.1.6 野生猪监测

有野生猪的州可能存在 PRV 储主，继续成为将 PRV 引入商品猪的风险因素(见第 11 章)。在其中的几个州，动物卫生官员制定了监测方法来评估这一风险。此类监测计划的实施是该州野生猪管理计划的一部分。计划包括对野生猪和商品猪群进行采样，这些商品猪群是指在户外饲养且可能接触到有报告病例的地区内野生猪的猪群。各州的自然资源部门和各州的农业部门鼓励积极诱捕和狩猎计划，指导捕兽者或狩猎者就野生猪的捕杀向监管官员提供警示。州或联邦官员获得血液或组织样本后会尽可能将其提交至诊断实验室进行 PRV 检测。由于户外饲养的猪群有直接接触野生猪的风险，因此选择其进行地区检测来重新确定 PRV 的状态。此外，长期存在野生猪的州认识到，野生猪有时会被当作架子猪捕获和出售。这些州了解商品猪和捕获野生猪之间的联系和可能在市场上存在的接触。因此，一些州启动了第一点检测来发现这些市场上可能通过与野生猪接触而感染 PRV 的野生猪或驯养猪。

总而言之，监管官员使用一系列的方法来收集样本用于 PRV 监测或寻找病例。如上所述，各种方法都有一些优势和劣势。总体而言，各州能够根据其猪的数量、流行率、可用资金和个体目标来选择方法进行组合应用。

8.2 猪群净化方案

从各个被感染的猪群中净化 PRV 的方案对根除计划的成功至关重要。州官员和生产商发现了几种有效的猪群净化方案。根据与猪群相关的具体因素、猪群所有者长期和短期的生产计划，以及相关的成本来实施各种方案。试点项目提供的信息有助于确定哪种方案有利，以及在何种情况下各个方案在从猪群中根除 PRV 时效率最高。各类计划和使用指南的具体信息见牲畜保护学会在 1990 年印制的名为《猪伪狂犬病根除指南：从猪群根除 PRV 的计划》的图书。

PRV 根除计划采用了多项方案来从猪群中净化猪伪狂犬病。最常见的 3 种方案是检测淘汰、后代隔离和清群/建群。

8.2.1 检测淘汰

通过检测所有公猪和母猪，淘汰所有血清检测为阳性的猪，将这些猪运送至屠宰场来从种猪群中根除 PRV。在淘汰血清检测为阳性的猪 30 天后，对猪群中剩下的所有猪重新进行检测。每隔 30 天对整个种猪群进行检测，直到连续 2 次未检测出阳性。若种猪群的血清流行率最初为 20%～25%或者更低，该计划最有效。在猪群的感染扩散稳定后，该方案的效果也更佳。影响该方案成功的另一个重要因素是，种猪不能接触到已感染断奶猪。也可使用 PRV 疫苗来降低体外排毒，将排毒的时间缩减至最短，并增加疑似感染动物所需的剂量。检测淘汰计划有助于生产商保留重要的遗传谱系。若该方案未能奏效，州官员和生产商则考虑其他方案。在某些情况下实施了一种联合疫苗接种的阶段性检测淘汰方案。在该方案中，种猪群接种疫苗，对于确定为血清检测阳性的动物，允许动物在选择性宰杀前产崽和给幼崽断奶，而不是立即从猪群中清除。这有助于猪群所有者保持的正常猪生产流程，并用 PRV 检测为阴性的种母猪取代阳性猪。

8.2.2 后代隔离

这是另一种从种猪群中根除 PRV 的方案。该方案的实施包括给已感染的种猪群接种疫苗，将它们的仔猪断奶并进行独立的护理，用新的、已知检测为阴性且接种过疫苗的后备母猪替代所有年龄较大的种猪。随着时间的推移，这种方法能够完全清除年龄较大的种猪，确保维持猪的生产流程。该计划也可以维持遗传谱系，具有较高的性价比，是猪密度较高的地区和 PRV 感染猪群流行率较高的地区最有效的方案。

8.2.3 清群/建群

用于从猪群中根除 PRV 的第三种方案。虽然这一计划的成本高昂，但同其他两个猪群净化计划相比，其成功率是最高的。清群/建群方案用于活跃的 PRV 感染猪群、PRV 血清流行率高于 75%的猪群，以及拥有其他严重生产问题的猪群。该方法可用于存在多种疾病的猪群，或尝试过其他净化方法但失败的猪群。该方法要求从农场 100%淘汰每头猪，对所有设备、围栏和饲料操作系统进行清理和消毒，从而根除病毒。同样还建议在使用批准的消毒剂消毒后至少 30 天内不允许任何猪重新进入该场所。此外，强烈建议所有者规划和实施害虫防治管理计划和生物安全措施来防止从害虫或其他病毒来源重新引入 PRV。

州官员和猪群所有者在评估哪种净化方案从感染猪群中根除 PRV 的效率最高时会考虑许多因素。这些因素包括涉及的操作类型、动物的遗传价值、临床暴发状态、血清流行率、该地区内其他猪群的密度、该地区内其他感染 PRV 的猪群数量、所有者的未来生产目标、猪群中任何其他现有的疾病、根除 PRV 的时间限制、季节以及实施计划的成本。由于有如此多的因素需要考虑，计划官员强烈鼓励 PRV 感染猪群的所有者联系其动物健康护理的专业人士和监管兽医，并同其紧密合作，设计专门针对自家猪群的净化方案。以书面形式记录方案实施的详细信息，包括通过定期检测和评估来监控计划的进度。给生产商从几种方案中进行选择的灵活度有助于在不同的时期内净化更多的猪群。

虽然一些猪群净化方案比另外的一些效果更佳，但是所有方案都旨在协调生产商当前和未来的生产计划。在猪密度高且猪群感染率高的地区，在同多个所有者协调后实施这些方案是最有成效的方法。事实证明，PRV 疫苗的使用，尤其是允许使用能够对血清进行免疫抗体和感染抗体鉴别诊断的基因缺失疫苗，有利于评估根除计划的有效性和进度。

8.3　数据管理

在 PRV 试点项目期间建立并在 PRV 根除计划中广泛应用的数据管理延续了近 20 年。在此期间，可供使用的计算平台有了巨大的变化，开发并发展了许多新的沟通路径和技术（比如，电子邮件、手机和互联网）。本节将概述 PRV 试点项目和根除计划中的数据流程和利用。

8.3.1　根除网络

从地方层面开始，生产商和私人兽医讨论参与和提倡根除计划的激励和抑制因素。他们从州-联邦监管官员处接收信息，包括检测结果、书面净化方案，以及检测申请或理由。他们同其他生产商、私人兽医、产业代表，以及代表州和联邦政府以及大学的兽医一同出席关于 PRV 的地方会议。

在州层面，有现场兽医，也有在地方层面工作的兽医。州级兽医和联邦 AVIC 保持独立，但有相互依赖的工作人员，包括数据录入员、动物识别协调员、传染病学家、牲畜检查员、合规官员、实验室技术员和现场兽医。这些工作人员保持该州内 PRV 根除活动的数据流和记录。他们利用计算机和其他数据库来记录活动和计划。

在各个地区的联邦层面，有一组工作人员开展工作，包括促进地区内各州之间数据共享的传染病学家。这些工作人员同样还负责监督各地区的州内计划。

在国家层面，一组专门致力于猪健康/疾病的兽医负责整理核实关于根除计划的全国统计数据，并管理根除计划的政策和资金。在对州的申请进行检查，并得到全国 RPV 控制委员会的建议后，这组兽医确认各州的根除计划阶段资格。

8.3.2 常规报告元素和渠道

1988年起使用名为《PRV控制/根除季度报告（兽医局7-1报告）》的兽医局表格7-1，随后其成为整个根除计划中主要的报告工具。报告包含各州层面维持的数据元素，这些数据元素汇报至兽医局，并在全国进行追踪。1987—1988年间，由大学教授、联邦地区传染病学家、联邦现场兽医和全国PRV计划领导成员组成的小型委员会提出数据元素的特征，制定表格7-1的框架。兽医局表格7-1很快就被用到根除计划中。

美国农业部要求在州层面填写兽医局7-1报告，并在每个季度结束后30天内提交至兽医局地区和全国办公室。一般以邮件形式提交报告，在根除计划的最后几年，要求每个月以电子文件的形式提交这些报告。兽医局7-1报告中有六个主要部分或类别。

A部分为“猪群状态数据”。追踪划分到各个状态类别中猪群的数量和猪的数量：感染、认证阴性、架子猪监控、认证免疫阴性，以及猪群净化方案。一个猪群一次只能为前四种状态中的一种，阳性猪群可能在净化计划中，也可能不在净化计划中。关于每个状态类别，记录在报告季度开始、结束以及在此期间增减的猪群或猪的数量。

B部分为“市场/屠宰监测数据”。总结了来自屠宰场和第一点检测的数据，包括样本的数量和检测为阳性的猪的数量。通过在州内和其他州收集的样本来进一步分析数据的特点。其他州对来自报告州的猪完成的检测也以同样的方式进行总结。这部分包括种猪和育肥猪。

C部分为“市场/屠宰监测中阳性病例的追踪”。记录在屠宰场和第一点检测计划中采集血液的个体PRV阳性的追踪结果，有9个可能的结果分类：完全阳性样本、无需追踪、追踪至已知被感染猪群、已追踪且需要猪群检测、已追踪且无需猪群检测、追踪至售罄猪群、追踪至其他州、无法追踪和待定。各州报告发生在该季度内各个类别的追踪数量。

D部分为“PRV疫苗接种总结”。检查标识是否允许在该州内接种疫苗，若允许接种疫苗，列出疫苗产品名称、接种该产品的种猪群/猪数量、接种疫苗的育肥猪群/猪的数量。

E部分为“新感染猪群的来源”。根据八个可能的感染来源类别列出了新感染的猪群，这些类别包括购买的架子猪、购买的种猪、野猪、饲料垫料、地区传播、被感染的猪尸体、猪群分群及未知。

F部分为“农场现场检测结果总结”。该部分包括进行检测的15种不同原因，要求各州报告其检测的猪群数量和猪的数量，具体说明未发现感染的数量和发现感染的数量。为监测而进行的农场检测在州内采用基于统计学的猪群抽样法，根据地区检测的原因进行记录。

另一个常规的PRV数据报告机制是五个根除阶段的结果，旨在显示各州达到根除目标的进度。各州每年申请新的资格或更新此前一年的资格。国家动物卫生计划的工作人员和国家PRV控制委员会收到来自各州的申请后进行评估。在根除过程中，申请的结构和格式会发生变化，这取决于问题的重要性。各州提交的数据包括猪行业的数据统计资料、监测方法和结果、对阳性监测进行追踪调查的结果、净化计划的进度（若有），以及在后期防止野猪带来的感染的管理计划。各州具体的实践将同该州申请的阶段的计划标准中详细说明的标准进行比较。

8.3.3 在州层面管理PRV数据的系统

州层面保留的数据对整个PRV根除网络的精准报告而言至关重要。随着兽医局表格7-1的制定，根除计划前一两年的数据要求已经稳定，并与计划结束时保持一致。拥有统一的数据要求和元素简化了PRV根除计划的记录保存。从试点项目早期开始就使用计算机来保存数据记录。在根除计划开展期间，计算机软件和硬件也随着新技术的采用而变化。

在试点项目和根除计划的前两年间，各州开发的计算机记录保存系统用于PRV数据。在艾奥瓦州试点项目期间，州官员开发此类系统来记录信息。该系统和其他州的系统按照当时的标准Dbase Ⅲ和MS-DOS相关数据库语言编写。此类系统保存基本数据来填写兽医局表格7-1——猪群信息、猪群检测结果、猪群状态信息、猪群净化方案、疫苗使用情况、监测检测等。1990年，兽医局的传染病和动物健康中心（CEAH）提供名为PRV报告管理系统（PRMS）的甲骨文数据库系统。该数据库基于早期系统的数据元素。此外，PRMS包括另外的一些特征，比如向认证兽医提供发票和付费，为州或地方层面的计划管理提供帮助。有一半的州采用PRMS来满足其记录保存需要。甲骨文公司为采用PRMS的州开发了以各自州为基础的系统，包括简单的电子数据表及非常复杂的数据库管理系统。PRMS

的使用直到1999年被甲骨文应用通用数据库（GDB）和来自CEAH的其他具体项目系统替代。GDB在微软的Windows系统上运行，是一款客户服务器应用。其带来的主要变化是将来自多个具体计划的数据库结合到单一的数据库中。

在PRV计划快结束时和PRV根除加速项目实施期间，兽医局提供公共网址发布扑杀补偿公平价格。该网站首次规定用于补偿支付的实时参考信息，确保感染PRV的猪群的数量快速减少，并向猪群所有者快速付款。计划官员和猪肉生产商均可获得该信息。

8.4 实验室

实验室在根除行动中发挥了至关重要的作用，提供了关于猪群和其他动物的PRV状态的重要信息。在根除计划的大部分时间内，几乎所有州都有检测PRV的能力，一些州有不止一个实验室获得了进行PRV试验的批准（图8.7）。在根除计划的后期，随着检测数量的减少，实验室检测逐渐集中，一些能力较高的实验室进行了大量的检测。

在根除计划早期，许多州都有州-联邦合作实验室进行PRV检测。这些实验室通常由州动物卫生官员直接监督。一些州同各自的大学诊断实验室签订PRV检测合同。从PRV根除计划一开始，NVSL保持对这些诊断实验室的监督，正式审批

图8.7　在实验室进行血清标本试验
（动植物检疫署照片，洛威尔·安德森）

各项诊断试验，评估实验室的专业能力，使用一系列已知 PRV 状态的血清标本对实验室检测结果进行比较。州和联邦官员负责协调实验室，保存记录，追踪检测结果。

8.5　检查/监督

记录保存系统的数据对地区和国家层面的根除计划监督至关重要。地区传染病学家通常每年不止一次在各个州进行非正式的检查访问。在访问期间，传染病学家检查与 PRV 计划有关的计算机和纸质记录。他们向州和联邦官员提交他们的调查结果和建议来支持根除计划。其他更正式的检查用于监督各州的根除计划，这些检查被称为站点检查或计划检查，每隔数年进行一次，对某些关键州的检查更加频繁，有时会每年进行一次。站点检查通常由联邦工作人员进行，并对各州联邦办公室的业务进行评估。PRV 计划通常是该检查的一部分。计划审查专注于具体的疾病计划，如 PRV 计划。一般而言，这些检查由一组人员进行，包括：1～3 名联邦工作人员（兽医传染病学家、动物识别协调员等），1 名州雇佣的兽医和 1 名生产商或行业代表。该团队的参与者分别代表国家、联邦和行业的利益，符合根除计划国家-联邦-行业合作的性质。团队对各州进行为期 1～2 周的访问，检查计算机数据和文件，同相关的官员面谈，访问现场、实验室和办公地点，并开展其他活动。团队成员撰写他们各自的评估结果，团队领导将这些结果编辑成一份单独的报告，以便分发给州、联邦和行业的利益相关者。然后，要求各州对团队报告中的建议作出回应。这种检查和监督程序有助于在需要时促进各个州方案的修改，并最终将加速全国的 PRV 根除。

8.6　艾奥瓦州的行动

参与根除行动的人员多次认识到，被感染猪群的患病率和猪群内的血清阳性率在面积相对较小而猪群数量较多的地区通常是最高的。艾奥瓦州在 20 世纪 70 年代以来暴发了PRV。由于病毒长期存在，该州计划官员预计，同其他地区相比，艾奥瓦州每一千个猪群中感染PRV的猪群数量是最多的。因此，有必要制定和实施一项特别计划来应对该州的PRV状况。成功的结果对该州的利益相关方，以及猪肉行业中焦急地等待结果的其他人都有重大意义。为了根除艾奥瓦州的PRV而采取的行动有力地证明了在猪群密度较高的地区根除该疾病应考虑的因素。

1989年之前，艾奥瓦州的猪肉行业存在这样一种认识，即PRV控制或根除是值得追求的目标。虽然大多数生产商制定了将这种疾病带来的经济影响降至最低的程序，但是他们对于开始具有不确定范围的根除计划保持谨慎。来自其他州的压力，特别是对来自艾奥瓦州种猪运输的限制，以及其他州猪肉生产商组织和联邦政府的强大影响使行业领导层在20世纪80年代认识到，必须在艾奥瓦州开展根除PRV的行动。1987—1988年，一部分艾奥瓦州的立法会议员在行业和科学顾问的协助下，准备制定一项PRV根除策略，该策略通过制定法律来规定未来的控制/根除行动，科学合理，对于艾奥瓦州猪肉行业的大多数人而言也是可以接受的。这一行动从1989年开始，艾奥瓦州法典第166D章引入、通过和实施。

第166D章是按照以下指导原则制定的：①PRV控制/根除策略将可以通过科学有效的方法从艾奥瓦州的猪群中消除病毒，而不需要生产商采取对个体猪群产生严重经济影响的行动；②该策略强调各个县层面上的自愿参与，实施具体的州监管行动，满足得到认可的根除标准；③该策略将涉及参与县的所有猪肉生产商和市场都要遵守猪的运输要求。之前马歇尔县试点项目的经验提供了有价值的科学方法，使生产商能够从猪群中消灭病毒，并通过后代隔离来减少过渡期间的跨代传播。此外，马歇尔县项目的经验教训使动物卫生官员和生产商意识到使用统计学检测方法来确定猪群的状态，是比检测整个猪群更为有效的PRV监控方法。统计学检测也有助于：①提高生产商和兽医的合作意愿；②更有效地利用现有的资金和实验室检测能力，让更多猪群和县参与其中；③评估猪群净化和架子猪合作者计划策略的有效性。

第166D章为在艾奥瓦州分阶段执行PRV根除计划规划了路线图，十多年来基本保持不变。艾奥瓦州计划是在州内达到不同的状态，PRV控制委员会将66个北部县认定为第二阶段，33个南部县认定为第三阶段。2000年，州立法机关要求对处于第二阶段县的猪群接种疫苗和进行半年检测，对处于第三阶段的县进行年度检测，这些变化取代了州PRV根除计划的许多部分。既定的路线图包含了成功的关键因素：①由国家PRV咨询委员会指导的、以生产商推动的行动；②在检测和运输控制区域传播的可能性；③分阶段参与，从而最大限度地利用财力和人力资源；④从自愿到基于明确标准的强制行动，这些标准与当地的根除进度相关；⑤各类猪生产商和市场的参与；⑥根据 PRV 传播的风险进行运输限制，包括屠宰 PRV 状态未知的猪；⑦鉴于每个生产商的管理风格执行灵活的猪群根除指南，以得到阴性猪群。

第 166D 章要求 PRV 咨询委员会由 7 名成员构成，在这些成员中，至少有 4 名从事猪肉生产。其余的委员会成员则代表执业兽医、销售经营者及其他相关业务者。所有成员均由艾奥瓦州猪肉生产商协会任命，任期 2 年，最多可重复任命 2 次。该委员会以顾问身份向艾奥瓦州议会提供建议，并在整个根除行动期间积极与兽医局和艾奥瓦州农业和土地管理部门（IDALS）进行互动。该委员会有助于制定和实施县、地区和州的战略，以推进第 166D 章路线图规定的工作。委员会根据对拟参与根除计划县的投票、猪群的位置和规模、可用的财力和人力资源，批准参与根除计划的县。此外，委员会还鼓励制订行业培训计划和开展生产商教育工作。委员会还为当地和行业关于计划实施行动的投诉提供了一个宣传媒介。委员会对第 166D 章带来的一系列压力的回应对州根除行动的启动、推进和最终完成都至关重要。

PRV 根除计划被兽医科学界认为具有独有的特征，与以往的猪瘟根除行动无可比性。因此，在制定 PRV 根除路线图时，立法者和其他相关方考虑采用独特方法的需要，认识到这种疾病有通过野生动物、宠物和空气进行区域传播的可能，并需要在时间上协调的当地生产商行动。第 166D 章将 4 个地理区域内的 10 个县列为首批计划区域——西北（3 个县）、中部（5 个县）、东南（1 个县）和东北（1 个县）。每个区域都构成了一个中心点，在其周围开展控制工作。第 166D 章要求，这些区域以外的县在教育论坛和得到参会的猪肉生产商 75%的支持投票后，申请加入计划。PRV 咨询委员会拥有新县加入的批准权。委员会可以根据可用的财力、人力和实验室能力来战略性地吸收新的县加入。

艾奥瓦州每年参与计划的县

虽然计划资金只能用于指定的计划县，但分阶段实施的方法除了提高根除行动的效率之外，还激发了生产商的兴趣和热情，这种结构使得所有的县都可以包括在为期五年的计划内。最初只有两个县拒绝参加，但在这两个县，随后的全民投票很快推翻了此前的反对票，生产商普遍接受了 PRV 路线图。分阶段计划也得到了生产商的认可，计划的成功提供了通过具体实例的方式而不是笼统的全国行动来克服障碍的机会。

在加入该计划时，鼓励新加入县的所有生产商使用已确定的统计学检测方法自愿检测其猪群，确定 PRV 状态。然而，并没有规定完成县内每一个猪群检测的时间表。在大多数县，多数检测猪群在初次检测中呈阴性，在当地形成对其他生产商的压力，要求其检测和确定各自猪群的状态。对于检测和诊断为 PRV 感染的猪群，计划官员鼓励采用猪群净化计划或架子猪合作计划。计划官员也设定了一个基准——当该县有超过 50%的猪群进行检测即触发该基准，以保护被检测的猪群免受未被发现感染的猪群的影响。达到这一参与程度的要求是，未经测试的少部分猪群必须在 12 个月内完成初次测试以确定其状态，PRV 路线图中包括了完成这些测试的激励计划。若未在规定的 12 个月内进行检测，则要求对未经过检测的猪群进行严格移动限制，直到完成检测，所有相关费用由未经检测猪群的所有者支付。

所有类型猪的参与对于根除行动的成功至关重要。在第 166D 章之前，留种猪群和种猪群的移动是监管重点。留种猪群接受检测并被确定为感染，会带来严重的经济影响，包括销售损失和猪群所有者的声誉受损。通过将所有类型的猪生产纳入控制/根除行动中，计划官员能够提升地区对计划的接受程度，并提高该地区成功的可能性。通过市场和其他州内渠道的基于风险的移动限制，以及确保已知被感染的猪群参与到猪群净化或架子猪合作计划中，可减少病毒传播，使生产商在净化过程中保持业务连续性。架子猪合作计划是为专门为感染 PRV 的架子猪生产商设计的猪群净化计划。为了维持架子猪的销售，并让客户连续不断地收到架子猪，所有者同意旨在生产非感染猪的指南。这些猪的移动受到监管，不允许将猪运送至州外。

除了检测为阴性的猪和被感染的猪之外，需重点关注的是“未知状态”的猪。这一名称使人们认识到，在计划开始之前，并不是所有需要在州内运输的猪都在运输之前进行了实际的检测，而且不允许运输会对个体生产商和计划的接受程度造成不利影响。因此，该方案允许这些被定为未知状态的动物在艾奥瓦境内有限制地运输到一个饲养场所，直到直接运输到屠宰场，这些动物通常包括来自非计划或部分检测的计划县以及架子猪合作计划猪群中的未经检测的猪群中的架子猪。将这些猪定为未知状态，但不赋予它们检测为阴性猪的运输权利，允许猪的跨州运输，预计会带来相对较低的 PRV 传播风险。除了运至屠宰场或批准的场所外，只有个体 PRV 检测为阴性或满足其他要求才允许进一步的运输。未知状态促进了跨州交易的低风险猪的运输，同时鼓励来源猪群尽早获得阴性状态，以消除对于运输的限制。这些措施符合计划的目标，不会对生产商造成重大经济损失，特别是在根除计划的早期阶段。

第 166D 章允许经计划批准的场所作为饲养场所，可以将因被感染而选择性屠杀的猪或架子猪聚集在此，准备供应市场。只允许屠宰场和市场绑定的猪进入这些设施。每个批准的场所都必须符合监管要求，并且每年通过合规认证。计划要求保持架子猪的运输和疫苗接种记录一年。若未能满足这些标准，则可能会废除场所的批准状态。这些场所不能位于 PRV 检测为阴性的猪群附近。另外，如果该县的 PRV 患病率低于 10%，则要求这些场所在当年的年度检查时撤去对于场所批准的要求，为阴性猪群的所有者提供激励，鼓励该县其他猪肉生产商共同达到小于 10%的状态。批准场所的作用是从已知被感染猪群的所有者接收猪，或需要一个不符合架子猪合作计划标准的架子猪常规出口。该场所在受控环境下为被感染的猪提供已知的存放地，直到这些猪达到可上市的重量，起了有用的商业作用。批准的场所应逐步淘汰，因为随着根除行动取得成功，对其存在的需要减少。

从实施初期开始，第 166D 章的路线图允许并鼓励，但未强制规定，使用 PRV 疫苗来减轻与疾病相关的经济损失，减少病毒散发和地区传播。差异化的疫苗是 1991 年艾奥瓦州立法机构的独家要求。1993 年，《艾奥瓦州行政法规》指出，必须选择基因缺失的疫苗以将混淆降至最低，并提高猪群分类的有效性。根据对强化疫苗和检测的立法要求，疫苗接种在 2000 年成为该州计划的一部分。该计划改变了在第二阶段的县所有种猪进行半年的疫苗接种和育肥猪的定期疫苗接种计划，这是为了应对在 1999 年发现的大量以前未检测到感染的育肥猪群。在此之前，进入该州的架子猪必须接种疫苗，但是州内运输的猪不受此要求。疫苗接种在生产区域内降低了 PRV 传播的风险，起到了普遍激励作用，被认为是根除行动的重要辅助因素。

除了遵照第 166D 章的路线图之外，其他计划和机构也提供了援助，如认证兽医计划、商品猪监测、PRV 根除加速项目和艾奥瓦州立大学兽医诊断实验室（IVDL）。前三个在本书的其他章节中进行了介绍，但未作为完整的艾奥瓦州计划的一部分提及。IVDL 在短时间内应对了大量检测要求。

IVDL 在整个艾奥瓦州 PRV 根除计划中发挥了核心作用。在最初的计划阶段，IVDL 努力根据州计划按阶段顺序加入的县来管理猪群的血清检测流程。除了猪群和个体动物的血清检测外，病变检查和病毒分离的尸体检查增加了 PRV 病例数量。2000 年，艾奥瓦州议会强制要求增加血清检测。完成根除计划和在艾奥瓦州寻找最后的PRV感染猪群的常规压力也有助于增加检测的需求。此外，2001年3月，市场猪监测引入了大量新的标本流程用于检测（图8.8）。由于标本量的增加，IVDL加紧努力，以应对这些重大的挑战来支持根除计划。若没有这种诊断支持，该计划在减少PRV感染猪群的数量方面无法取得其在从2000到2001年的快速进展。

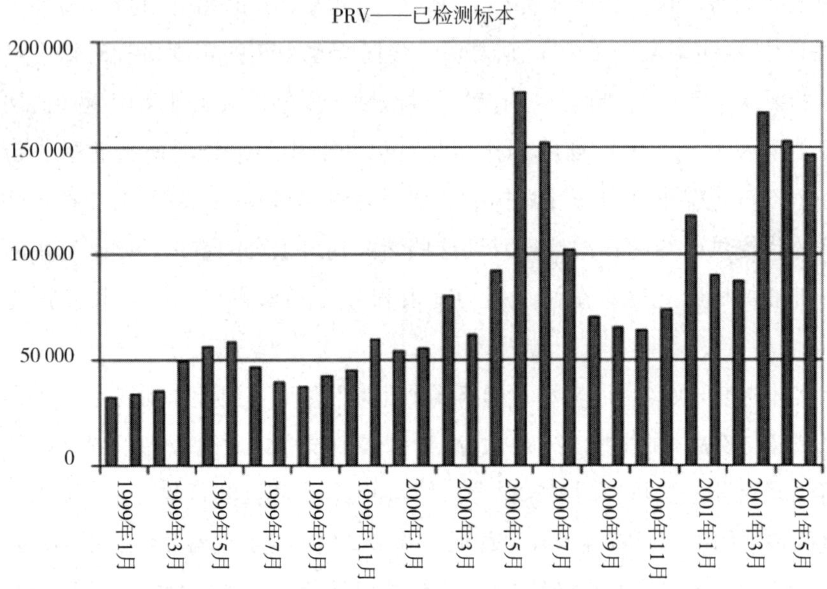

图8.8 艾奥瓦州立大学兽医诊断实验室每月进行PRV检测的标本
（从2001年3月1日开始增加肌红蛋白检测量）
（数据来源：詹姆斯·麦克基恩，艾奥瓦州立大学）

艾奥瓦州PRV根除计划的成功是科学和政治力量的共同结果。《艾奥瓦州法典》第166D章为生产商、监管者，以及依赖于可衡量的县级成果而不是临时基准的其他各方提供了发展路线图。这一制度让生产商和兽医能够以适当的方式推进各自县的计划，同时也认识到通过有序地发现和净化感染的猪群来控制地区传播的重要性。与计划成本、猪群净化计划的结构、基于风险的行动限制以及批准的场所的位置有关的经济激励鼓励生产商达到个人和社区利益相关的县级基准，但并不强制要求提供解决方案。此外，马歇尔县试点项目的猪群净化经验的应用让生产商能够在不影响其猪群的经济生存能力的前提下，实现根除PRV的目标。所有这些因素连同当地生产商强有力的领导都有助于缓解对方案和根除行动的经济影响的担忧。得益于这些行动，已经从艾奥瓦州的猪群中成功根除PRV，并没有让生产商和兽医担心这一行动会“根除”生产商。

8.7 北卡罗来纳州的行动

北卡罗来纳州的猪肉生产基本上是联合的，大部分母猪基地由四家大型生产公司所有。这些生产公司拥有动物，并提供运输、饲料、疫苗和保健产品。在许多情况下，合同养殖者拥有土地，并提供动物饲养所需的设施和劳动力。虽然北卡罗来纳州使用了许多与国家计划相同的PRV净化策略，但这些策略是从猪生产公司的角度使用的。

PRV根除计划在北卡罗来纳州达到PRV第五阶段资格前几年已在该州实施。北卡罗来纳州是断奶猪和架子猪的净出口州，而且越来越明显的是，这些市场正受到该州PRV资格的威胁。因此，这加快了北卡罗来纳州猪群PRV净化的速度。1997年3月，该州开始了一项积极的PRV根除计划。

使用了两种不同的措施来消灭PRV，这两种措施不适合大多数猪的疾病。PRV疫苗效果非常好，诊断检测是比较准确的，但是存在假阳性。PRV根除为大型猪生产系统的疾病根除提供了重要的经验教训。为根除PRV而获得的经验也被用在其他猪病原体的控制上。

必须阻断病毒传播，无论是在猪群内还是在包括多个地点的猪生产系统内。在猪群内阻断传播需要安排接种疫苗，以便建立猪群的免疫力。需通过定期检测进行监测，以确保及时满足根除目标。农场的员工流动和人手不足成为根除进度落后的借口。农场之间的人员和牲畜的流动是大型生产系统所担忧的。保证所有员工了解猪群的健康状况以及首先到访清洁农场再到访非清洁农场的重要性是至关重要的。例如，负责接收和运输屠宰猪的卡车司机需要了解为什么在他的路程安排上不从经过的A农场先拉猪，而是在当天晚些时候再从A农场拉猪。如果司机认为日程安排不正确，且未要求确认就进行更改，则破坏了生物安全措施，可能会在行程中增加一个被感染的农场。如果猪生产系统内大量农场被感染，则需确定专门的运输车辆、司机和卡车清洗队，防止PRV传播到未感染的农场。

必须确定流行率。如果生产系统中有多个感染RPV的农场，则为大型猪群开发检测和净化计划。通常的措施是对所有已知感染农场的全部种猪进行检测。如果净化时间进栏许可，则允许血清检测为阳性的母猪分娩，在仔猪断奶后宰杀。确定每个种猪群中将被取代的阳性猪数量，既便于让管理人员和兽医制定净化计划，又能够保持业务运作的连续性。为了适应这一计划，农场按照时间安排替代母猪进入种猪群来更换血清检测为阳性的动物。

需要仔细规划整个猪群的检测。在检测之前，农场的每个动物都需要有可读的耳标或印章。公司的兽医在得到检测结果后尽快访问农场。每头阳性动物的状态都将在动物身上和母猪的标识证上进行物理标记。所有 PRV 检测阳性种猪的标识编号都被记录在生产系统数据库中，这也是很重要的。因为若耳标脱落，母猪的信息卡可能会消失，阳性动物可能会“丢失”，所以监控这些标识同样也非常重要。

公司的兽医和监管官员需要为每个被感染的农场设定完成净化计划的最后期限。兽医和农场管理者负责清楚地向全体员工解释净化计划。公司根据在给定的时间内运送的优质猪数量来评估母猪饲养管理人员的工作。这一政策鼓励了农场饲养阳性母猪以满生产目标，除非员工得到上级的特别指示，要求在断奶时宰杀所有 PRV 阳性母猪。

在北卡罗来纳州大型猪群根除 PRV 获得的经验教训如下：生产商认识到，根除 PRV 是必要的，可确保稳定地跨州运输育肥猪并保持生产效率。该计划首先考虑的是合理安排疫苗接种，以确保猪群免疫力，并减少动物间的病毒传播。进行整个猪群检测以发现阳性动物并进行宰杀，提供了根除疾病的方法。就防止引入 PRV 对员工进行培训和教育也是很重要的，这包括说明为什么需要完全按照规定完成程序。接种疫苗、检测和鉴定动物需要许多工作时间。最后，该计划制定了防止 PRV 在被净化后重新进入猪群的策略。有必要将这些策略落实到位，直到州官员和所有者确定生产系统内的所有被感染的猪群都不再受到感染。

8.8 认证兽医

1991 年，通过艾奥瓦州的州-联邦-生产商和兽医实践团队的合作，制定了认证兽医计划，应对 PRV 根除行动带来的多项新出现的计划实施限制。该计划面临着管理预计三四千个感染猪群的情况，需要控制病毒，生产商不愿直接同监管官员合作，并且州和联邦的监管人员有限。PRV 咨询委员会提出了一个创新的解决方案，以制定和实施 PRV 猪群净化计划，并体现在当地管理计划中。认证的大型动物兽医有着渊博的知识，生产商会尊重并随时咨询这些在地域上分散的兽医。兽医拥有从业时间和专业知识、在当地生产商中被接受并拥有信誉，拥有疾病控制经验，可以执行基于科学的畜群净化和疾病控制措施，并且满足个体农场的需求和条件。

在联邦的批准和州-联邦-生产商的资金支持下，艾奥瓦州颁布并实行了认证兽医计划。1991 年，该州对第一批约 300 名认证的执业兽医进行培训和教育。每年都有艾奥瓦州的执业兽医积极执行 PRV 根除活动，并补充州和联邦地区的兽医活动。

这些认证兽医必须获得美国农业部认证。作为认证的辅助，兽医需要完成一项传染病控制的教育计划，制定猪群 PRV 净化计划，并参加培训，以确保统一的计划部署和财务报酬实践。该计划的一个重要的创新就是提出根据从业时间和经验支付报酬（与根据采集的样本数量或受影响的猪群数量支付报酬截然相反，艾奥瓦州 PRV 根除计划的病例查找和监测部分采用了新的支付报酬方式）。这一基于产品的支付安排的操作原理是，制定猪群净化计划的时间和专业技能不取决于猪群的规模。与大型猪群相比，较小的猪群可能需要更多的生物安全措施和疾病教育行动来制定和实施猪群计划。因此，如果主要根据猪群的规模来进行支付，预计执业兽医将会优先考虑较大的猪群和较高的经济回报，使得净化计划中较小的猪群相比其他而言更难处理。艾奥瓦州 PRV 咨询委员会最初确定了报酬价格，随后被州和联邦当局定为每个完成的猪群计划 100 美元。联邦政府、州政府和生产商各支付这笔金额的 1/3，兽医向生产商收取部分猪群净化计划费用。在州和联邦资金支付前，地区兽医负责检查提出的猪群净化计划的完整性和实施成果。该步骤使地区兽医能够监督大量的净化计划，定期鼓励执业兽医保持猪群净化计划的进度，刺激当地兽医支持根除行动，并维持执业兽医、生产商和监管官员之间的沟通，促进州根除目标的实现。

计划的第一年，该州在不同地区召开了 4 次独立的为期一天的会议，以鼓励兽医界最大力度的参与。在这些会议以及随后几年的年度教育和培训中，认证兽医需要全部参加，以维持其认证状态。大学研究人员、推广人员和地区兽医提供培训，需要 4～5 小时完成，专门用于应对当前或新出现的关于 PRV 控制和根除实践、实验室调查结果和样本提交的问题和担忧。这一教育行动可以以有组织且有效的方式将当前科学信息和诊断进程定期转移至兽医实践界，同时为执业兽医的问题交流提供平台。当天剩余的 6～7h 计划用于与计划制定、报告和质量保证有关的问题，付款和认证活动相关的技术或要求方面的培训。成功完成该计划后，认证兽医获得为期1年的认证，有资格编写并监控参与该计划猪群的PRV根除实施方案。

到1996年，根除PRV的行动已经推广到了整个州，鼓励完成净化计划的需要成为计划的主要重点。州官员通过认证兽医帮助这一行动，重点在于支付与年度监测猪群计划的进度和净化计划的完成（确定猪群的阴性状态）相关的服务费，分别为50美元。除了这些向认证兽医支付的专业服务费用外，还向其支付用于与猪群状态和监测有关的服务请求和血液样本采集、动物的运输和一般的疾病控制活动相关的传统费用。实施这一专业服务合同提供了一批受过教育且能提供支持的地方代表，他们定期同猪肉生产商互动，促进PRV控制和根除行动开展，制定和监督具体农场的净化计划，并在行动中发挥重要且有成本效益的作用，推动艾奥瓦州PRV根除行动的成功。

8.9 尸体处理的挑战

2002年，在宾夕法尼亚州的PRV暴发期间，该州面临一项重大挑战——在6天的时间内处理1.5万头猪。赔偿和处理相关的成本约为200万美元。有些动物可送至屠宰场供人类消费，但大部分的尸体都被安排送至熬炼设施。然而，州官员发现，熬炼设施可能会拒绝与疾病暴发有关的动物，而且这些设施每天能处理的尸体数量也有限。这一限制可能影响在指定时期内应减少的猪的数量。该州的解决办法是通过垃圾填埋处理1.5万头猪的大部分尸体，两量卡车装量（约8万磅*）的尸体在农场被就地掩埋。

所有的处理方法都会面临挑战。屠宰场处理面临的问题包括药品残留问题、不适合商业屠宰市场的猪、远超过屠宰场处理能力的猪的数量，以及将大量猪“加入”到猪肉处理系统后导致当地和地区商业市场价格下降的问题。在熬炼厂处理动物时也存在问题，包括直接拒绝接收与特定疾病相关的动物，以及太多的尸体远超过熬炼厂的处理能力。最后，填埋处理也会遇到问题，包括对人类健康的担忧，需要获得州环境保护部门的监管许可，私营填埋场有限的工作时间，以及长距离运输大量动物尸体的生物安全隐忧。协调清群行动与运输车辆的有限性和有限的填埋场

* 磅为我国非法定计量单位，1磅=0.454千克。

运营时间是一直存在的挑战。

在这种情况下，在农场就地掩埋得到了州环境保护部门的官员的批准。对地下水质量的担忧并没有成为问题。确实发生了一些土壤浸出的事件，但得到了纠正。应继续研究处理猪尸体的替代方法。

8.10 PRV 根除加速计划

PRV 根除加速计划制定于 1998 年，并于 1999 年实施，是对美国严重萧条的猪肉市场的回应。例如，1997 年 11 月，市场猪价为每英担* 45.10 美元。截至 1998 年 12 月的第 4 周，市场猪价格为每英担 11.90 美元，在某些地方市场价格甚至更低。猪生产商无法通过出售他们的猪来盈利，继续饲养和保留猪也会损失更多的资金。此外，由于所有者被迫降低开支，他们停止了 PRV 疫苗接种。这极大地增加了猪群之间 PRV 传播的风险，延迟了根除计划的进度。大多数利益相关方认识到，如果实施由联邦政府提供资金，减少感染 PRV 猪群数量的计划，将是从场所根除 PRV 的最可靠方法。此外，以低廉的市场价格购买动物让这种加快根除的方式在经济上具备可行性。PRV 根除加速项目还减少了猪的供应，从而减轻了屠宰动物过剩。这些行动被认为对市场产生了影响，并能够将价格提升到盈利水平。

市场疲软对 PRV 根除计划造成的预期退步有可能会对猪行业以及州和联邦政府带来高昂的成本。因此，兽医局官员认为有必要开始一项自愿的 PRV 根除加速计划，美国农业部将尽快从感染 PRV 的猪群所有者购买猪。清除这些被感染的猪会降低目前未感染猪接触这一疾病的风险。然而，美国农业部需要额外的资金来实施这一计划，包括以公平的市场价值购买猪群，减少这些猪的数量，处置尸体，并对邻近的猪群进行监测。因此，从 1999 年 1 月 7 日起，时任农业部部长丹·格利克曼宣布，PRV 状况成为威胁美国畜牧业的紧急状况。在发表这一声明后，格利克曼部长授权从商品信贷公司转移 8 000 万美元的资金，用于开展自愿的 PRV 根除加速计划。

美国农业部还实施了一些其他计划来协助困难中的猪肉生产商。其中包括在

---

* 英担为我国非法定计量单位，1 英担=45.359 千克。

1998 年购买 7 000 万元以上的猪肉，并于 1999 年初再购买 1 500 万元的猪肉，提振价格，为联邦食品援助计划提供营养食品。同时也鼓励其他经常进行大宗肉类采购的政府机构购买猪肉产品。美国农业部猪场设施建设贷款的暂停也控制了猪群扩张。此外，时任美国副总统宣布，美国农业部将向小型猪场的所有者提供约 5 000 万美元的现金。这些生产商于 1998 年下半年上市的每头猪均会收到 5 美元，最多不超过 2 500 美元。美国农业部农场服务机构管理该计划的注册和付款流程。生产商获得这笔款项的资格条件为，在过去 6 个月内销售的猪少于 1 000 头，但仍然饲养猪，且该生产商没有签订固定价格或成本加成的营销合同，并且他们的农业经营年收入总额在 1998 年低于 250 万美元。所有这些政府计划旨在增加猪肉生产商的现金流量，增加为市场猪和选择性宰杀的种猪支付的价格总和，并阻止猪生产设施的扩张，直到市场稳定下来。PRV 根除加速项目还提供激励措施，加快从美国猪群中根除 PRV。

1999 年 1 月 14 日，美国农业部在《联邦公报》上发布了一项临时规则（第 98-123-2 号摘要），制定了执行这一加速计划的规定。除了向猪肉生产商提供购买猪的公平市场价值外，该规定还为与这些感染 PRV 猪群的数量减少相关的其他费用提供资金（即运输猪的费用和交通工具的清洁/消毒费用）。该规定后来发表在《联邦法规》第 9 章的第 52 部分。PRV 根除加速项目的资金还支付了 PRV 根除行动中与安乐死和猪的处理相关的费用。

PRV 根除加速项目公平市场价值提供了一种根据市场随时间的变化以及猪类型和使用的变化来确定猪的价值的方法。这一价值根据美国农业部农业营销服务（AMS）报告的价格计算，每周确定并报告。除了这一基准价格外，根据猪的类型来抵扣生产商的成本。例如，如果动物体重超过 200 磅，并被用作种猪，除了以重量确定的价值外，每头额外再加 50 美元。有必要考虑生产商此前在采购种猪时增加的费用，以及如果该动物怀孕，需再加上未出生猪仔的价值。轻于 200 磅的猪的估值为每头猪额外加 20 美元，用于已经发生的护理、场所以及增加的饲料和医疗成本，这些成本来自尚未达到理想宰杀重量的架子猪。达到或接近上市重量育肥猪的价值每头额外增加 5 美元，以鼓励在尽可能短的时间内完成猪群的数量减少，并提供超过该周公布的市场价格的激励。如果在猪群确定感染后长达 30 天以上，生产商才自愿参与该计划，生产商的成本抵消量会略有下降（分别为 45 美元、15 美元和 4 美元）。

为了进一步刺激低迷的猪肉市场，PRV 根除加速项目购买的猪没有送至屠宰场。经济学家认为，如果将额外的猪出售给屠宰场，市场价格会进一步下滑，因为大多数屠宰场无法处理目前的供应。因此，通过 PRV 根除加速项目购买的猪不得屠宰上市，其尸体被埋葬或熬炼。然而，熬炼公司的报告表明，熬炼的猪尸体数量的增加使得熬炼产品市场变得萧条。

为确保清群的场所根除 PRV，PRV 根除加速项目允许猪群所有者在州或联邦监管官员检查后，以可接受的方式对其饲养猪的设备和设施进行清理和消毒。所有者在接下来至少 30 天后才引入猪，以进一步保证病毒无法存活。猪群所有者承担清理和消毒谷仓、围栏和设备的费用。

实施 PRV 根除加速项目的好处主要在于以下三方面：

（1）该计划的成功实施预计会使美国 PRV 流行率的下降速度比预期 2000 年的目标更快。

（2）目前用于维持 PRV 根除行动的资源可以转用于其他疾病根除和预防工作，包括监测和监控。

（3）参与 PRV 根除加速项目的生产商将获得公平的市场价值，以及为其所有动物提供的奖励。尽管没有盈利，但他们至少可以免去饲养和管理动物的费用。

最初，PRV 根除加速项目运行了 6 个月，然而，美国农业部延长了该计划，因为越来越多的生产商有意减少猪群的数量。该计划启动 10 个月后，美国农业部为该行动另外提供了 4 000 万美元，该计划继续进行。

感染 PRV 猪群的所有者自愿参与 PRV 根除加速项目的程序分为五步，包括联系、估计、申请、接受和交付。当生产商联系 PRV 根除加速项目办公室并注册该计划时，根据通话当日锁定基本市场价格。然后，监管官员访问所有者，解释计划的详细信息并回答问题。这个时候，官员计算估计猪群内猪的公平市场价值，确定种猪的存量。然后，该计划很快意识到母猪将继续分娩直到清群，因此猪的数量还会增加。因此，该预估值为业主提供了参与计划后能收到款项的大约金额。所有者拥有 7 天的时间来检查估计值，并签署文件，表明有意将其猪群加入 PRV 根除加速项目中。然后，计划主管将审查估计值，考虑猪群的位置，并确定清群团队的可用性。如果所有项目都获得批准，则表明接受猪群的加入。

一旦接受清群，则必须协调许多细节。在所有者的合作下，计划官员安排清群日期，选择的日期则是交付日期。PRV 根除加速项目指派团队来视察农场设施，并估计清除动物所需的人员和装载设备的数量。例如，安排为运输猪而通过合同雇佣的汽车运输公司。计划官员还提醒熬炼公司，并提供他们预计可能接受的尸体估计量。最后，该计划指定了清群团队在预定的日期与所有各方会面，协助装载、清点，核算分类成本抵消的价值，确定猪重量的总磅数，计算应向所有者支付的确切金额，并提交付款申请。所有者根据联系日期或交付日期接收每周确定的每磅的定价市价（以较高者为准）。为加快支付过程，确保迅速向所有者支付报销款项。在PRV根除加速项目的早期，计划管理者有权签发并直接向所有者提供报销价值高达100万美元的支票。在后期，一旦确定总付款额度，PRV根除加速项目的申请表格以电子形式发送至美国农业部的营销和监管业务办公室，若得到批准，将以电子转账的方式将款项转至所有者的银行账户。在这些程序的任何时间点，所有者可以拒绝任何进一步的参与，因为这是一个自愿的计划。

PRV根除加速项目还提供以人道的方式装载猪和对猪执行安乐死的程序。具体而言，该计划遵照1993年《美国兽医协会安乐死小组》报告中公布的得到认可的安乐死方法。这些得到认可的方法包括电击、弹击式致昏（这两种方法执行后是放血或双侧开胸）、二氧化碳气体处置及静脉内施用巴比妥类药物。由于可能存在残留问题，通过巴比妥类药物处理的猪不再熬炼处理。大多数猪都在与动植物检疫署签订合同的屠宰场内执行安乐死。熬炼公司将尸体运出屠宰场。另外，兽医局还向PRV根除加速项目人员提供"牲畜人道主义处理"的资料，以及一篇发表在美国兽医协会杂志（1994年5月1日）上的题为《牲畜的屠宰和安乐死》的文章。该信息提醒计划官员在限制和装载猪时要牢记人道的处理方法。分配到农场的所有团队在派遣到现场之前接受了关于安乐死方法和适当处理方法的培训。兽医局或PRV根除加速项目还向团队发放了猪围板、冲击片和摇铃，以便有效且人道地运送猪。太小或太弱的猪不适合运送，则在农场进行安乐死。

2000年4月，美国农业部修改了PRV根除加速项目规则。该修改是为了应对萧条的猪肉市场的反弹。但此时猪屠宰场恢复了处理现有可上市猪的能力，PRV根除加速项目需要进行变化以节省计划资金，同时仍维持减少感染猪群数量的目标。例如，美国农业部的每周公平市场价值在第一周支付每英担29.60美元，该价值发布在PRV根除加速项目网站（1999年1月18日）上。2000年4月17日这一周，该价值已经涨至每英担48.40美元。生产商在此实现盈利。图8.9为PRV根除加速项目启动之前，主要养猪州的猪肉生产商所遭受的利润损失。

因此，2000年4月18日，美国农业部在《联邦公报》中公布了另一项临时规则（第98-123-6号摘要）。虽然该规则规定了与以前在PRV根除加速项目中使用的公平市场价值计算方法相似的计算法，但是允许将合格的猪运送至屠宰场，而不

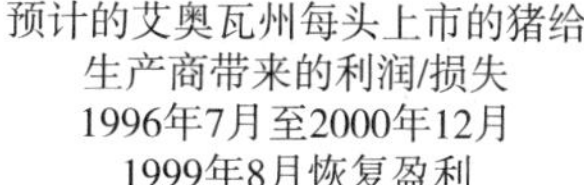

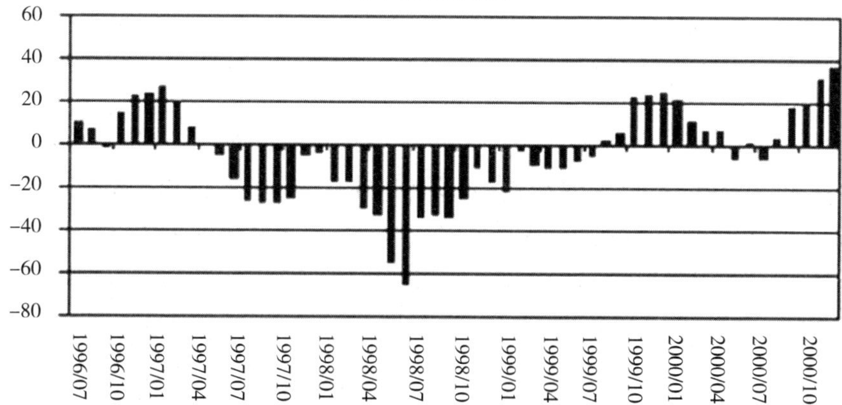

图 8.9　从 1996 年 7 月开始艾奥瓦州的猪生产商遭受的利润损失，直到 1999 年 8 月再次恢复盈利。负值表示每头猪上市带来的损失

（数据来源：艾奥瓦州立大学，网站：http：//www. econ. iastate. edu/faculty/lawrence/Lawrence _ website/historicalreturns. htm）

是通过掩埋或熬炼的方式来处置。此外，鼓励被感染的种猪群的所有者对所有种猪进行 PRV 检测，并将血清检测为阳性的猪送至屠宰场，获得公平市场价值。该检测和清除的猪群净化计划对以前未加入 PRV 根除加速项目的生产商而言是一个有吸引力的新选择，因为总数量的减少造成了几个月的零现金流。随着总数量的减少，收入并未恢复，直到重新饲养的猪拥有生产力，且已长到可出售的程度。相比之下，持续进行检测直到清除所有被感染的猪，且宣布猪群不再感染 PRV。在这种情况下，所有者获得的是公平的市场价值减去残值的差值。残值是通过将猪出售给食品加工厂而应向所有者支付的金额减去减少销售所产生的成本。这些成本包括交通费、佣金费和场地使用费。但是，生产商仍然可以选择将猪群加入清群的净化计划中。

PRV 根除加速项目资金也用于加强监测，发现被感染的猪群，并强化 PRV 疫苗的使用，以减少疾病向易感染群体的传播。随着美国农业部对 PRV 根除加速项目的修改，由于对猪群所有者支付的金额减少，且更多的猪群所有者选择检测淘汰的净化计划，计划支出的速度下降。因此，美国农业部开始将 PRV 根除加速项目资金转向检测和 PRV 疫苗的激励措施。该计划鼓励额外的检测，并为此付款。这样可以让更多的猪群接受检测，发现其他感染 PRV 的猪群。此外，计划官员认识到，在猪群密度较高的州，仍然会发生猪群之间的传播，特别是在同在 1 英里^2 的范围内千头甚至万头规模的育肥猪群之间。因此，PRV 根除加速项目资金被各州用于补偿执业兽医向客户分发 PRV 疫苗的一部分费用。此外，美国农业部还提供资金开发和实施商品猪监测试点项目，旨在收集肌红蛋白和批次识别，并监测屠宰场育肥猪的 PRV 状态。以前从未用这一方法对这一年龄段的猪进行监控（参见本章的"肌红蛋白检测"）。

2001 年 12 月，美国农业部又对 PRV 根除加速项目进行了一次修改，修改了计算公平市场价值的方法。随着市场价格的持续上涨，生产商因清群减少了猪群数量而对进入 PRV 根除加速项目犹豫不决。PRV 根除加速项目公平市场价值每周公布在兽医局网站上（图 8.10）。PRV 根除加速项目每周公平市场价值是每磅的价格，是前一周的周三、周四和周五艾奥瓦州/南明尼苏达州 185 磅去脏肉体（49%～51%的瘦肉）的加权平均基准市场价格的平均值，乘以 74%，四舍五入到每英担最接近的 0.05 美元。这一计算通常在一头最好的活屠宰用猪的现金市场价格范围内。

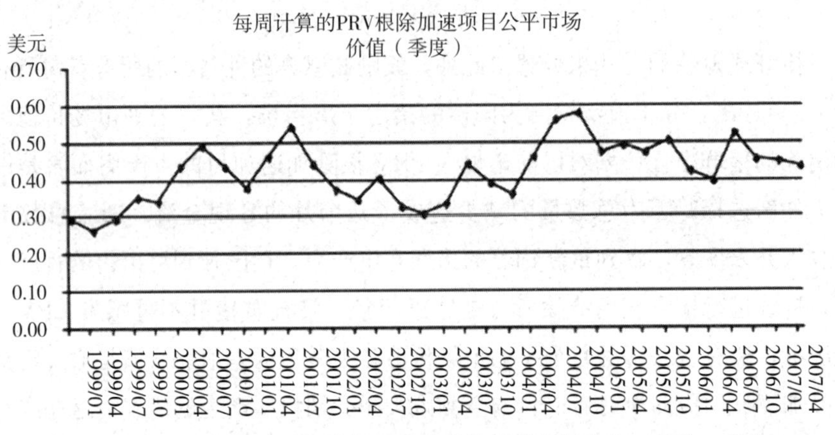

图 8.10　1999 年至 2007 年第一季度每磅的公平市场价值（单位：美分）
（数据来源：动植物检疫署网站）

生产商认识到，瘦猪的价值可能会被低估。换句话说，如果生产商饲养猪达到理想的屠宰体重，生产商可以获得额外的利润。针对这些担忧，美国猪肉委员会提出了一个需要输入 11 个变量的电子数据表。输入的变量来自两个网站（美国农业部和 AMS）的当前市场价格，芝加哥商业交易所的未来价格出价。这两种定价机会使得生产商能够选择为整体猪群购买提供的两个计算值中较高的一个。如果未来的价格预测更高，则不会阻碍同意减少体重较轻的猪的数量。然而，PRV 根除加速项目从交付之日起到购入新的猪群并恢复收入，并未就现金流收入的损失而补偿所有者。此外，美国农业部将种猪的生产商成本抵消从 50 美元增至 100 美元。如果为留种猪群，且为 PRV 检测合格的阴性猪群或 PRV 检测为阴性且接种了基因缺失疫苗的猪群，则种猪的生产商成本抵消翻倍至每头猪 200 美元。这些增加的价值仅适用于在 2001 年 12 月 18 日以后被确诊为感染 PRV 的猪群的所有者，以及在 15 天内完成清群的所有者。这是迅速消除最后几个剩余的感染猪群，从而防止猪群之间疾病传播的必要要求。若在发现 PRV 之前已经对猪群用药，那么猪尸体以非屠宰场内宰杀或熬炼厂内熬炼的方式进行处理。如果所有者不同意在 15 天内清群，则仍然有资格根据原来的 PRV 根除加速项目定价公式获得付款。

PRV 根除加速项目的实施也带来了其他好处。该计划为高校研究人员提供了独特的机会，他们可以通过检查农场和屠宰场之间的相互关系而受益，这在其他方法中是不具备经济可行性的。在这些行动中，研究人员进行了大量的肠炎沙门氏菌流行病学研究，证明了屠宰场围栏污染对沙门氏菌感染的重要性（图 8.11）。

图 8.11 猪肉加工厂围栏内的猪（PRV 根除加速项目还促进了相关的研究，比如在农场和猪肉加工厂研究猪）
（动植物检疫署照片，洛威尔·安德森摄影）

此外，PRV 根除加速项目发展了兽医局和猪肉加工厂之间宝贵的合作关系。一些工厂与兽医局签订合同，对通过 PRV 根除加速项目购买的大量猪执行安乐死，并将这些尸体交给熬炼公司处理。实施 PRV 根除加速项目带来的其他好处包括采用手机技术从总部向人力资源小组和猪肉加工厂快速传递信息，采用电子数据表格和复杂的定价公式，向生产商提供公平和快速的支付方式，以及在现场采用笔记本电脑技术通过电子邮件收发信息和电子数据表格文件。

此外，若有必要，PRV 根除加速项目还向动物卫生官员提供机会了解和实施迅速减少猪群数量的方法。这包括在养猪场人道地处理大量规模和类型都不同的猪群并执行安乐死的方法。动物卫生官员通过 PRV 根除加速项目制定项目管理计划，协调州-联邦监管官员的活动，协助减少猪群数量的行动。联邦和州官员还制定了导向和培训课程，包括有关猪行业、PRV 根除加速项目规则、安全问题以及设备的适当利用的信息。该计划组建并派遣专业团队到现场向生产商解释 PRV 根除加速项目，从农场中清除猪，并同猪肉加工厂、货运公司和熬炼厂协调运输和处理这些猪。

最后，PRV 根除加速项目建立运营中心，以有效和高效的方式协调团队的组建并指导开展任务。这些运营中心实施方式相似，在现在被称为现场指挥所。完成 PRV 根除加速项目的目标有落实快速响应计划，该计划旨在根除来自猪的恶性致病性病原体。最终，PRV 根除加速项目有助于实现两个重要目标：加快从美国的猪群中根除 PRV，并在猪市场的萧条时期协助面临经济压力的猪肉生产商，直到市场稳定。

第9章

完成根除

20 世纪 90 年代后期，美国大多数州在伪狂犬病根除计划方面取得了重大进展。但是，印第安纳、明尼苏达、内布拉斯加和宾夕法尼亚等主要生猪养殖州报告了一些新的伪狂犬病病例。本部分简要介绍了这些事件，以及各州为完成 PRV 根除的最后步骤所做的工作。

9.1　印第安纳州的经验

1998 年初，印第安纳州共有 197 家猪场因为伪狂犬病而被隔离，该年年初发现 41 个新感染的猪群。在已经多年没有感染的县发现伪狂犬病感染，同时已知有伪狂犬病感染的县的感染猪群数量显著增加。例如，蒙哥马利县已经有几年没有新的伪狂犬病病例，但却在 1998 年发现了 10 个被感染的猪群；克林顿县感染猪群数量从 14 个增至 28 个，蒂珀卡努县感染猪群数量从 8 个增至 15 个；拉什县在 1998 年初只有 1 个感染猪群，但到当年的 7 月，感染猪群数量增至 11 个。1998 年 7 月底，印第安纳州因为伪狂犬病感染而被隔离的猪群数量从 197 个增至 232 个。

印第安纳州的应对措施是召开猪健康咨询委员会会议，委员会投票决定将拉什县和蒙哥马利县从第三阶段恢复到第二阶段。这次会议要求这些县的所有猪群每年都要进行一次检测，并且对之前验证合格的猪群从每季度进行一次检测改为每月进行一次检测。

1998 年 6 月，印第安纳的州级兽医宣布进入伪狂犬病紧急状态，并要求在 2000 年之前采取一切可能措施实现根除。该州组建了一个伪狂犬病特别工作组，确定并提出了新的规定来控制和根除疾病。印第安纳州动物卫生局（Board of Animal Health，BOAH）采用了新规定，新规定在 1998 年底生效。新规定的关键措施包括：

（1）对于所有因为伪狂犬病而被隔离的猪群，在 30 天内提交新的净化方案；

（2）确定针对隔离猪群的具体检测要求；

（3）确定隔离猪群的疫苗接种要求，包括不到 6 个月的猪；

（4）从 2000 年 1 月 1 日起，要求用密封的卡车运送来自隔离猪群的猪和所有不符合规定的猪群；

（5）只能将被隔离的猪运往批准的目的地；

（6）确定批准的目的地的资格；

（7）从2000年1月1日起，检测并淘汰来自不符合解除隔离猪群中的所有阳性种猪；

（8）允许BOAH从2000年1月1日起对所有隔离猪群按照分阶段屠宰计划进行清群；

（9）一旦印第安纳州达到第五阶段的资格，就强制要求对所有PRV感染猪群进行清群；

（10）概述了针对要求清群猪群的分阶段屠宰要求；

（11）1999年1月1日以后，对隔离猪群2英里半径范围内的猪群执行疫苗接种政策。

1999年1月1日，印第安纳州共有181个被隔离的猪群。这些新的、严格规定生效的同时，猪市场供应创下历史新低。

隔离猪群的所有者及其所在地2英里半径范围内的猪群所有者需要自费购买和使用伪狂犬病疫苗。新的规定生效前一周，副州长（印第安纳州农业专员）宣布100万美元的紧急拨款，用于猪群的伪狂犬病疫苗补贴。所有种猪接种2个疫苗剂量，其后代仔猪接种1倍疫苗剂量。执业兽医根据猪的数量将疫苗分配给猪群所有者。兽医随后向动物卫生局提供发票，并报销疫苗费用。

1999年1月14日，美国农业部宣布PRV根除加速项目，这是印第安纳州实施得非常成功的一个项目。猪被送至拥有大型牲畜围栏的屠宰场。它们在那里被执行安乐死，尸体被密封的车辆送至熬炼厂。到1999年底，已有100多个猪群参加了PRV根除加速项目。清群中心开展了长达41周的活动（从1999年2月15日至2000年5月1日）。在此期间，该中心共处理了244 822头猪，高峰期每周处理28 682头猪。

PRV根除加速项目雇用了25家货运公司运送活猪。这些公司向清群中心运送了1 153批活猪。共有944批尸体运往6个熬炼厂（可装载5万磅的货车）。处理猪的平均重量为136磅，1周内处理猪的重量最多时超过423.3万磅。此外，每辆货车在从农场到处理厂的路上均处于密封状态，每个熬炼厂的卡车在从处理厂到熬炼厂的路上也处于密封状态。2000年1月1日，26个猪群仍处于隔离状态。

另外一套新规也于1月1日生效。这些规定为PRV隔离猪群的所有者制定了若干要求：

（1）种猪群中的所有母猪均需在分娩前或分娩期间进行PRV检测，并且种猪群中的所有公猪也需进行检测；

（2）若母猪检测为阳性，则在猪仔断奶后 15 天内必须将该母猪与其他猪隔离；

（3）在实验室报告检测结果后 15 天内，检测为阳性的公猪必须与猪群中的其他猪隔离；

（4）根据规定应隔离的母猪和公猪不能用于育种，要在屠宰或出售到屠宰场之前一直处于隔离状态；

（5）只有 PRV 检测为阴性的种猪才可以加入隔离猪群；

（6）加入隔离猪群中的所有种猪必须按照净化方案接种 PRV 疫苗；

（7）所有隔离猪群及其所在地 2 英里半径范围内猪群中的所有猪均需接种 PRV 疫苗；

（8）所有来自隔离猪群的猪（包括运送至屠宰场）均需以密封的车辆运输，只能送往批准的目的地，并附有限制性动物的运输许可；

（9）用于运输隔离猪群的车辆必须按照州级兽医批准的程序进行清洁和消毒，然后才能再用于运送任何其他猪；

（10）所有者或代理人承担市场、运输人员或其他方征收的涉及处理隔离猪的额外费用；

（11）州-联邦人员可签发运输许可，只能在工作日的上午 8 时至下午 4 时 30 分之间申请密封运输车辆；

（12）如果违反该州的任何 PRV 法律（包括解除隔离的截止日期和上述要求），隔离猪群的所有者将被罚款。

截至 2000 年 7 月 1 日，印第安纳州只报告了 9 个隔离猪群。最后一个猪群的隔离解除于 2000 年 9 月，这是 20 多年来首次在该州没有 PR 隔离猪群。印第安纳州于 2000 年 11 月成为多状态并存的州，即第三/四阶段，仅有 4 个县还在第三阶段，全州没有隔离猪群。

之后，印第安纳州有 2 个新的猪群被诊断为感染 PRV，一个是在 2000 年底，另个一是在 2001 年初。这两个猪群迅速被清理，未传播至其他猪群。2002 年 2 月，4 头母猪的 PRV 血清检测为阳性，全部在普渡大学动物疾病诊断实验室执行安乐死并进行尸检，未从任何组织中分离出病毒，对被感染猪群和邻近猪群的全面检测表明病毒没有传播。

2001 年 11 月 1 日，印第安纳州在全州实现了第四阶段的状态，2002 年 11 月 1 日，印第安纳州被认定为符合第五阶段的资格，成功根除 PRV。

9.2　明尼苏达州的经验

明尼苏达州从 1975 年开始进行 PRV 根除行动。该州当年发布了两次检疫隔离通告（图 9.1）。在接下来的十年间，尽管解除隔离的手续受到限制，但州官员仍然确诊病例和发布检疫隔离通告。1986 年，明尼苏达州通过的规定要求对该州北半部的所有猪群进行架子猪监控监测。生产商若要出售架子猪，需在监控检测中得到阴性结果。随着新规则的实行，该州的猪群检测率上升，发现了更多感染猪群。

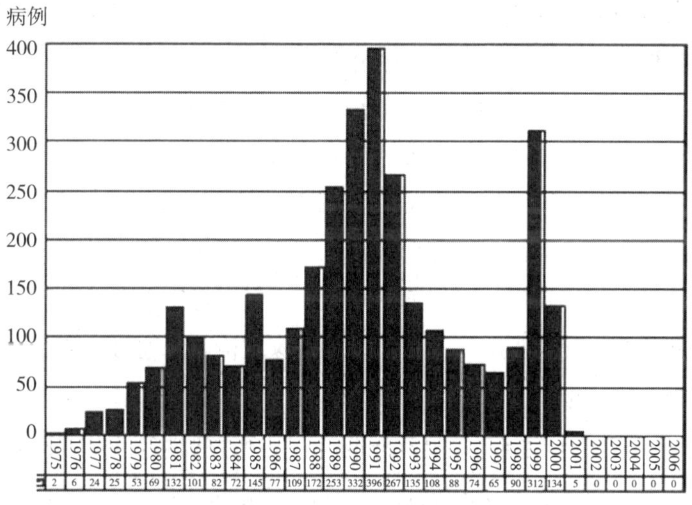

图 9.1　1975 至 2001 年，明尼苏达州每年检测并隔离的 PRV 病例
（数据来源：保罗・安德森，明尼苏达动物健康委员会）

1989 年，美国农业部制定国家 PRV 根除计划，切实推动了根除行动。在接下来的两年内，全州范围内分阶段执行严格的猪群检测要求。1991 年 1 月 1 日之后，明尼苏达州要求所有猪群每年接受 PRV 检测。新规生效后，该州确诊的 PRV 病例数量飙升。

明尼苏达州隔离猪群的累积数量持续攀升至 1992 年。当年 6 月，明尼苏达州共有 903 个猪群被隔离。该州的所有猪群至少接受过一次检测，确定了所有的感染猪群。在接下来的几个月中，猪群净化的速度超过新病例的确诊速度，隔离猪群的数量开始下降。

在接下来的几年里，根除计划的进展顺利。截至1998年12月，在明尼苏达州只有144个猪群被隔离。尽管屠宰猪的价格低廉，但数据表明，明尼苏达州的根除工作不可能在12个月内完成。就在当年年底前，猪肉价格暴跌至每磅八美分。为加快根除工作，推动市场价格复苏，美国农业部推出PRV根除加速项目。许多明尼苏达州的生产商利用该计划，签约参加猪群清群计划。

明尼苏达州迅速完成根除工作的希望在1999年1月底化为泡影。新的PRV病例报告开始涌入该州的办事处，除了猪，还包括牛、绵羊和犬等其他动物均出现异常高的死亡数。明尼苏达州南部的猪场确诊为PRV的病例数量创下新高。流行病学家对这种情况感到困惑，因为新的伪狂犬病病例与感染的猪、人或设备的运输无关。此外，新病例通常影响育肥猪，但不影响育种场。关于PRV病毒如何传播的传统解释不再适用于明尼苏达州的新情况。相隔3英里的农场之间通过空气传染病毒成为真正的可能，这是首次出现这样的情况。

在整个冬季和1999年初春，明尼苏达州的新PRV病例数量飙升。仅在2月份，该州确诊81起新病例。这些病例中大多数涉及大型育肥猪场，发病率高达100%，死亡率也相当高。甚至在实验室结果确认之前，执业兽医就报告了PRV病例。整个明尼苏达州南部都有伪狂犬病报告病例，诺布尔斯、马丁、布卢厄斯，毛尔等县尤为严重。当年年底，明尼苏达州的312个农场感染PRV。

农场之间的空气传播是新现象。流行病学家很清楚，这必须要有几个因素发生改变才能实现。1999年冬季及春季异常温和、多云及潮湿。温度主要在零下1℃左右，厚厚的云层有效地阻挡了太阳紫外线。在这种情况下，PRV病毒似乎能够长期存在于空气中。养猪业本身也发生了变化。明尼苏达州南部已建成大型育肥场，每个场地通常都有3 000头左右的育肥猪。这些育肥场的猪没有接种伪狂犬病疫苗，在受到感染后病情极度恶化。随着每次新的暴发，感染猪将大量的病毒呼出到环境中。这个时候，支持农场间空气传播所需的所有因素都已经存在。

生产商和兽医意识到，需要一种新的净化策略。为了阻止或至少减少病毒传播，他们建议让这些高风险地区的所有猪接种疫苗。他们的目标是尽快让明尼苏达州南部的每头猪接种疫苗，还提出了一个在暴发后减少应急响应时间的计划。生产商和兽医也希望及时获知新病例，以便在必要时受影响地区的猪可以迅速接种疫苗或再次接种疫苗。

该州官员实施了应急响应计划的两个部分。他们建立了电子邮件分发表，并制定了PRV预警协议。在经过几个周的实践后，该州在确诊新病例后，将疾病应急响应时间缩短至几分钟。兽医和生产商被告知每个新病例的确切位置，该病例5英里范围内的所有猪群都尽快接种了疫苗。

1999年初，明尼苏达州开始推出生产商伪狂犬病疫苗接种补贴。美国农业部为这一行动提供初步资金，并作为PRV根除加速项目计划的一部分。截至1999年底，明尼苏达州南部的270多万只猪已接种疫苗。生产商疫苗的补贴比例为每剂25美分。

新的策略有助于根除PRV的行动。在该州受影响最严重的地区，新病例的报告速度放缓了。疫苗接种计划继续执行，受影响的育肥猪在PRV根除加速项目资助下清群。该州还收紧了感染猪的运输限制。具体来说，从被感染的场所运送到屠宰场的猪，必须由监管人员用密封的拖车运送，并附带限制性动物运送许可。截至1999年11月，明尼苏达州只有4个被感染的场所仍处于隔离状态。

1999年12月，该州的根除行动再次失败。天气状况与前一个冬天相似，这有利于病毒在空气中的存活。温度保持在略高于零度的水平，云层厚并且湿度高。12月下旬，明尼苏达州动物卫生委员会收到了在沃西卡县有3只犬因感染PRV而死亡的报告。该县在超过三年的时间里几乎没有病毒，这段时间内，该县大型肥育猪场的数量也快速增加。这一地区的生产商不为猪接种疫苗，因为他们认为感染的风险很低。不幸的是，他们的假设是错误的。几天之内，开始出现病猪和高死亡率的报告。该州在短短1个星期内就发布了24个新的PRV检疫隔离通告。

病毒传播的有利天气条件持续到2000年初。1月份有17起新病例，2月份为7起，3月份38起。截至年底，沃西卡和布卢厄斯县已报告134起新病例。虽然2000年的PRV暴发是一个退步，但生产商和兽医这次的应急响应准备得更好。该州在几分钟之内向生产商分发布新的病例通知。农场被迅速隔离，猪接种疫苗。当年年底，已有超过220万头猪接种疫苗。

从2001年开始，每个参与PRV根除行动的人都意识到需要积极的计划来确保成功。该州更多的猪需要接种疫苗，防止进一步的区域传播。在猪生产商的支持下，明尼苏达州议会提供了超过100万美元的资金用于疫苗补贴。加上现有的联邦资金，当前有足够的资金支持明尼苏达南部的所有猪接种疫苗。明尼苏达州的猪生产商和兽医在当年给超过550万头猪接种疫苗，这一比例是前所未有的。他们的努力得到回报——在这一年中，明尼苏达州只确诊了5个新的PRV病例。

明尼苏达州在2002年全年保持较为迅猛的势头来完成根除计划。该州和美国农业部为伪狂犬病疫苗提供资金，生产商和兽医为该州440多万头猪接种疫苗。此外，他们对明尼苏达南部的所有猪群进行PRV检测，并遵循了生物安全措施。得益于这些努力，明尼苏达州在这一年没有报告新的 PRV 病例。2002 年 10 月 1 日，认可该州已达到计划的第四阶段。

PRV 最终从明尼苏达州的猪中根除的原因是生产商、兽医、诊断实验室人员以及州和联邦监管官员齐心协力，完成了一项共同的任务。通过合作，他们能够缩短疾病应急响应时间，并控制感染猪的运输。此外，联邦资金用于清除感染猪群，州和联邦的资金用于疫苗补贴。生产商和兽医在高风险地区为数百万头猪接种疫苗，防止空气传染。最重要的是，明尼苏达州的猪生产商积极支持根除行动。他们响应疾病预警，给猪接种疫苗，促进了猪群的检测，最终在诊断出 PRV 感染时进行清群。

明尼苏达州于 2003 年 10 月 13 日获得第五阶段（无感染）的 PRV 资格，距最后一次隔离解除 2 年。疫苗补贴计划终于结束，当时有超过 110 万头猪接种了疫苗。

9.3 内布拉斯加州的经验

2000 年 11 月，内布拉斯加州被伪狂犬病控制委员会确认为第四阶段。2000 年第四季度的伪狂犬病季度报告显示，该州没有感染猪群或感染猪。在该季度，由于各种原因，对 355 个猪群进行了检测，其中 15 339 只猪为 PRV 阴性。该季度的屠宰监测数据显示，在其他州宰杀的内布拉斯加的猪中收集了 11 660 份标本，其中只有 41 份为疑似或阳性状态。此外，跟踪和检测这些猪群没有发现 PRV 感染猪群。内布拉斯加州的 PRV 根除计划进入公认的无 PRV 阶段。

在时隔 9 个月没有新的 PRV 病例（图 9.2）后，内布拉斯加州开始暴发 PRV。2001 年 1 月 18 日，在内布拉斯加东北部的一个猪群中发现 PRV 病例，在2 500头母猪分娩过程中出现了典型的临床症状。2001 年 1 月 31 日，围绕第一个猪群进行周边检测时，在一家专门从事小型猪饲养的农场中发现了第二个病例。这两个猪群都位于科尔法克斯县，两个猪群都在 1 周内进行清群。

在被隔离之前，母猪已经运送至明尼苏达州的农场，随后这批猪在 2001 年 2 月 5 日被检测出 PRV 阳性。因为这一情况，明尼苏达州对这些受影响的来自内布拉斯加州的猪执行新的进口要求。此外，2001 年 3 月，来自内布拉斯加州一个被感染的母猪群的猪被送往南达科他州的一个猪群，这发生在内布拉斯加的猪群被隔

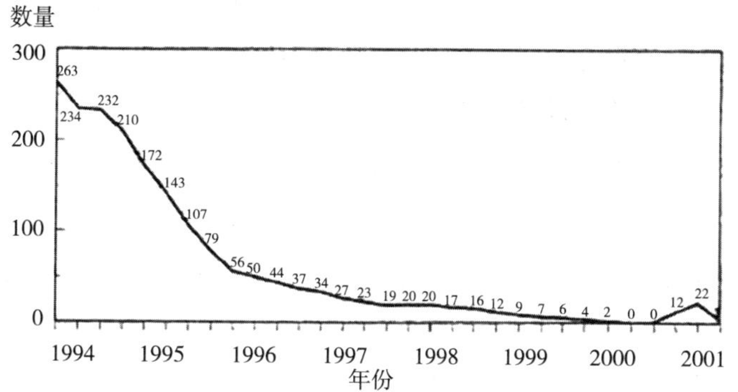

图 9.2　内布拉斯加州在每季度末因 PRV 感染而被隔离的猪群
（数据来源：拉里・威廉姆斯，前内布拉斯加州级兽医）

离之前。结果南达科他州的这一猪群进行清群。南达科他州的官员通过对进入该州的内布拉斯加猪进行额外限制来应对这一事件。

2001 年前 9 个月，几个县报告有 PRV 感染猪群。以下为该时期检测到的 PRV 感染猪群的月度报告，括号内为新病例的数量：1 月（2）；2 月（1）；3 月（12）；4 月（3）；5 月（12）；6 月（12）；7 月（3）；8 月（0）和 9 月（3）。

科尔法克斯县首批 PRV 病例的流行病学调查无法确定暴发来源。然而，流行病学家提供了解释疫情原因的两个理论。一个理论认为，普拉特县猪群中的 PRV 可能通过屠宰渠道进入，生产商和工厂人员在执行既定的生物安全程序时有所放松。一些向内布拉斯加州的屠宰场运送猪的生产商承认，他们经常帮助卸猪，并协助他们将其移至围栏内。在返回农场并在猪群中工作之前，鞋、靴、衣服和车辆的清洁和消毒情况存疑。第二个理论是，科尔法克斯县专用于饲养小型猪的设施可能被感染，感染猪在很长一段时期内没有明显的临床症状。这可能是传播到第一个病例的来源。然而，传染病学家无法确定这种疾病如何传入猪群的。

据现场工作人员的报告，前几年发生在内布拉斯加州的几个因素可能造成 PRV 在传入后便迅速传播。例如，猪群的自愿疫苗接种减少，猪肉价格已经下降到新的低点，生产商正在寻找降低成本的方法。违反生物安全措施，再加上接种疫苗的减少导致了 PRV 进入内布拉斯加州，并快速传播。此外，秸秆经销商至少有一次从客户农场装载被污染的草垫，并将其运送农场用作土壤调理剂。在交付给其他客户之前，经销商没有清理运输设备。另外，邻居之间共享设备和劳动力是常见的做法。这些做法都会造成自家猪群和附近猪群感染 PRV。

另一个可能的因素是，正如许多生产商所提到的，很难说服熬炼公司以及时且具有成本效益的方式运走尸体。因此，生产商经常将猪尸体（主要是死亡的仔猪）分散在作物地上。这种做法不仅不明智，而且也违反了内布拉斯加州死亡动物处置条例的规定。该地区野生动植物丰富。该州收到的报告显示，一些老鹰带走了部分的尸体。此外，土狼、浣熊和流浪犬以及农场的犬都能将感染的部分的尸体从农场带到另一个农场。

最终，该州在包括普拉特县和邻近县的部分地区被隔离的46个猪群中，清群了44个猪群。在没有清群的两个猪群中，一个完成了检测淘汰的猪群净化计划，另一个在多次猪群检测后确定未感染PRV。

PRV根除加速项目可用于内布拉斯加州的生产商，大多数隔离猪群在隔离后7～14天内清群。一些猪群必须等到休药期结束后，才可以安全地屠宰并供人类消费或使用。总共有近4.4万头猪死亡，其中大多数在该州被宰杀或在联邦检查的屠宰场被宰杀。虽然被宰杀是几乎所有肉类生产动物的最终命运，但将农场最后一只动物装上车并运走对生产商而言仍然是毁灭性的。种猪群的所有者也失去了他们多年来获得的宝贵的基因。

除了自1997年以来实施的与PRV有关的法律、政策和程序外，还有一些方面有助于内布拉斯加州成功应对这一疫情。第一，州和联邦动物健康官员和现场工作人员非常有经验，因为他们在过去执行过牲畜疾病控制和根除计划。第二，该州对感染猪群的检测响应迅速。例如，2001年5月，内布拉斯加州的官员在暴发地区的边缘设立了一个营运中心来开展工作，然后派驻现场工作人员到该中心进行为期6周的考察。第三，由猪生产商和行业代表组成的一个专门的PRV工作组和咨询委员会，与州和联邦官员进行密切合作，为控制及根除计划的制定和管理提供了宝贵的帮助。第四，内布拉斯加州的生产商在猪群被隔离后几天内，通过PRV根除加速项目自愿清群。第五，该州提供了足够的资金来支持根除计划。第六，联邦资金可用于购买符合条件的感染猪群，并为疫苗提供资金，鼓励猪群所有者增加猪群的免疫力。最后，县级律师表示将对涉嫌违反州法律法规的生产商采取法律行动，生产商在案件审理之前采取了纠正措施，县级法院酌情罚款。

在应对内布拉斯加州PRV疫情暴发方面总结了一些经验教训。一个重要的教训是，该州需要生产商最新的养猪清单。如果动物健康官员想在一段时间内追踪疾病的传播结果，一个有效的猪群追溯系统就显得相当必要。内布拉斯加的猪生产商数据库在20世纪90年代初是通过输入监测和猪群状况的检测结果而建立的，不包含当前数据信息。缺乏当前的数据需要现场工作人员花几周的时间来下乡入户收集并确认该地区猪场的位置。另一个教训是，内布拉斯加州应在其日常监管活动中使用兼容的州和联邦地理信息系统、数据库和动物跟踪计划（即联邦紧急管理报告系统），以便员工可以在使用系统时获得专业知识。通过这种方法，可避免在疾病紧急事件发生时，浪费宝贵时间进行计算机系统培训。

最后，内布拉斯加州的PRV暴发经验表明，更快速地响应将减少受影响的猪群数量，降低疫情的经济影响，避免更多生产商遭受损失。主管兽医现场官员表示，在疫情发生的许多时候，他觉得自己总是落后病毒3周左右。拥有有效的猪群追溯系统以及接受过适当的计算机系统培训的人员将有助于主管的兽医现场官员和内布拉斯加州的农业部门快速追踪动物、跟踪疾病响应的进展、计算根除行动的费用以及必需的工具和人员数量。

内布拉斯加州的经验也给生产商和其他利益相关方提供了一个机会去反思实施有效根除计划的成功和失败。动物健康官员和受影响的牲畜生产商在完成任何合作的州-联邦疾病控制或根除活动之后，应明确事后经验，讨论监管官员如何应对的以及生产商如何接受的。这种事后总结和复原分析将验证计划的实际性价比，计划对生产商的影响以及对行业的长期影响。监管官员和生产商也应该评估在应对过程中作出的决定，验证决策是否正确并从中学习经验，而不是指责决策者。在疾病再次暴发时，这种分析应使个人更高效且更有效地去应对。

9.4 宾夕法尼亚州的经验

宾夕法尼亚州拥有由综合公司和独立生产商组成的多元化养猪业。2007年，该州约有2 900个猪群，共计109万头猪。

得益于州和联邦合作，宾夕法尼亚州的“PRV根除计划”迅速推进。大多数伪狂犬病病例仅限于该州的两县流行地区。从1992年7月开始，服务处聘请了两名全职兽医，给该州提供关于伪狂犬病的帮助和建议。1995年，宾夕法尼亚州检测了兰开斯特县和黎巴嫩县流行地区的所有猪群，以推进到第三阶段。

到1997年秋季，宾夕法尼亚州的伪狂犬病病例仍在下降。少数仍被隔离的猪群中大部分正在清群或处于正在解除隔离的检测过程中（按照检测和清除指南）。只有4个感染猪群还在该州，其中3个是肥育猪群。为了加快清群，宾夕法尼亚州农业局开发了一个带补偿的清群计划。自 1998 年 7 月 1 日起，该州农业局为当年财政年度分配了额外的 25 万美元的赔偿基金。该笔款项用于现有感染的猪群的清群和立即对任何新感染猪群清群。在拥有这笔资金后，农业局实施了新的法规，要求对新诊断的 PRV 感染猪群进行强制性清群。最后一次隔离的目标解除日期是 1998 年底。

1998 年 7 月，宾夕法尼亚州预计申请进入第四阶段，并进一步确立无 PRV 状态，该州启动了流行地区的地区监测计划。该州将距离过去 30 个月内隔离猪群 2 英里范围内的猪群确定为高风险群体，并要求对其进行 PRV 检测。在夏季，该州开发了一个列出这些高风险猪群的数据库。在秋季，联邦和私人兽医进行了 PRV 检测，所有猪群检测均为阴性。

1999 年 6 月 1 日，宾夕法尼亚根据标准被确认为第四阶段的资格。2000 年 6 月 1 日，宾夕法尼亚州获得第五阶段的资格。

2002 年，宾夕法尼亚州收到了由州外诊断实验室报告的乳胶凝集血清阳性检测结果的通知。样本在该州农业局位于哈里斯堡的诊断实验室的 ELISA-gE 检测中也呈阳性。样本被追溯到该州黎巴嫩县（农场 A）的一个保育猪场中。2002 年 7 月 10 日，根据农业局的要求，猪场兽医收集了 30 头母猪血清样本，其中 24 份 ELISA 检测为 PRV 阳性。2002 年 7 月 17 日，州监管兽医从母猪中收集了 60 多份样本，其中 48 份检测呈阳性。结合这两个猪群的检测结果，血清阳性率为 80%(72/90)。与农场 A 有流行病学关系的黎巴嫩县的异地隔离场也对 PRV 检测呈阳性反应。该地已接收农场 A 的母猪。农场 A 的母猪群向 3 个保育猪场和多达 18 个育肥场提供母猪。然而，并非所有这些育肥场都有猪。另外 4 个母猪群也向同一个保育猪场和育肥场供应猪。相关母猪群的检测结果为阴性。检测源自被感染母猪群的猪（在保育猪场的耳缺识别），位于约克郡的一处场所呈阳性。保育猪场的所有仔猪由于 A 农场的仔猪暴露而清群。育肥场的猪群检测两次，在初次检测期间检测 30 头猪，并在第二次猪群测试期间采集 60 头猪的标本。

5 个育肥场（一个在富尔顿县，另外四个在兰开斯特县）呈血清阳性并被清群。育肥场的 PRV 流行率为 5%～6%。（注：每个育肥场约有 20%的猪来自农场 A。）由于与其他被感染的猪群存在流行病学关系，其他 2 个育肥场也被清群。该州官员对感染猪群 3 英里范围内的全部猪群进行检测，并在感染猪群清群后 30～60 天重复检测。

3 英里缓冲区内的一个猪群（农场 B）对 PRV 测试呈阳性。这个猪群中有从约克郡被感染的保育场购买的3头猪。被感染的农场A是2002年7月30日首个清群的猪群。最后一批强制清群的猪群（8月28日）位于兰开斯特县的育肥场。在PRV诊断的2周内，所有场清群。整个育肥场的大多数猪初次检测为阴性，并未被诊断为感染，直到在60个样本中第二次检测时发现阳性动物。

生产记录和临床症状表明，农场A于2002年3月感染。母猪群也经历了严重的猪繁殖与呼吸综合征感染。感染的来源排除了引入的母猪和公猪，因为它们源于合格的PRV阴性猪群和第五阶段资格的州，并以分批的方式交付给其他未受影响的母猪群。可能存在区域传播或机械传播，但周边检测排除了这个原因。对疫情的详细传染病学调查表明，老年母猪（4～6岁）已潜伏感染PRV，由于猪繁殖与呼吸综合征病毒引起免疫系统问题，随后重新激活了PRV，然后传播到猪群中其余的猪。

2002年8月，位于伯克县的一个用泔水喂猪的农场C，向宾夕法尼亚州的一个采购站销售了几头较重的育肥猪，然后这些猪在另一个州被宰杀。在屠宰时收集了血液样本，3个样本中有1个检测为PRV阳性。样本转到哈里斯堡的宾夕法尼亚农业部诊断实验室进行确认检测。ELISA-gE检测结果为阳性，并于2002年8月19日向州官员报告。2002年9月9日，宾夕法尼亚农业部兽医从农场C的动物中收集了45份样本，其中14份为PRV阳性。

农场C是一个拥有689头猪的育肥场。农场所有者原本从俄亥俄州的拍卖中购买了农场的所有架子猪，但通过追溯未能找到感染的来源猪群。对农场C 3英里半径范围内的所有猪场进行检测发现只有农场D不是阴性。农场D（所有者是农场C所有者的姐妹）是由泔水饲养的24头母猪的分娩猪群和346头猪组成的。

农场D位于农场C东偏南约1英里处。2002年9月18日，在该猪群的63份样本中检测发现了1头PRV阳性猪（育肥猪）。两个地点之间有人员和设备的流动。划定第二个以农场D为中心的3英里半径的圈子，确定了在农场D附近需要进行检测的猪群。经检测，附近所有样本均为阴性。最后对农场C和农场D进行清群。

2003年1月6日，农场E在当地拍卖会上出售了用于屠宰的母猪。其中1头母猪于1月13日在另一个州的一家屠宰场被宰杀，并在州-联邦地区实验室的检测中呈PRV阳性。在另外一个州，这些母猪中的另一头被宰杀并检测为阳性。两份样本在ELISA-gE检测中都被证实为阳性。农场E是在兰开斯特县经营的一个由分娩至断奶阶段的猪场。所有者有56头母猪和5头公猪。架子猪在当地拍卖会上出售。跟踪架子猪并进行检测证实，宾夕法尼亚州的其他农场为 PRV 阴性。在农场 E 检测的 30 头母猪中，有 2 头经检测为 ELISA-gE 抗体阳性。该猪群于 2003 年 2 月 25 日至 27 日期间被清群。该猪群有使用 gⅩ（gG）和 gⅠ（gE）PRV 基因缺失疫苗的历史。1998 年 3 月，对 30 头猪进行猪群检测，结果在 ELISA-gE 检测中有 7 份阳性和 11 份不确定的样本。与生产商的交流显示，常用的疫苗已用完，于 1998 年 1 月在当地一家兽医诊所购买了新疫苗（gG 缺失疫苗）。检测兽医没有意识到这一点，并要求进行 ELISA-gE 测试。当发现了这个问题后，使用了 ELISA-gG 方法重新对标本进行 PRV 检测，所有标本检测为阴性。

到 2003 年，不允许再使用 ELISA-gG 检测试剂盒。因此，不能排除由于使用 gG 基因缺失的 PRV 疫苗而产生的抗体。监管官员收集了组织标本并将其转至国家兽医局实验室进行病毒分离。国家兽医局实验室未分离到任何病毒（既不是疫苗株也不是野毒株）。此外，位于该猪群附近的所有猪群都没有检测到 PRV 感染。

之前，宾夕法尼亚州在兰开斯特和黎巴嫩县进行了广泛的地区检测。宾夕法尼亚州对猪进行检测，以确定架子猪监测状态以及确定猪在展览、集市和屠宰场时处于 PRV 阴性状态。2001 年，该州母猪和公猪的屠宰监测指数为 31.8%，2002 年为 19.9%。宾夕法尼亚州每月在位于该州的两个主要肉类加工厂检测商品猪。2006 年，使用这种方法对大约 400 头育肥猪进行采样。由于这段时期伪狂犬病疫情暴发，州官员制定了增强型疾病监测计划，目标是确定可能不包括在目前监测系统中的猪群。该计划如下：

（1）第一点检测。在宾夕法尼亚东南部的拍卖市场中对商品猪和待宰猪（母猪和公猪除外）进行了至少 60 天的检测，检测了至少 10%的猪。在此期间，监管人员对进入拍卖的架子猪继续执行架子猪监测要求。在检测阶段，人员还收集有关持续流动的育肥场的信息，并用于进一步开发育肥猪监控方法。

（2）屠宰监测。宾夕法尼亚州东南部的所有屠宰场均为采样目标。这也包括从宾夕法尼亚州东南部接收了大量猪的该州其他屠宰场。该州制定了一项合作计划，以确保在 60～180 天的时间内对该州原产猪进行抽样。此前，只有母猪和公猪被抽样。位于该州的两个最大的屠宰场每月持续收集样本，目标是对宾夕法尼亚州所有将猪卖至屠宰场的场所至少进行一次抽样。

（3）确定用 PRV gG 缺失疫苗接种的猪。宾夕法尼亚州的现场工作人员咨询了认证的猪兽医，以便鉴定和检测使用 gG 缺失疫苗的客户的猪群。任何接种 gG 缺失疫苗的母猪都被淘汰。尽管在印第安纳州、明尼苏达州、内布拉斯加州和宾夕法尼亚州几经周折，PRV 病例和感染猪群数量在美国持续下降（图 9.3）。当这些周折确实发生时，参与根除行动的人得到了重要的经验教训，更新了州和联邦的 PRV 计划，并作出了改进，以防重蹈覆辙。因此，至 2004 年，所有的州和美国领土都被认定为获得第五阶段（无 PRV）的资格。

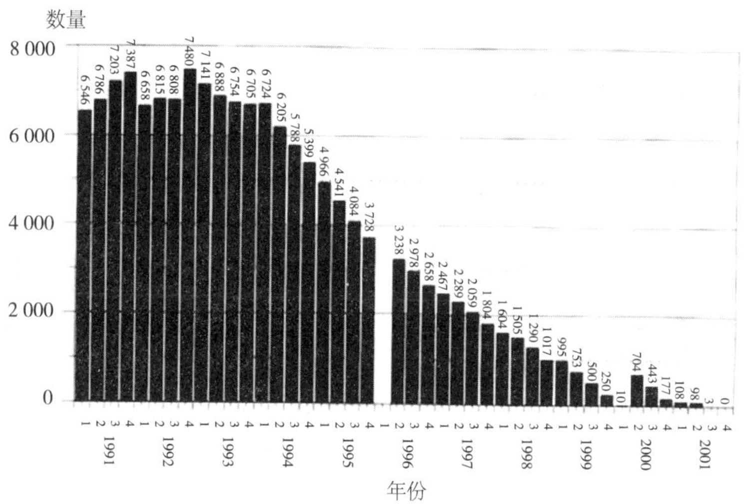

图 9.3　1991—2001，美国感染 PRV 的猪群数不断下降

（动植物检疫署，数据来源：约瑟夫·安内利）

第10章

成本效益分析

10.1 艾奥瓦州立大学

在开始提出PRV根除计划之前，美国农业部要求对该方案进行成本效益分析。分析人员包括一名经济学家，其余人员均来自艾姆斯艾奥瓦州立大学。分析使用的数据来源包括五个试点项目、国家兽医调查、正式研究和文献综述。分析的两个主要目标是：①估计根除PRV可获得的经济利益；②根除美国猪群中PRV的计划成本。

生产商的许多经济损失归因于伪狂犬病。这些损失随着经营类型（分娩到育肥、架子猪生产商、种猪生产商）、猪群中猪的数量以及一个地区内的猪群密度的不同而变化。经验表明，在诊断出伪狂犬病的地区，随着猪群密度的增加，感染猪群的流行率增加。此外，猪群血清阳性率与猪群大小之间存在正相关性。该分析列出的生产商经济损失如下：死亡损失、兽医费用、诊断血清费用、繁殖损失、可上市动物的销售成本增加、疫苗费用以及新的猪群补充的间隔期和检测费用。

该分析也描述并列出了其他没有具体包括的经济损失，比如：牛和羊的死亡损失；犬、猫和野生动物的死亡损失；收益减少、饲料转化不良；每窝断奶活猪的减少；每头母猪每年产仔数量减少；由于隔离或移动限制，架子猪和种猪的销售损失；活猪、猪产品和猪肉产品出口市场的损失；由于猪群可能被感染，猪群所有者对养猪和生产猪肉满意度的下降。分析结果也考虑到当生活能力或繁殖能力受到不利影响时，固定成本资产（即育肥空间或分娩空间）的利用不足产生的间接成本。然而，这些因素难以量化，因此不包括在分析中。在分析中无法量化的另一个成本是为使上述各类损失最小化而采取的策略造成劳动力的增加。

此外，分析确定了公共和私营部门执行PRV根除的成本。公共成本包括以服务费用支付给执业兽医的款项，或官方兽医收集血液标本并准备批准猪群净化计划的费用。另外的费用是诊断实验室进行PRV检测的费用。在某些情况下，州和联邦机构可能会因鼓励PRV疫苗的使用而提供部分资金支持。公共部门还支付提供文书和监督支持的间接费用，例如在数据库中记录计划活动。此外，赔偿金也是公共费用。

个别的猪生产商也因为启动了PRV根除计划而增加成本。根据猪群的PRV

状况、大小和位置以及业务类型，生产商可能已经购买了额外的疫苗剂量，并且承担农场因实施生物安全措施所增加的成本。这些生物安全措施可能包括限制某些个人购买猪只；增加卡车、机械和设备的清洁和消毒；实施新的猪群补充措施的隔离程序；以及涉及执行净化计划和选择采样动物的额外劳动。降低动物饲料污染、确保动物粪便和尸体的妥善处置所涉及的费用也是一个重要的考虑因素。

在成本效益分析时，有几项研究预测猪群中将持续传播 PRV。1974—1987 年，联邦政府在屠宰场重复进行的血液抽样调查结果显示血清阳性率从 0.56%稳步上升到 8.78%。另一项使用计算机模拟的研究预测，如果一个州的猪群被确定为具有 PRV 最高传播风险，在没有根除方案的情况下，20 年间猪群的 PRV 流行率可能会增加到 43%。因此，业界的成本预期会随着时间的推移而增加。

该分析还考虑并列出了生产商、行业以及 PRV 根除计划获得的利益或节约的成本。消除病毒将为业界带来持续的长期成本节约。猪生产商将放心地避免 PRV 感染和通过防止接触该疾病来降低成本。也可以避免造成其他牲畜和动物的死亡。其他好处包括种猪和架子猪生产商将不再担心销售损失和运输限制，并且将节省用于证明其猪群阴性感染状态检测所涉及的成本。此外，PRV 根除计划可大幅度减少公共部门的开支。

该分析假设猪肉的消费者将从食品成本的降低中获益，预计全国的猪肉产量每增长 1%将使得价格下降 1.83%，让猪肉在其他肉类面前更有竞争力。

在成功地从猪群中根除 PRV 后，几位生产商对 PRV 根除计划的其他好处进行了评价，例如：增加猪出生存活率；较少的死胎；仔猪腹泻减少；较重的断奶重量；每窝更多的断奶仔猪；更少鼻炎；更少肺炎；上市时间缩短；饲料转化率显著提高。有些人也表示，根除指南让生产商成为一名更好的管理者，而且为了净化 PRV 而花费的每一美元在该项目中都得到了 4 美元的回报。其中一个生产商减少了 PRV 感染猪群的数量，并且用特定的无病原体的猪群重新育种，发现了以下好处：屠宰场对尸体的检查证实没有鼻炎，肝脏中没有蛔虫移行病变，几乎没有肺部病变；饲料效率提高 0.5 磅，达到 3.40 磅；平均日增重每天提高 0.3 磅，达到 1.76 磅；幼崽死亡率为 3.0%，下降了 1.8%；生长期猪只的死亡率为 0.8%，下降了 1.8%；育肥猪死亡率为 0.5%，下降了 2.3%；每窝猪仔中断奶猪的数量增加了 1.5 头，达到 9 头；每年每头母猪繁殖的数量平均增加 3.4 头，达到 18.5 头。虽然不能把所有的改进都归功于从猪群中消除 PRV，但这些对参与根除计划的好处是显而易见的。

此外，艾奥瓦州立大学的分析利用了以前 PRV 相关研究的信息——对艾奥瓦州马歇尔县实施 PRV 根除项目的初步分析（见第 6 章“艾奥瓦州试点项目”）。试点项目考虑了七个目标：①确定政府的成本负担；②按照以下三个计划之一确定生产商执行净化 PRV 的三个规定计划之一的直接成本；③评估三个净化计划中清除 PRV 的成功率和时间长短；④确定生产商清除病毒所获得的利益；⑤确定生产商的预防成本；⑥确定 PRV 流行率如何影响项目的进度和成功；⑦估计生产商因维持无 PRV 地区而得到的净收入的变化。试点项目负责人通过向生产商分发管理问卷，收集了大部分信息。他们使用这些信息来获取每个操作的描述，维护 PRV 阴性群体的成本，与 PRV 暴发相关的成本以及参与各种群体净化计划的成本。艾奥瓦州立大学使用这些信息，部分作为数据点包含在利益成本分析中。其他四个试点项目的资料也包括在内。在这些项目中研究的大多数猪群少于 100 头母猪。另外，在这 5 个试点项目所在州的 PRV 感染群体中，只有 50%报告了临床症状。然而，艾奥瓦州立大学认识到，每个试点项目都有反映猪群和生产方法多样性的数据，每个猪群与其他猪群相比是独特的。根据 PRV 根除计划分析实现的成本和收益是以 1986 年的美元计算。当时，每只母猪的疾病成本为 33～105 美元。成本较高的是种猪群。较大的猪群每窝断奶猪仔减少了 5.28%，每头母猪的成本为 11 美元。更大的猪群在分娩阶段也经历了更多的死亡损失，造成补栏的空档，每只母猪增加了 16 美元的成本（或在大型猪群中，与平均大小的猪群相比，每头母猪的额外费用总共为 27 美元）。

成熟猪中约有 8.18%的血清阳性率。在这个年龄组中，感染猪生产性能降低的损失为 0.06～0.88 美元/100 磅，也就是每年 100 万～1 200 万美元。其他物种的估计损失可能为 75 万美元。估计销售量损失为 2 500 万美元。

在利益成本分析中，艾奥瓦州立大学估计的成本约每年总计 2 100 万美元，用于临床疫情、血清诊断和疫苗。这包括 900 万美元的临床疫情的估计费用，1 000 万美元的疫苗，200 万美元的血清学检测。

业务类型影响成本。分娩-育肥猪群中平均每头母猪因 PRV 带来成本为 36 美元，架子猪生产猪群为每头母猪 22 美元，种猪群为每头母猪 110 美元。将各州的猪和猪群密度从最大到最小分组来分析，将各州分为 A、B 和 C 组。这些猪群的流行率各不相同：A = 11.4%，B = 4%，C = 1%。在估计根除计划对减少感染群体数量和预防新病例的影响时，新的 PRV 病例数量是一个重要的考虑因素。

表 10.1 显示了与猪的密度和业务类型有关的新病例数量的差异。表 10.2 显示

了由猪的密度和手术种类引起的易感群体暴发临床疫情而产生的估计费用。在两个表中，缩写词 FTF 和 FP 分别代表分娩到育肥猪生产商和架子猪生产商。A 组包括 5 个州，每个州有超过 400 万头猪；B 组包括 8 个州，每个州有 100 至 400 万头猪；其余 37 个州被分入 C 组，每个州的猪只数量不足 100 万头。

表 10.1　根据业务类型和州类别预计每年新的 PRV 病例

业务类型	A 类州	B 类州	C 类州	总计
FTF	1 028	275	64	1 367
FP	225	60	42	327
种猪场	32	9	3	44
总计	1 285	344	109	1 738

表 10.2　每年因为易感群体临床疫情暴发产生的成本（单位：百万美元）

业务类型	A 类州	B 类州	C 类州	总计
FTF	5.57	1.68	0.41	7.66
FP	0.74	0.22	0.16	1.12
种猪场	0.20	0.04	0.01	0.25
总计	6.51	1.94	0.58	9.03

因此，在 10 年的时间内，该成本效益分析中计算的生产商成本总额为 A 组 4 480万美元，B 组为 1 660 万美元，C 组为 620 万美元。全国生产成本总额为 6 760万美元。分析估计，公共部门需要支出 1.325 亿美元，用于资助 PRV 根除计划。

总而言之，这一经济分析结果作为是否根除 PRV 决策过程的一部分提供了一些有用的估计数。生产商的 PRV 年度成本估计至少为 2 100 万美元。通过根除这种疾病而消除这些成本，在贴现率为 10%时，目前 10 年价值为 1.364 亿美元，贴现率为 6%时为 2.715 亿美元。根除计划总成本的现价值在贴现率 10%时为 1.344 亿美元，贴现率为 6%时为 1.558 亿美元。这些计算表明效益成本比率在贴现率为 10%和 6%时分别为 1.02 和 1.74。为了计算净现值，有必要对未来的利益和成本进行贴现。这反映了货币的时间价值，因为如果他们早日经历这些，得到的利益和成本就更多。贴现率越高，未来现金流量的现值越低。因此，以这种方式报告了效益成本比率。

10.2 俄亥俄州立大学

在ISU分析大约10年后，美国农业部通过俄亥俄州立大学对PRV根除计划进行了另一项成本效益分析。该分析使用一个专家小组，根据各种根除缓解策略和资金水平预测未来的猪群PRV传播。该模型研究了在20年（1993—2012年）期间，在目前的资金水平下，猪群流行率不太可能下降到零。

专家小组还估计了伪狂犬病确诊猪群的生产力和经济影响。在这个估计中使用的因素包括：生产各阶段的死亡率、市场份额、上市猪的数量、分娩率、每窝断奶猪的数量以及每年每头母猪断奶的次数。这些估计和分析预测，与未感染PRV猪群的生产商相比，具有一般规模的仔猪到育肥猪群的生产商的经济收益要减少6美元/100磅。这项研究纳入了生产商和消费者的供需曲线，以评估猪肉生产的增长对PRV根除计划成功的预期影响。经济效益分析的结果表明，由于猪肉价格下降和猪肉消费量预期上涨，消费者是该方案的主要受益者。作为研究的一部分，专家小组使用平行供给曲线转换来估计收益与成本。这表明消费者获得3.365亿美元的收益，生产商获得3 590万美元收益，而政府将在20年的时间内花费1.971亿美元以继续开展根除工作。效益成本比率（包括对消费公众利益的考虑）为1.89至1。这一事实尤其重要，因为这表明消费者意识到自己能够从税收支持的计划中受益。

该项研究还估计，需要比目前的资金水平高出25%才能完成PRV计划。即使在最乐观的条件下，PRV感染猪群数量最多的州到2012年也不能够全部根除PRV。但是，美国农业部在1999年实施PRV根除加速项目确实改变了一般方案的进程。正如该模型预测提出的建议，资金的大幅度增加鼓励了清群活动。因此，政府官员、行业和生产商比预期更快地实现了根除。

第11章

野生猪

传染病不分家畜和野生动物之间的界限——伪狂犬病也不例外。野猪呈全球性分布。事实上，大多数野猪群都感染 PRV，是病毒的储存宿主。来自急性感染农场的 PRV 传播频繁，导致病毒蔓延扩散。例如，一个农场的患病或死亡动物可以被该地区的任何野生猪食入，造成混合感染。家猪放养，以及家猪和野生猪之间在共同市场上的移动、接触也导致了 PRV 的传播。这个问题迫在眉睫，关系到全国 PRV 根除计划是否可以取得成功。

11.1 定义问题

猪在美国繁殖兴旺，特别是在野外。在 16 世纪进入佛罗里达州后，随着时间的推移，野生猪的数量不断增加，从得克萨斯州到加利福尼亚州的南部沿海地区，在几个世纪的时间里已经确立了自己的存在。野猪群的大量扩张是在其自身以及人类运动的帮助下完成的。20 世纪 80 年代，野猪群向北扩张到中原地区，部分是因为迁徙，另外也是因为在高粮价时期放养家猪。数百万只野猪现在定居在除北部的几个州之外的整个美国（图 11.1）。来自中西部的一些家猪也南下到得克萨斯州，其携带的 PRV 毒株，能够与野生种群流行毒株混合。

图 11.1 捕获的野猪
（照片：肯顿·洛拉夫，DPW 自然资源部）

在大多数情况下，野猪被认为是一种滋扰物种。自由生存的猪主要是因为猎杀而有价值。25 年前，佛罗里达州的一项调查估计，猎人花了 50 多万天猎杀或捕获超过 10 万头野猪。猪的价值是每头 70～90 美元。今天，大公猪的价格可达到该价格的 10 倍，全国范围内的野猪狩猎价值达到数百万美元。因此几乎所有野猪都已迁移到中部各州狩猎保护区和边远地区。然而，由于缺乏健康检查，野猪的流动一直是 PRV 传播的不受控制的因素。

在野猪身上发现了多种疾病，引发了对引进外来动物疾病的普遍担忧。例如，1978 年在海地和多米尼加发现了非洲猪瘟（ASF）。猪布鲁氏菌病也被认为存在于野猪群中。由于担心家猪疾病或其他外来动物疾病传播至野猪，兽医局和州官员开始在佛罗里达州监测 ASF、猪布鲁氏菌病和伪狂犬病。作为此次调查的结果，他们发现了布鲁氏菌病和伪狂犬病。

野生动物疾病东南合作研究所（SCWDS）在 11 个东南部的州继续广泛开展野猪研究，发现大部分的猪已感染 PRV。野生型宿主中 PRV 的初步症状表明，血清阳性率取决于年龄。野猪的病毒宿主早期动态与家猪发病特征不同，但是大部分特征是相似的。研究人员开始研究疫苗，将 PRV 基因组的基因片段整合到猪痘病毒中，用于接种野猪。一个小组还在开发疫苗诱饵技术。

由于对全国 PRV 根除计划的担忧，以及家猪再次感染的未知威胁，推动了一系列小型会议在佛罗里达等地的召开。在第一次野猪研讨会上达到高潮，这次研讨会于 1989 年在奥兰多召开。在随后的数年中，在召开的其他会议上讨论了关于野猪的问题（表 11.1）。此外，美国动物卫生协会 PRV 委员会的野猪分会每年秋季开会，并向其上级委员会做报告。

表 11.1　1989—2003 年间举办的野猪讨论会

日期	地点	会议
1989 年 4 月	佛罗里达州奥兰多	野猪研讨会
1991 年 10 月	加利福尼亚州圣迭戈	野猪附属委员会
1992 年 5 月	佐治亚州亚特兰大	野猪试点项目规划
1992 年 9 月	弗吉尼亚州阿灵顿	动植物检疫署地区猪传染病学家和地区传染病学家
1992 年 10 月	密苏里州哥伦比亚	野猪技术小组
1994 年 11 月 16—18 日	路易斯安那州巴吞鲁日	野猪会议
1996 年 1 月 23—25 日	乔治亚州雅典	野猪试点项目会议

（续）

日期	地点	会议
1997年9月23—26日	佛罗里达州奥兰多	全国野猪研讨会
2000年5月9—10日	北卡罗来纳州罗利	动植物检疫署野猪计划概要
6月27—28日	北达科他州里弗代尔	野猪——全国行动计划的制定
2003年2月27—28日	佛罗里达州坦帕	NIAA野猪专门委员会
2003年9月22—23日	艾奥瓦州得梅因	全国PRV根除计划——PRV根除后的全国计划

11.2 野生猪试点项目

1991年于加利福尼亚州圣迭戈市召开的一次会议上，动物卫生协会PRV委员会下属的野猪分会提出，野猪是影响根除项目最终取得成功的一项重大问题。该委员会将这一观点整理成了一项决议：“野猪分会向动植物检疫署、国家猪肉生产商委员会和东南地区野生动物疾病研究中心提议，在野猪保有量大的州开展试点研究，制定实用有效的方法，以防止PRV、猪布鲁氏菌在野生猪和家猪之间传播，控制并消除野猪感染。建议佛罗里达州、佐治亚州、得克萨斯州和加利福尼亚州开展试点研究。”

猪兽医和兽医局于次年举行了3次会议，组建了野猪技术小组。该小组负责对拟开展的试点项目进行最终审核。试点项目旨在研究美国东南部（佛罗里达州和佐治亚州）、得克萨斯州和加利福尼亚州的猪群，聚焦描述性流行病学、分析性流行病学和野生猪PRV的干预策略。这一综合性举措的目标是为后续十年内的PRV根除活动制定路线。作为野猪试点项目的一部分，野猪技术小组认为，有必要对美国野猪的分布情况、密度及野猪群与商品猪群发生重叠的区域作出说明。项目分析主要涵盖野猪群流行率的可变因素及家猪被感染的程度。

该项目的分析性流行病学部分的第一个目标是对各类条件下野猪排泄和向家猪传播PRV的机制进行特征化处理。PRV通常从近期感染PRV的家猪的鼻拭子和咽拭子中分离。该方法被用于检测野猪分泌物中的病毒。从捕获的野猪身上采集的数千个鼻拭子未能分离出任何感染性病毒。研究人员把它们放在货车里运输，尝试对这些野猪施加应激，但它们的鼻腔仍未排出任何病毒。

某位高校研究员与佛罗里达州的捕猎者开展合作，将野猪运至得克萨斯州宰杀，能够证明来自佛罗里达州、体内无病毒抗体的野猪在抵达得克萨斯州的屠宰场时会发生血清转阳。这些猪的鼻腔未排出病毒，但扁桃体拭子偶尔会产生感染性病毒。来自伊利诺伊州、佐治亚州和德国的研究人员在各自的研究活动中确认了这种口腔排毒的现象。来自伊利诺伊大学的合作者们开始通过将血清反应呈阳性的野猪混入幼年家猪来研究 PRV 的传播机制。通过这些活动，研究人员发现，猪之间的直接接触是 PRV 传播的必要条件，通过性交排出病毒肯定是 PRV 传播的一种机制。此外，东南地区野生动物疾病研究中心和欧洲的研究人员确认，野生公猪的包皮会排出病毒。从这些信息明显看出，野猪携带的 PRV 有多种生存和传播机制。

研究人员明确了 PRV 在种群中持续存在（潜伏性）和传播（性传播）的主要机制，但进一步的研究表明，还可能存在其他机制。病毒不仅潜伏在生殖器附近的神经节内，还会出现在常规部位（即三叉神经节、扁桃体、颌下淋巴结）。这与家猪的研究结果类似，意味着上呼吸道感染和口腔传播也可能是 PRV 蔓延的一种机制。事实上，研究人员已从猎犬身上获得了许多野生猪分离病毒，而猎犬和野生猪之间是不可能发生性传播的。这些犬科动物的感染病例表明，口腔排出是 PRV 传播的一种机制。此外，动物食用被感染的组织（例如同类相食）也会感染 PRV。研究人员从阴道拭子和扁桃体拭子上直接获得了分离病毒，但从未从鼻拭子上直接获得分离病毒。出现这种情况的原因可能是，尽管 PRV 可通过多种传播路径，但交配排出和口腔排出才是其蔓延的主要机制。

分析流行病学部分的第二个目标是将来自野猪的 PRV 毒株与之前取自家猪的分离病毒进行毒力对比。野生猪 PRV 感染情况的最初观察结果（意大利，1982）表明，野猪对 PRV 的抵抗力非常强。研究人员未能在野猪身上发现感染 PRV 的临床症状。进一步的对照研究（作为野猪试点项目的一部分）证实，来自野猪的病毒属于弱毒病毒。

伊利诺伊大学和德国开展的研究活动，将来自野猪（野生公猪）的 PRV 毒株与家猪病毒株进行毒力对比。这两项相互独立的研究活动均宣称，来自野猪的病毒的毒力要远远低于从家猪身上分离的毒株。对幼年野猪和幼年家猪而言，从野猪身上分离的病毒株的毒力更弱。许多情况下，来自野猪的弱毒株不会产生任何临床症状，除非被感染的是年龄最小的仔猪。相比以相同剂量注射的家猪病毒，野猪病毒株在接触之后所引发的血清转阳要晚几天或几周。

这种弱毒对野猪传播 PRV 有多重影响。如果野猪的弱毒株被引入家猪体内，它在最初传播期间不会像 20 世纪七八十年代传播的家畜传染病那样表现出高致死的特征。由于缺乏明显的 PRV 感染症状，再次出现的病毒可能在被发现之前就已扩散。这不利于尽早识别暴发事件和迅速消除感染病例。血清转阳的延迟也可能给猪群清理造成麻烦，因为阴性猪可能在无症状的情况下被感染，进而成为传播 PRV 的载体。

11.3 垂直传播案例

来自野猪 PRV 毒株的弱毒性和一部分被感染的猪缺乏可检测水平的抗体，对某种被更多人认可的野猪群病毒传播生物学理念产生了影响。有多个研究小组宣称，野猪群的流行率（以 PRV 抗体作为衡量尺度）取决于野猪的年龄。阳性猪的血清阳性率在出生之后会下降，但在 1～2 岁时会上升至 50%左右。PRV 的性传播机制与性成熟时血清阳性率上升这一事实相吻合，证实了上述观察结果。

从表面上看，性传播肯定是 PRV 传播的一个因素，但另一项针对野猪病毒株开展的研究却提出了不同的假设。该项研究认为，野猪病毒株的弱毒性可能是隐性感染机制的一部分。母猪携带的 PRV 在新生仔猪获得母源抗体时传给新生仔猪。这可能引发潜伏性感染。之后，潜伏感染的猪在饥饿感的应激作用下或在性成熟时会出现病毒激活和血清转阳延迟现象。以下事实为这一理论提供了支撑：种群中与年龄相关的典型抗体的流行率是由病毒 DNA 的聚合酶链反应决定的，与病毒感染的年龄相关性并不一致。在每个年龄组，PRV 检测结果呈阳性的野猪比例均在 80%左右，与抗体是否处于可检测水平无关。

11.4 野猪伪狂犬病的特征

为了解野猪携带 PRV 的风险，许多研究活动对取自家猪和野猪的分离病毒的特征进行比较。来自家猪 PRV 暴发分离病毒的毒力高于平均水平，影响对象包括美国中西部的猪群。研究人员通过攻毒试验在分子层面上对分离病毒进行对比。研究证实，所有针对家猪病毒开发的试验方法均可轻易地检测出野猪 PRV 抗体。因此，现有的血清学试验方法可用于监测野猪 PRV。感染野猪病毒后的血清转化过程要慢于感染家猪病毒后的血清转化过程。此外，野猪分离病毒的毒力始终低于来自美国中西部家猪 PRV 疫情的病毒株。PRV 在野猪之间可能发生口腔传播，更可能以性交的方式传播。与家猪感染 PRV 的情况不同，研究人员不能从被感染的野猪鼻拭子中分离出 PRV，但可以从阴道、包皮和扁桃体拭子中分离出 PRV。

野猪 PRV 毒株的这些特征对 PRV 根除项目产生了重要影响。最重要的是，研究表明 PRV 是可被诊断的。研究结果还强调，由于 PRV 可通过口腔传播，阻止家猪与野猪配种并不足以阻止 PRV 毒的传播。最后，野猪 PRV 的弱毒性表明，最初的感染过程可能是非常隐性的，这是开展 PRV 监测和检测活动期间必须考虑的一个极其重要的问题。

11.5 监管问题

野猪的情况已经对家猪 PRV 根除项目造成了影响。20 世纪 90 年代，各州均有可能存在新感染源的报道。这些病例中，有许多是由猪和被污染货车的流动引起的，但每年有 10%～15%的新感染病例是由野猪引起的。根除项目的成功实施减少了感染 PRV 的家猪群的数量，新增家猪感染病例也随之减少。截至 2000 年，大多数州均已宣布进入无 PRV 状态。明尼苏达州、印第安纳州、内布拉斯加州、宾夕法尼亚州和艾奥瓦州曾出现若干由家猪病毒引发的暴发事件。但是，由于家猪再感染的来源减少，大多数暴发事件发生在有野猪出没的州。引发这些感染病例的一个主要原因是这些州没有能力将被感染的野猪与商品猪分隔开，尤其在同时处理这两类猪的市场。

佛罗里达州从一开始就意识到了这个问题，并决定制定将不同市场分隔开的法律。该州规定，不明来源的猪只能运至屠宰市场。该州实施的两项措施使当地的流行环境开始发生变化。第一项措施要求对销售渠道进行分离的教育计划，这使新的销售方法获得了认可。第二项措施是经常检查市场、屠宰场和州外野生猪的运输活动。该措施加深了公众对这些问题的认识，并强调该州意图的严肃性。这些努力促进了产业合作。此外，由于该州能将捕获的野猪转移至专业市场，非法活动者被迫转而采取被认可的做法。

人们对野猪相关威胁的讨论持续了几十年。在这之后，如何准确定义“野猪”的问题开始浮出水面。了解 PRV 的感染源对伪狂犬病的监管至关重要。为此，各类利益相关方开始争论：什么是野猪？什么是家猪？如何判断一头猪是野猪还是家猪？“散养”“拥有所有权记录的猪”等术语无助于回答这些问题，因为在一些农村地区，猪会或多或少地从散养状态转入圈养状态。这些原始的定义允许通过检测证明其未感染 PRV 的野猪经过一段时间后被定义为家猪。后来出现的第三个术语——“过渡型猪”用于描述来源不明的猪。“过渡型猪”的定义的重要性涉及两个方面：PRV 的感染源和依据新法规处置 PRV 阳性猪群的补偿款。“野猪”的定义为：“完全或在一定程度上以自由流动的方式生活的猪”或者“自由流动的猪”（见“州-联邦-行业 PRV 根除项目标准”）。“过渡型猪”的定义为“圈养的野猪，或有合理机会接触野猪的猪”。在此基础上，“商品猪”被重新定义为“被持续管理，有适当设施和做法防止其接触过渡型猪或野猪的猪”。

由于美国是一个猪出口大国，国际贸易是决定市场价格和战略的重要因素。对美国 PRV 根除计划的批评主要集中在担心野猪的病原会对成功实施根除项目产生不利影响。

1990 年在哥本哈根召开的奥耶斯基氏病/猪繁殖与呼吸综合征研讨会上，野猪问题迎来了转折点。多名科学家汇报称，以了解野猪对商品猪造成再感染风险为目的研究活动正在顺利进行。尽管来自其他国家的一些科学家指出美国的野猪可能成为 PRV 的来源，但很明显，美国正在逐步了解野猪 PRV 的感染情况。欧洲各国研究人员启动了针对欧洲野生公猪的研究活动。除普遍感染 PRV 之外，野生公猪体内还发现了其他家猪疾病，对家畜构成了潜在威胁。

11.6 根除活动完成之后的问题

家畜根除 PRV 之后，防止野猪病原引起再感染成为首要任务。各州被要求编制计划分析野猪的分布活动情况，并制定应对这一问题的计划。在 2006 年春天召开的国家畜牧业学会的会议上，与会人员建议兽医局将所有猪设施划分为用于饲养商品猪、过渡型猪或野猪设施。国家畜牧业学会成员进一步作出如下决议：政府应在风险评估基础上评估并重新设计 PRV 和猪布鲁氏菌监测计划，使这些计划演变为一项综合性的猪监测计划。农业部动植物检疫署下属的兽医局和野生动物服务处目前正实施这一计划。商品猪群附近有大量野猪出没的各州需保持警惕，并继续对生产商、猎人开展教育，使其了解与野猪有关的疾病风险。

11.7　对未来工作的建议

野猪对家畜和公众健康造成的风险目前由各州负责。野猪问题在短期内肯定不会消失。野猪数量在许多地区呈增长趋势。野猪群与商品猪群发生重叠的区域必须继续开展监测工作。为了解家猪通过直接或间接接触野猪感染 PRV 的风险，必须继续开展研究。政府机构必须制定适当的响应计划。该计划应聚焦家猪群面临的最大风险，并在必要时作出修改。

在 1992 年召开的野猪技术小组会议上，弗兰克·马尔赫恩博士与国家猪肉生产商委员会共同提出了以下观点："如能继续努力防止 PRV 在种群之间传播，美国最终将永久性地消除商品猪群中的 PRV，并解决野猪作为 PRV 来源的问题。野猪和地方性野猪伪狂犬病病例在短期内不会消失。因此，必须继续妥善隔离各种群，开展监测活动，了解与 PRV 有关的风险并开展相应的教育活动，同时继续减少野猪的流动。"

第12章

应急响应计划

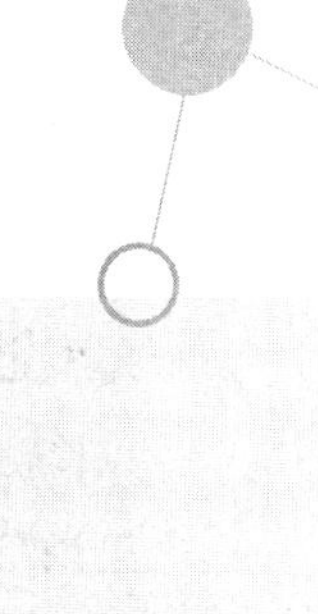

截至2004年，美国50个州、波多黎各和美属维京群岛均依据《州-联邦-行业PRV根除项目标准》（以下简称“项目标准”）被认定为具备第五阶段（无PRV）资格。监测程序继续有效，其实施主要围绕两个目标：快速监测PRV是否重新进入美国国内的猪群，用文件证明美国猪群无PRV。在保持警惕性的前提下，发现PRV存在的可能性。因此，如果任一猪群经确诊感染PRV，必须通知利益相关方，且利益相关方需为响应这种情况随时做好准备。为减少PRV重新引入时美国其他猪群接触PRV的风险，本章对及时、高效地响应PRV暴发事件需考虑、采取的措施进行了说明。PRV实际暴发期间遵循的程序必须接受审核。该项工作是应急响应计划的一部分。下面详细描述了一个PRV案例。

该案例中，受影响的州于1998年消灭了最后一个PRV感染猪群，并于2000年获得了第五阶段资格。从那之后，该州每年都会对10～12个屠宰场开展调查。过去7年，猪群跟踪监测未发现感染猪群。该州从2003年开始发布野生猪报告，并不定期发布被猎杀野猪报告。该州与自然资源厅合作对一些猎杀猪群进行采样，以检测伪狂犬病和布鲁氏菌病。采样工作收集了若干血液样本。所有样本的检测结果均呈阴性，尽管部分样本的质量存疑。一位猎人于2005年底在某县猎杀了若干头野生猪，其中有6头猪的PRV检测结果呈阴性，另有一头猪未能得出确定的检测结果。2007年3月12日，该州某个猪肉生产商在相邻州的某个市场出售了19头母猪和1头公猪。几天之后，部分母猪在该生产商所属州的某个牲畜屠宰加工厂被宰杀。其他猪在500英里以外的某个加工厂被宰杀。在前一个加工厂，有两头母猪被抽检为伪狂犬病和猪布鲁氏菌病例行监测的样本。这两个样本被提交至兽医诊断实验室，并分别被检测为“疑似感染PRV”和“PRV阳性”。之后，样品被提交至艾奥瓦州埃姆斯市的国家兽医服务实验室，并在那里被确诊为“PRV阳性”。监管官员通过追溯出售这两头母猪的市场（该市场在采样期间记录了猪只的标识号）确定了来源猪群。之后，该市场提供了卖方的姓名。这一疑似案例被指派给州监管兽医，后者负责联系卖方，开展调查，发放问卷并完成猪群检测。州监管兽医于2007年4月11日从来源猪群约300头猪中采集了73个样本。同日，另一实验室报告称，从另一屠宰场的母猪采集的样本在检测中呈阳性。经追溯，该母猪与当时正被调查的案例来自同一州，且属同一疑似猪群。指示病例所在猪群的牧场主接受采访时确认，2007年1月猪群产仔期间，他的养殖场确实出现了伪狂犬病的临床症状，且超过半数的新生仔猪死亡。他当时并未联系兽医，因为他认为这些新生仔猪死于“感冒”。他描述称，当时出现的临床症状与“流感”症状类似。此外，据他描述，一些仔猪还出现了发抖、走路摇晃等临床症状。确诊前夕，断奶仔猪的成活率已降至 20%左右。3 月份挑选出售的母猪来自 1 月份产仔的那组猪。该州的兽医诊断实验室汇报了 73 头猪的检测结果，发现有 5 个样本的检测结果呈阳性，另有 1 个样本的检测结果为可疑。这些样本在接受 PRV-ELISA-gE 检测之后被发送给国家兽医服务实验室。该牧场主还披露，他之前曾将一头血清阳性的公猪出借给另一生产商，后者的养殖场在 10 英里之外的地方，被出借的公猪在那里的停留时间为 2006 年 8—12 月。返还时，这头公猪“身体状况很糟糕”。对“第二接触”养殖场采集的样本检测证实，该养殖场同样感染了 PRV。2007 年 4 月 17 日，国家兽医服务实验室确认，从上述两家养殖场采集的样本的 PRV 血清均呈阳性。该实验室汇报称，来自指示病例的样本中，共有 7 个样本的 PRV 检测结果呈阳性。这一结果表明，被检测猪群的 PRV 血清学流行率在 10%左右。

监管官员针对这一事件启动了响应系统，并通知州和联邦相关机构。现行的项目标准要求落实具体程序。也就是说，当某一商品猪群出现确诊病例时，应立即通知国家项目兽医服务协调员，且新出现病例周围 2 英里半径内的郡县应恢复至第三阶段资格，其所在州的所有其他郡县应恢复至第四阶段资格。受影响郡县的第四阶段资格可按项目标准描述的程序予以恢复。国家项目协调员和商品猪群确诊病例所在州的官员必须在 24h 内将疫情的情况通知所有 50 个州。通知信息应涵盖疫情发生的地点及病例周围的情况（包括猪群规模、临床症状和猪群类型）。商品猪群的某个确诊病例被鉴定之后，该病例周围 5 英里半径内的猪群和其他接触该病例的猪群必须立即停止所有猪调出，直至这些猪群接受官方随机样本检测（95/5）且检测结果呈阴性。该项检测必须在感染猪群确诊后 15 天内完成。

如果有一个或多个郡县恢复第三阶段资格，商品猪群确诊病例所在州的官员必须立即告知生产商和兽医：来自被感染郡县的种猪在跨州运输前 30 天内必须再次接受 PRV 检测。如新感染猪群在检测结果汇报至州动物卫生官之后 15 天内被隔离和清群，且所有接触病例的猪群和新发病例周围 2 英里半径内的所有猪群接受的官方随机样本检测（95/5）表明 PRV 未蔓延至其他设施，该州可维持第五阶段资格。上述猪群的检测必须在清群工作之后 30～60 天内完成，且检测结果应呈阴性。

这种情形下，该州启动了应急指挥系统，并派出一支先遣队与确诊病例所在县的应急管理协调员召开会议。县应急管理机构过去两年与州级兽医在口蹄疫、禽流感暴发情形模拟和演练方面开展了合作，双方在此次事件之前已经建立工作关系。该县的任务仅限于主持公共信息会议和在猪群清除期间开展交通管制。除了在第一天与县官员召开会议之外，州和联邦牲畜检查人员组成的团队还被派往指示病例所在猪群周围 5 英里半径内的区域，负责联系猪生产商，并为猪群检测工作制定计划。这些团队开展了问卷调查工作，为猪群检测工作制定了计划。这一程序在 1986 年区域监测被确立为 PRV 控制策略时制定。这些事先确立的方法为应急响应工作节省了宝贵的时间。

监管官员利用设施登记信息和地理信息系统的绘图功能画出了半径为 5 英里的监测区域的轮廓。来自州设施登记数据库的初步信息表明，指示病例所在猪群周围 5 英里内有 16 个猪场。调查团队发现，实际猪场数量几乎是这一数值的 2 倍。

第二接触猪群于 2007 年 4 月 20 日接受检测。被检测的 14 头猪中，有 12 头血清反应呈阳性。这一小规模猪群包含两头家猪和 18 头欧亚型猪。牧场主汇报称，他在数年前曾救过两头遭遇非法捕猎活动的欧亚型猪，这两头猪后来逃离了养殖场。牧主之前在当地看到过野生猪。鉴于当地存在野生猪且这些欧亚型猪不知道是否患有 PRV，州级兽医和兽医局官员得出结论认为，野生猪是这次 PRV 的来源。

指示病例所在猪群周围 19 个养猪场的检测工作于 2007 年 4 月 24 日完成。4 月 25—26 日，调查团队视察了第二接触猪群周围 5 英里内的猪场，并再次发现有超过半数的猪场未登记。这 35 个养殖场在 5 月 1 日之前完成了猪群检测工作。所有这些养殖场的 PRV 检测结果均呈阴性。

两个感染 PRV 的猪群均于 4 月 27 日被清群。最初制定的计划允许牧场主将猪直接运往屠宰场。但是，鉴于屠宰场之前已签订了向欧盟出口猪肉产品的合同，屠宰场管理人员不愿意采取可防止产品交叉感染、但会对市场造成影响的特殊措施。因此，将暴露猪运往屠宰场的计划未被纳入考虑范畴。

图 12.1 扑杀 PRV 感染猪群期间使用的以排放二氧化碳为目的进行改装的冷藏型半挂车

（动植物检疫署照片，Doris Olander 拍摄）

以排放二氧化碳为目的进行改装的冷藏半挂车被用于首个接触猪群的扑杀工作。相比其他手段，该方法更安全、更迅速，对人力的需求更低（图 12.1）。鉴于第二接触猪群位于生长大量灌木丛的牧场，监管官员选择另一种方法捕捉和扑杀该猪群的猪。

调查团队选择了6头血清反应呈阳性的猪，并将其运往该州的诊断实验室，用于开展血液和组织采集、病毒分离和毒株分型工作。采集样本的目的是将病毒分离，确定遗传谱系的关系，进而查明病毒的毒力和来源。采集的样本包括未经阉割的猪及血液、肺、脾、肝、肾和回肠的样本。潜伏性病毒容易寄宿在三叉神经节和扁桃体内。实验室人员从未经阉割的猪体内提取了这些组织。为确定病毒的潜在来源，调查团队对流行病学调查获得的信息（包括对临床症状和接触野生猪的情况的描述）进行了审核。病毒分离和毒株分型的结果在此类信息被记录之时尚未确定。

当有大批染病猪需要扑杀时，需考虑若干种可选的处理方案，因为尸体无法通过宰杀进行处理。掩埋、熬炼、堆肥化、运至垃圾填埋场和焚烧均可考虑作为尸体处理方案。成本和安全性是分析处理方案考虑的主要因素。各类处理方案的成本可能发生变化，具体取决于计划的天数或周数。

根据扑杀方法判断，某些处理方案在该案例中不具备操作性。熬炼公司不接受体内含有化学残留物的动物。就地掩埋需要获得州自然资源厅的许可。垃圾填埋场不接受动物尸体，或者会就处理动物尸体收取更高的处理费。最后，剩余尸体被运至该州的一处熬炼厂。在动物疾病暴发之前制定样本采集、扑杀销毁和尸体处理方法的书面计划有助于在必要时加快这些程序的实施。

兽医局利用农业部动植物检疫署的资金为牧主提供补偿款，以补偿被扑杀的猪的价值。兽医局官员可根据公平市值，利用“PRV加速根除项目”期间确立的公式计算补偿款。“PRV加速根除项目”计算软件为确定公平市值提供了一种快速、准确的方法。

两个感染猪群周围2英里内的猪群被安排接受重新监测。该项工作在两个感染猪群被扑杀、相关设施被清理和消毒后30～60天内开展。

在需要对疾病暴发事件作出快速响应的情况下，拥有适当、充足的人力资源至关重要。尽管此次PRV暴发事件规模较小，但联系两个半径达5英里的缓冲地带内所有猪场的所有者并开展问卷填写工作仍耗费了大量时间和人力。该州的州和联邦官员迅速确定了对人员的需求，并请求动植物检疫署兽医局的某个地区办事处提供协助。兽医局在周围州的人员被派往该州协助开展疾病应急响应工作。

该州的伪狂犬病暴发事件被披露后迅速引起了媒体的关注。当地报纸将这一事件列为头版头条（例如“本地发现PRV病例”）。当地电视台的晚间新闻和日间农业类广播电台报道了事件的过程。猪和猪肉生产类杂志也向读者报道了这则新闻。

这些报道引起了当地居民的担忧。尽管无法阻止相关谣言的传播，但在对牧场主进行调查期间，州官员和兽医局合作印发了旨在减少恐慌和误解的宣传册。该手册解释了伪狂犬病的性质和传播途径，进而缓解了生产商和其他利益相关方的担忧情绪。此外，监管官员与县官员组织了一次公共会议。与会人员可了解伪狂犬病，并就动物卫生官正在实施的疾病应急响应活动和计划的提出问题。

总而言之，启动快速的应急响应机制是发现新病例之后高效地清除 PRV 所必需的。动植物检疫署建议各州针对各自区域专门制定一份书面的伪狂犬病应急响应计划。项目标准为此类工作提供了指导信息。但是，为及时完成目标，各州可能要求采取不同的程序。

该州从此次伪狂犬病暴发事件的响应过程中获得了许多程序、策略和经验教训。下面对这些内容进行了总结。

（1）努力提高猪肉生产商和监管官员对伪狂犬病的重视程度。该案例所涉及的州在接近 10 年的时间内并未检测到 PRV 感染猪群，官员之前也未能根据阳性监测结果确诊感染猪群。该案例中，由于不再将伪狂犬病视为一种威胁，猪肉生产商并未寻找专业人员对疾病问题进行诊断。因此，他们失去了早期上报伪狂犬病病例的机会。

（2）通过建立管理突发事件的事件应急指挥系统启动伪狂犬病暴发事件的合作响应机制。应急指挥系统一开始可局限于当地，但应具备充分的灵活性，在必要时可引入更多资源和响应人员。该系统有助于确保相关机构设计、落实协调的响应计划。

（3）在伪狂犬病暴发期间通过举行公共会议和发放教育性资料将事件的前因后果告知公众。这些工作有助于提醒生产商和兽医观察猪是否出现伪狂犬病的临床症状，提醒猪肉生产商审核和强化生物安全程序，且有助于详细说明疾病响应的情况。各州应事先任命公共信息官员，负责向代表参与响应活动的大多数利益相关方的媒体机构提供准确的信息。

（4）确保疾病应急响应行动拥有充足的人力资源，或可从其他州迅速调动充足的人力资源参与响应行动。例如，响应行动可能从调查阶段迅速升级至扑杀、处理方法规划、公平市值计算、补偿款发放、监测方法强化、组织采样、信息收集（有助于分析相关事件，有助于在疾病被消灭之后将相关事件的发展趋势与过去和未来的暴发事件进行对比）等活动。为此，必须安排大量拥有各类技能的人员随时准备协助疾病响应活动。

(5) 通过制定计划提供通信系统，与所有利益相关方和响应人员保持联络，进而确保其随时了解事件的动态。该系统应包含发给现场响应人员的通信设备（例如手机），并通过电子邮箱和经常召开电话会议将相关信息告知利益相关方。此外，对数据库中与病例、检测结果、调查、扑杀、猪群清理和其他任务有关的信息进行跟踪有助于协调响应活动和提供证实响应进度的报告。

(6) 在下一次暴发事件之前制定计划，说明如何扑杀和处理大量的猪；联系利益相关方，书面确立若干种可行的方法；考虑在模拟暴发事件时采用州内若干个最大的猪群作为样本，对响应机制进行演练；演练之后，对疾病暴发期间的相应活动所需的人员、设备和财务资源进行估算。

(7) 继续维持一支由受过伪狂犬病方面的培训和教育的人员组成的队伍。如有必要，继续召开旨在让州、联邦和地方兽医了解伪狂犬病最新动态的会议。此外，继续提醒州诊断实验室的人员保持警惕，在病例可能为伪狂犬病病例时将其列入需进行排除性疾病诊断的名单。

(8) 生产商应继续在农业部的国家动物识别系统上登记各自的猪场（该项登记工作是自愿的）。这可确保在出现伪狂犬病或其他病情时有最新的猪生产商名单可供使用。紧急联络人名单可帮助监管官员作出快速、有效的响应，进而保护猪的健康。

(9) 疾病应急响应工作完成之后，与利益相关方召开会议审核疾病响应工作的措施和结果。明确哪些程序取得了良好的效果，确定其他程序是否可进行改良或更新。最后，通过学习经验为应对未来所有伪狂犬病暴发事件做好全面的准备。

本章描述了某个在接近 10 年的时间内未出现伪狂犬病的州发生的一次伪狂犬病事件。尽管疾病的源头（野生猪）出乎人们的意料，但该州在确诊之后立即作出了全面、快速的响应，包括扑杀、处理两个感染猪群。监管官员和生产商具备控制 PRV 扩散的能力，因此，该州其他猪群无 PRV 的状态未受影响。动物卫生官从这次经历中获得了重要的经验教训。最重要的一点可能是，该州认识到，如果有超过两个包含数千头猪的猪群或猪场被发现感染 PRV，资源可能迅速告竭。因此，其他州可考虑针对假设的伪狂犬病暴发情形开展演练，确保能像该州一样为响应 PRV 做好准备。

第13章

经验教训——技术协调员视角

在本章，技术协调员将他认为对PRV根除项目的成功产生重大帮助的事项进行了记录，并且强调了对PRV保持警惕和准备好在监测系统发现PRV时及时响应的重要性。本章还对从PRV根除项目获得的重点信息和经验教训等信息进行了最后的总结。

13.1 猪肉生产商

猪肉生产商的参与是根除活动的一个重要方面。绝大多数猪肉生产商的猪群未感染PRV，也不希望他们的猪感染PRV。因此，他们会积极投身防止猪群感染的工作。

生产商及其兽医参与决策过程是极其重要的一个事项。这里的“生产商”不仅包括猪生产商，还包括其他家畜生产商。在关于如何抗击PRV的讨论开始时，许多生产商同时饲养着牛和猪。

作为根除PRV的既得利益者，生产商们采取了各种行动。例如，他们鼓励监管官员对感染猪群进行检疫隔离，并催促监管官员采取其他必要的行动，在必要时采取果断措施提供合作和支持。为了解PRV，帮助确定根除项目采取哪些控制和根除方法，生产商花费大量时间参加了各类会议。他们主动向州立法机关和国会表达了自身对PRV根除活动的筹资工作的支持，并在其猪群感染PRV时以自费方式采取疫苗接种和清群措施。他们自愿在国家、州和地方层面上带头讨论防控PRV的措施，并同意落实这些措施。此外，他们还会就公共资金的使用和分配为政府提供意见。

13.2 国家猪肉生产商委员会、国家猪肉委员会、州猪肉生产商协会

国家猪肉生产商委员会、国家猪肉委员会和州猪肉生产商协会对PRV根除项目的方向和进度有重要影响。这些机构通过发放教育性资料和举办论坛向其成员传

递信息。他们向各自的州代表和国会代表提供信息，表达对项目筹资工作的支持，并成为政府官员获得反馈意见的渠道。他们告诉政府官员与项目实施有关的措施中哪些能发挥作用，哪些无法发挥作用及这些措施将对其会员产生怎样的影响。这些机构促成了若干论坛的召开。这些论坛可评估和审核现行策略，规划新政策，甚至能为 PRV 根除之后项目活动的调整提供策略。

13.3　州咨询委员会

主要由生产商组成的州咨询委员会的价值在猪瘟根除运动期间已为人们所知晓，并在 PRV 根除活动中得到了有效利用。此类机构的成员是项目官员与猪肉生产商之间传递信息的渠道。他们通常自愿向受项目活动影响最大的生产商提供关于关键问题的建议，并传递项目相关信息。此类机构在根除项目期间扮演重要角色，今后应作为所有其他涉及畜牧业的类似项目的一分子。

13.4　州动物卫生官

州动物卫生官向兽医和生产商持续提供项目信息（进而使后者了解项目发展方向）可确保 PRV 根除项目更顺利地运行。州动物卫生官负责实施与项目有关的州级法规，防止患病动物引入各州，鼓励州立法机构通过发布规范提供法律工具，并通过筹集资金为根除活动提供支持，尽管这些职责之间有时会产生各类冲突。州动物卫生官与联邦动植物检疫署代表共同确保其所属州的利益在全国层面上受到平等对待。

13.5　兽医

执业兽医在项目中扮演另一种重要角色。在兽医提供援助的郡县，项目进展迅速；在兽医未提供援助的郡县，让生产商接受项目需要花费更长的时间。在若干州，执业兽医负责采集血样，并鼓励其客户实施、遵循猪群净化计划。州和联邦很大一部分兽医监管职责由私人领域的农业部特派兽医承担。当前的食用动物兽医人口统计数据表明，食用动物兽医存在严重的短缺。当前和未来的退休、学生对进入兽医行业兴趣不足、选择投身食用动物医学领域的应届毕业生人数下降是此类兽医人数减少的原因。动物卫生领域的从业者需明确，在这些趋势无法逆转的情况下，美国能否应对未来实施其他根除项目期间食用动物兽医需求激增的情况。

13.6 委员会

美国动物卫生协会和牲畜保护学会（国家畜牧业学会）伪狂犬病委员会是探讨新的研究活动、调整项目政策的重要论坛。他们每年召开两次会议（一次在秋季，一次在春季），目的是对项目进行反复评估。这些机构由各类成员组成，分别代表州政府、研究界、学术界、合作推广服务机构、诊断实验室、生物企业、识别装置制造商、猪肉生产商协会以及最重要的一方——生产商。这些成员聚集在一起对项目进行讨论、发展和完善。他们制定的决议可为联邦官员在各州持续实施、监控项目提供指导。

13.7 合作

州动物卫生官与联邦动物卫生官之间保持和谐的工作关系至关重要。如果联邦机构与相应的州机构职责分明，并在清晰的框架下开展工作，项目的运行情况会更好。PRV 根除项目对州项目进行审核是这种合作的体现。一般而言，联邦动植物检疫署负责启动和协调审核程序，但同时会将州监管官员和猪肉生产商纳入审核团队。审核结果提供给所有其他州。通过这种合作可确定特定的州是否从整体上成功实施了 PRV 根除项目。这有助于向其他州证明根除活动的进展符合要求。

13.8　疫苗和诊断试验

具备鉴别诊断试验方法的有效疫苗被证明能为推进疾病防控和感染猪群净化活动提供巨大帮助。在各类生物企业之中，自营企业鼓励研发新颖的疫苗产品。针对缺失基因的选择，必须设立若干限制条件，以确保疫苗和适当的诊断试剂盒的使用保持统一。这是必须明确的一个重点。要求利用至少缺失 gI(gE)基因的疫苗产品将感染动物与接种疫苗的动物区分开的法规最终获得通过。这一要求旨在避免人们对动物的 PRV 感染情况产生误解。与疫苗有关的另外一个重点是让猪行业相信 PRV 根除项目的必要性。如果该项目缺乏领导机构和必要的支持，生产商只能为动物接种疫苗，并忍受 PRV 的存在。

13.9　资金筹集

州和联邦政府提供可用资金是项目成功的基础。项目进度有时会因为缺乏充足的可用资金而发生拖延。生产商的参与度受到其认为其必须提供的资金数量的影响。生产商承担的成本包括试验猪的控制费用、诊断实验室费用、兽医费用、早产猪剔除费用、检疫隔离期间架子猪或种猪的销售损失、疫苗费用及实施净化计划的其他成本。许多州通过提供州级资金弥补部分生产商成本。州和联邦资金用于获取血样及报销诊断实验室的血样化验费用。通过“PRV 根除加速项目”提供的资金（提供相当于公平市值的补偿款）最终为快速扑杀感染猪群创造了条件。此外，项目资金还用于强化监测工作，弥补疫苗成本，进而帮助快速识别剩余感染猪群，防止病毒传给易感猪。

13.10　试点项目

参与实施项目的利益相关方出现争论或质疑时，确立试点项目或鼓励开展实地研究似乎是一种通行的解决方法。例如：

(1) 20 世纪 80 年代中期实施的 5 个试点项目：这些项目确认根除 PRV 具备可行性。

(2)“大型猪群净化研究”(该项目始于技术咨询委员会在 1989 年召开的一次会议，此次会议与牲畜保护学会的年会一起召开)：由联邦动植物检疫署和国家猪肉生产商委员会(现为“国家猪肉委员会”)成员组成的专门小组为该项研究制定了总体方针和目标。最初，7 个州分别有 5 个大型猪群被纳入研究范围，后来又有若干个州和猪群加入。明尼苏达大学项目协调员负责保存大多数 PRV 监测记录和猪群净化计划的副本，并记录研究进度。该项研究花费了数年的时间，使用了超过 400 头母猪。研究证实，自繁自养期间可净化 PRV。

(3) 俄亥俄州 20 世纪 90 年代开展的实地研究用文件证明了伪狂犬病暴发所产生的成本，并汇报了伪狂犬病所造成的经济困境和从猪群中根除 PRV 所带来的经济利益。

这些以科学为基础开展的研究有助于让持怀疑态度的人士相信：PRV 是可以被根除的，根除 PRV 对猪行业可产生积极的影响。

13.11 适应生产商具体情况的灵活的猪群计划

利用清群活动以外的猪群计划鼓励生产商采取合作态度并参与项目。仔猪隔离计划为生产商维持遗传系和现金流创造了条件。PRV 疫苗接种、提早断奶和将仔猪与原猪栏分离等措施为饲养来自感染猪群的无 PRV 猪创造了条件。猪群检测淘汰计划允许逐步清除来自感染猪群的猪。这些方案取得了良好的效果，为生产商及其兽医专门针对每个猪群所有者的特殊情况调整猪群计划提供了机会。

13.12 市场经营者

架子猪项目取决于架子猪市场经营者在项目开始时是否采取合作态度，因为架子猪项目是将架子猪生产商与猪肉生产商进行对接的一种销售方法。市场拥有者可帮助传播项目相关信息，因为他们受到很多销售者和消费者的信任。市场拥有者还可重新安排销售日期并对设施进行改建，以维持架子猪从销售者向消费者的流动。同时，他们认识到来自感染猪群或状态未知猪群的猪与来自未感染猪群的猪不发生混杂的重要性，并在必要时为动物装上识别装置，为追溯被感染猪的来源猪群创造条件。

13.13　合规调查员

州和联邦合规调查员努力确保州和州际伪狂犬病法规得到落实。这是确保生产商、货车司机、市场经营者和兽医参与项目并遵循类似法律法规所必需的。确立监管性指南的目的是防止暴露猪或感染猪的非法移动，进而控制 PRV 的传播。确保移动猪拥有适当的标识、符合测试要求并通过特派兽医的检测和认证是合规调查员的主要职责。如果出现疑似违反州或联邦法规的现象，调查员将收集证据并准备案例相关材料，向上级监督人员和司法机关证明采取惩罚措施的必要性。

13.14　不拖延

猪行业为根除 PRV 提供支援很重要，但是，项目实施的等待时间太长最终会对根除活动产生负面影响。一旦领导机构和关键生产商做好推进项目的准备，各责任方也必须做好相应的准备。此外，在特定区域应以迅速、统一的方式开展项目管理，以确保相关机构能发现患病猪群并进行统一清理。这对于减少 PRV 在猪群间传播所导致再感染现象具有重要意义。猪肉生产商希望项目官员在发现任何 PRV 感染的迹象时能迅速作出反应。

13.15 受过培训的专业人员

联邦动植物检疫署每年组织一次特定的伪狂犬病流行病学培训课程，内容涵盖监管人员所代表的州成功实施根除项目所需的法规、技术和程序。每个州至少有一名监管人员接受培训。接受深度培训的流行病学家所组成的核心小组为项目实施提供统一的指导。此外，他们还有权针对各州出现的问题利用培训信息制定完善、科学的决策。

13.16 强制性项目

PRV 根除项目一开始属于自愿性项目。必须让生产商相信：PRV 是可以根除的，根除 PRV 所带来的利益高于根除活动的时间成本和资金成本。在最初几年，该项目提出了若干条旨在防止 PRV 在各州进一步蔓延的强制性要求。这些要求包括针对种猪的出售和移动开展检测或覆盖整个猪群的检测工作，或针对架子猪的出售开展成年猪群取样工作。但是，随着该项目在各州分阶段推进，完成根除活动显然需要采取更严格的要求。因此，各州颁布了强制性猪群净化法规和其他法规。这些法规的目的并不是惩罚最后剩下的几个感染猪群的所有者，而是保护从未感染 PRV 的猪群，或成功净化 PRV 并希望减少接触风险的众多生产商。

13.17 提供信息

向利益相关方发放教育性宣传册和举行信息披露会议有助于根除项目的成功。提供准确的信息是从生产商处获得支持的关键。高校教员和合作推广服务人员负责编制这些有益的信息，并负责这些信息的展示和发布。一般而言，了解情况的公众不仅能在更高层面上参与疾病项目，还会为项目管理人员提供反馈信息，以鼓励后者改善项目设计。将最新信息和响应计划告知公众和生产商对于未来的疾病暴发响应仍具有重大意义。

13.18　更新猪场名单，持续开展动物标识工作

20 世纪 90 年代，许多州开展了从养殖场动物身上采集血样的工作。第一点检测、屠宰检测和肉汁检测都发现了需要追溯养猪场的阳性样品。当发现感染 PRV 的某些猪群时，会确认并检测相邻猪群。每次追溯和猪群检测工作完成后，结果都会被上报。此类活动可确保猪群相关信息被持续收集、更新和记录。大多数活动现已经停止实施，或实施频率大幅下降，且很少发现 PRV 检测结果呈阳性的检测标本。因此，大多数州的猪群名单是过期的、不准确的。目前，猪跨州贸易移动时仍需开展个体动物或群体动物标识工作。但是，相关机构无法了解与此类移动有关的来源猪群和目的地猪群，除非出现疑似违反移动要求的行为或突发病情。监管官员意识到，猪群名单中曾被认为理所当然的信息现在已经过时，且可能对未来有效响应动物卫生问题产生影响。因此，应制定办法确保各州保存准确的、最新的商品猪群名单。

13.19　生物安全

与猪群的所有者讨论净化感染猪群的方法和防止 PRV 引入的做法时，生物安全是经常出现的一个词语。本手册已探讨了 PRV 及其传播方式和潜伏性感染的特征。此外，本手册还探讨了 PRV 检测、猪群免疫和通过各种手段消除病毒活性的方法及以生物安全信息为基础、旨在消除猪群 PRV 的猪群净化计划。项目官员负责制定策略防止根除活动期间猪群引入或再次引入 PRV。相关方当前仍在分享和运用生物安全信息，目的是防止 PRV 和其他猪病引入猪群。

13.20 继续开展研究

目前仍需要针对伪狂犬病和相关问题实施其他研究项目，特别是要完善监测策略，使其对生产商而言具备经济性，并能代表处于风险的猪群。继续开展监测活动还需要进一步开发准确、低成本、迅速地诊断试验方法。“市场猪监测项目”是创新型研究的一个例子。监测工作可一次性针对多种猪病开展，具体方法是对某一猪群的大量胴体进行抽样检查，将肉汁作为猪群的样品。继续开展批量抽样检查并记录所有者的姓名是维持区域内猪肉生产场名单的一种机制。

13.21 野生猪

为进一步描述当前感染野生猪的 PRV 毒株的特征，需额外开展研究工作。此外，为确定野生猪的位置和所造成的风险及美国其他的伪狂犬病病原来源，需开展更多的研究活动。经追溯发现，2006 年起所有感染 PRV 的猪群都是因为接触了野生猪。在自然迁徙、种群扩张和人为干预的作用下，美国的野生猪群目前正向北移动。如果与野生猪发生直接接触，家猪可能面临疾病风险。

13.22 监测

继续开展猪抽样检查和检测工作是让美国猪行业和贸易伙伴相信美国的猪群不存在 PRV 所必需的。此外，对猪群开展感染病例监控可确保 PRV 被及早发现，进而降低 PRV 传播至其他猪群的可能性。

13.23　应急响应准备

若 PRV 再次进入美国的商品猪群，必须制定适当的、快速响应疾病暴发的应急计划。为此，州和联邦机构必须维持一支由经过培训和积极性高的人员组成的队伍。队伍成员应在识别 PRV 症状方面拥有丰富经验，并了解 PRV 的流行病学特征和快速消除猪群 PRV 的方法。此外，这些人员应有权要求及时扑杀感染 PRV 的猪群，并拥有对大量感染猪高效开展人道扑杀工作所需的适当资源。为此类活动规划、制定适当的处理策略和方案同样重要。储备充足的、可用于快速分配的 PRV 疫苗和鉴别诊断试剂盒也应作为应急响应准备工作的一部分。

13.24　结语

PRV 根除项目是一次充满风险的活动。它之所以取得成功，是因为所有受影响的利益相关方均投身其中，并且他们的所有观点都受到了尊重。该项目鼓励开展新的研究活动，具备充分的灵活性，允许在出现更好的策略时对项目进行变更。该项目的成功仍在延续，因为研究人员正在研究 PRV 再次进入商品猪群的潜在风险。此外，为保护猪这一重要行业，他们还在设计监测、防控和应急策略。

参考文献 1

附件

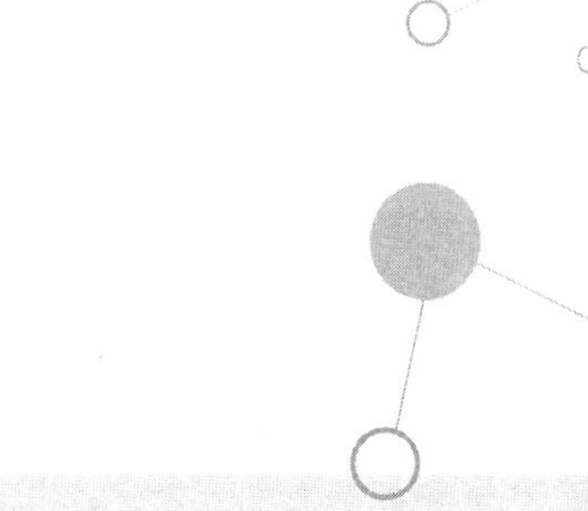

附件 1 伪狂犬病流行病学现场工作指南

牲畜保护学会

作者简介：两位作者均来自明尼苏达大学。戴维 G. 索利博士是明尼苏达大学兽医学院的院长。杰里·特里森博士目前正在该学院攻读硕士学位。

索利博士和威拉德·科斯梅尔先生（伊利诺伊州比尔兹敦）共同担任牲畜保护学会伪狂犬病委员会的主席。

牲畜保护学会简介：牲畜保护学会是1916年成立的一间非营利机构，致力于应对与牲畜疾病控制和根除及改善牲畜处理程序有关的问题和机遇。

牲畜保护学会由180多家富有声望的公司和机构组成。这些公司和机构来自美国、加拿大的畜牧业。学会的使命是制定、实施以畜牧业为导向的动物卫生解决方案，并关注畜牧业的需求。

1.1 历史

伪狂犬病在20世纪60年代末、70年代初成为美国一种重要的猪病。美国早在19世纪中期就有关于该病的描述。该病当时在牛群中传播，被称为“疯痒病”。首次报道伪狂犬病的科学文献是奥耶斯基（Aujeszky）于1902年在匈牙利发表的一份报告。20世纪30年代，肖普（Shope）开始关注美国猪群伪狂犬病流行率的血清学研究。20世纪70年代中期，美国首次出现伪狂犬病大规模临床发病事件。除了日本、澳大利亚、加拿大、丹麦和英国等完成根除项目的国家，伪狂犬病在其他养猪密集的国家普遍流行。

普遍观点认为，伪狂犬病与猪只饲养密度密切联系。这一观点基于以下观测结果：在全球伪狂犬病蔓延的各个地区，伪狂犬病发病率随着对猪只饲养密度的增加而增加。其他猪病（例如胸膜肺炎放线杆菌）的流行也与养殖方式之间存在着类似的联系。

据推测，伪狂犬病病毒致病性的改变是导致伪狂犬病临床发病率和严重程度不同的原因。早期研究中伪狂犬病病毒株表现为低毒力，而当前存在多种致病性不同的毒株。但是，其他一些研究指出，20 世纪 30 年代伪狂犬病发病期间，仔猪的死亡率较高。这说明伪狂犬病强毒株在 20 世纪 70 年代该病蔓延之前就已经存在。想彻底了解伪狂犬病发病率和严重程度上升的原因，可能需要对这两种解释进行研究，并继续开展讨论。

尽管原因不明，美国猪群感染伪狂犬病的比例已明显上升。美国商品猪伪狂犬病血清阳性率从 1974 年的 0.56%上升至 1983—1984 年的 8.18%。出于对伪狂犬病感染数量快速增长的担忧，1983 年，5 个州针对 119 个伪狂犬病感染猪群启动了一个试点项目，目的是考察猪群和区域净化伪狂犬病的可行性。最后，有 116 个猪群（97.5%）成功净化了伪狂犬病。经进一步探讨，1987 年召开的美国猪肉大会通过一项决议，决定于 1989 年 1 月 1 日启动为期 10 年的国家伪狂犬病根除项目。

1.2 病毒特征

伪狂犬病由疱疹病毒引起。伪狂犬病病毒的重要特征包括：①感染宿主范围广；②能造成潜伏性感染；③在环境中存活能力差；④免疫应答不能防止感染的发生。

1.2.1 宿主范围

大多数疱疹病毒具有很强的宿主特异性，但伪狂犬病病毒的宿主范围很广。猪是这种病毒的“天然宿主”，也是其他动物的主要感染源。猪以外的易感动物被认为在感染伪狂犬病之后“只有死路一条”，因为该病能快速致死且无法转移，鲜有例外（附表 1.1）。

附表 1.1　物种对伪狂犬病的抵抗力

物种	对自然感染的抵抗力	感染结果
猪	低	多样的
牛	一般	通常致命
绵羊	一般	致命
浣熊	一般	通常致命
犬	高	致命
猫	高	致命

（续）

物种	对自然感染的抵抗力	感染结果
大鼠	高	通常致命
小鼠	高	致命
臭鼬	高	致命
负鼠	高	致命

包括牛、绵羊、山羊、犬、猫在内的若干种家养动物易发生自然感染，马和禽类则对自然感染具有抵抗力。许多野生动物也易发生自然感染。浣熊、臭鼬、大鼠、小鼠、兔、豪猪、狐狸、獾、貂、雪貂、水獭、鹿、野生猪、西貒等野生动物都曾被报道感染伪狂犬病。此外，动物园和毛皮动物饲养场的圈养动物也曾被报道感染伪狂犬病。

1.2.2 潜伏期

能以潜伏状态存在于感染猪体内是疱疹病毒的一个重要特征。

感染伪狂犬病的猪可能在初次感染数月之后激活潜伏性病毒并排毒。伪狂犬病的潜伏性感染在猪群中似乎非常普遍（动物感染实验表明潜伏感染率接近100%）。因此，所有感染伪狂犬病的猪均必须视为潜在感染源。

研究人员已利用免疫抑制剂开发出若干种人工激活潜伏性伪狂犬病病毒的方法。人们认为，激活潜伏性病毒需要“天然的”免疫抑制条件，比如分娩时或极端环境下，但相关机制尚未明确。病毒激活在伪狂犬病传播中的重要性难以评估，因为潜伏的固有频率尚不得而知。但是，伪狂犬病在地方性感染种猪群内传播较慢表明，潜伏性病毒被激活的情况很少发生。

1.2.3 病毒在环境中的存活能力

包括伪狂犬病病毒在内的疱疹病毒在体外缺乏稳定性。伪狂犬病病毒在环境中的存活受pH、温度和湿度共同影响。pH低于4或高于9对病毒的影响极大。相比略高于凝固点的温度，略低于凝固点的温度会令病毒更快速地失活。研究人员已经确定该病毒在环境中各种表面和污染物上的存活时间（附表1.2）。在最佳的湿度、pH和温度条件下，某些病毒可存活40天（37℃）或120天（4℃）。但是，实际环境基本无法提供这些条件。事实上，在动物宿主体外以感染剂量存活的病毒数量可能非常有限。夏季，伪狂犬病病毒在猪或野生动物的尸体内可生存至少一周的时间。用含有感染组织的饲料对猪开展的感染实验表明，伪狂犬病病毒的存活时间少于 24 小时。病毒在大多数情况下可能只存活数天，但在特定条件下的存活时间则存在变数。

附表 1.2 伪狂犬病病毒在各类污染物上的存活情况

污染物	25℃下在唾液、鼻涕或黏液中的最长存活时间（天）
土壤	7
不含氯的水	7
钢	4
全株玉米	4
稻草	4
混凝土	4
塑料	3
颗粒饲料	3
粪液/氧化池水	2
肉骨粉	2
橡胶	2
绿草	2
家蝇	<2
含氯的水	<1
苜蓿干草	<1
牛仔布	<1
玉米粉	<1
气溶胶	1 小时之后有半数失活（4℃）

利用消毒剂可有效清除环境中各种表面上的伪狂犬病病毒，要求消毒前清除所有有机物。室温下，邻苯基苯酚可在 5 分钟内令所有病毒失活。季铵化合物、醋酸氯己定、碘和 5%的氢氧化钠可在 5 分钟内使 90%的病毒失活。

1.2.4 存在中和抗体时的感染情况

能感染有抗体的动物并在其体内复制是疱疹病毒的另外一个特征。这些抗体可从初乳或血清中被动获得，也可通过接种疫苗或野毒感染时主动生成。保护性抗体可减轻发病猪的临床症状，提高感染所需的病毒剂量。关于接种疫苗能否降低潜伏性感染频率，当前已发布的研究结果之间存在冲突。目前尚未出现能阻止病毒潜伏的疫苗。

1.3 临床症状

伪狂犬病感染病例中观察到的临床症状的严重程度和类型取决于众多因素。动物种类是最重要的决定因素，因为伪狂犬病对猪的影响有别于其他动物。猪以外的物种一般呈现严重的中枢神经系统症状（与感染狂犬病的症状类似），并伴随严重的瘙痒（严重程度可导致动物出现自残行为）。出现临床症状后，它们会在几天之内死亡，鲜有例外。

猪临床症状的严重程度和类型与年龄、特异性或非特异性免疫和共感染有关。此外，毒株型、剂量和感染途径对此也有重要影响。临床隐性感染猪群约占感染猪群总数的一半。

猪在感染时的年龄对临床症状的严重程度和类型有着重要影响。相比成年猪，仔猪受到的影响更为严重。2 周龄内猪的死亡率高达 100%。这个周龄段可能出现无先兆的猝死现象。死亡之前通常观察到的临床症状包括高烧、精神不振、食欲减退、痉挛、走路摇晃等。偶尔也会出现失明、呕吐、腹泻等症状。接种过疫苗或获得母源抗体的仔猪受到的影响相对较轻。临床症状随周龄的上升而减轻。成年猪可能只会出现发烧或持续数天食欲不振的症状。妊娠母猪可能吃掉幼崽，或者产下木乃伊胎、死胎或身体虚弱的仔猪，具体取决于母猪被感染时所处的妊娠阶段。

感染病毒的剂量、途径、毒株型等特征是决定临床症状严重程度和类型的主要因素。临床特征的变化很大程度上是由不同毒株的毒力和组织嗜性差异引起的。不同毒株的毒力差异很大，高致病性毒株的毒力处在一个极端，用于猪免疫接种的减毒株的毒力则处在另一个极端。体外感染性似乎与体内毒力存在密切联系。不同毒株的组织嗜性是毒株变异影响临床症状的一个方面。高毒力毒株似乎更容易感染神经组织，而某些低毒力毒株则更具亲肺性，更容易感染呼吸系统上皮细胞并造成呼吸系统疾病（而非神经系统疾病）。据报道，不同的毒株感染会在不同程度上降低肺泡巨噬细胞的杀菌能力，感染伪狂犬病病毒的肺泡巨噬细胞在细胞内杀灭多杀巴斯德杆菌的能力有所减弱。这些影响会导致生长肥育猪患上严重的呼吸系统疾病，同时并发放线杆菌（嗜血杆菌）肺炎、巴斯德菌肺炎等疾病。

1.4 传播

伪狂犬病病毒在猪群中存在并向其他物种传播期间，猪扮演了核心角色。感染猪排毒是猪和其他动物感染的主要渠道。研究人员已对猪在初次感染后排毒的模式进行了描述（附图1.1）。

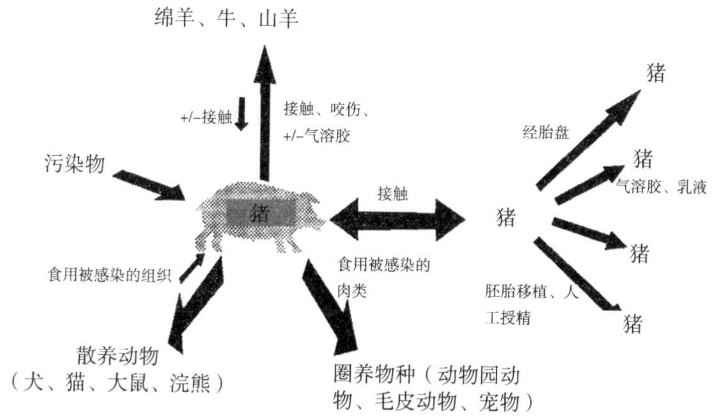

附图1.1　伪狂犬病传播概况
（改自B. Lomniczi，1988）

与携带伪狂犬病病毒的感染猪发生面对面接触被认为是病毒在猪群中传播的主要方式。猪通常在感染后24小时内开始通过口咽分泌作用排出病毒，排出浓度在感染后3～6天内达到峰值。排毒持续时间取决于毒株型、感染剂量和免疫状态等众多因素。排毒过程通常在感染期过后14～21天结束。但有报道，在这之后仍会出现断断续续的排毒现象。相比最初的感染期，潜伏性病毒被激活后的排毒过程似乎持续时间较短，排出浓度也较低。

污染物、经胎盘传播、繁殖、人工授精、胚胎移植、食用被感染的组织或被感染的乳液均可能造成感染，但并不属于常见的感染途径。研究表明，病毒能够随气溶胶靠风传播（传播距离最长达7英里），但只有间接证据能为此提供支持。有文章表明，病毒可以气溶胶形式从感染猪传至牛和猪的体内（传播距离最长达20码*）。这些传播方式要求被圈养猪在理想的病毒生存条件和适当的风力下同时排出大量病毒。风力传播被视为病毒在相对较短距离内传播的少见途径。

猪以外的动物偶尔会成为养猪场感染伪狂犬病的途径。犬、猫、大鼠和浣熊在养殖场之间扮演的病毒携带者角色受到高度关注。这些动物食用感染猪的组织（例如尸体、胎盘）之后可能被感染。大鼠和浣熊对伪狂犬病病毒有很强的抵抗力，只有在食用组织的病毒载量很高的情况下才会被感染。这些动物内部的接触行为不会

* 码为我国非法定计量单位，1码=0.9144米。

导致病毒的横向传播，猪最有可能通过食用这些动物的尸体感染伪狂犬病。因此，这些动物在不同养殖场之间传播病毒的可能性取决于猪群之间的距离、环境卫生（尸体是否被及时处理）和这些动物与猪之间的屏障。鉴于伪狂犬病病毒几乎能使猪以外的所有动物迅速死亡，这种传播方式可能仅限于单个养殖场或小面积区域。

在美国某些地区，野生猪也可能成为伪狂犬病的感染源。伪狂犬病可长期存在于野生猪群中，并在野生猪与家猪发生相互接触的情况下传给家猪。

1.5 疫苗

伪狂犬病疫苗自 1976 年首次面市以来已被广泛使用。理想情况下，疫苗应可防止伪狂犬病急性发作造成的临床损失，防止未感染猪感染或发生潜伏感染，防止感染猪病毒被激活或排毒，并可将感染猪与接种疫苗猪区分开来。当前使用的疫苗能实现这些目标中的一部分。一般而言，接种疫苗可降低感染伪狂犬病临床症状的严重程度。当前使用的商品疫苗不能完全阻止感染，但可提高感染所需的病毒剂量。接种疫苗还可减少感染猪排毒，降低病毒潜伏的频率。另外，疫苗或许能降低潜伏性病毒的激活率，但尚未证实。

目前有若干种疫苗能鉴别感染猪与接种疫苗猪。利用自然致弱或基因工程技术敲除疫苗毒株特定的非必要的基因是这种鉴别功能的基础。疫苗配套的血清学检测方法用于检测是否存在被删除基因的抗体。若存在此类抗体，说明接种疫苗的动物感染了野毒株，或者是接种疫苗采用的是未敲除该特定基因的产品。目前已有若干种缺失不同基因的疫苗上市。所有这些疫苗均配有具体的血清学试验方法。特异性疫苗的出现提升了猪群和各地区伪狂犬病控制和根除项目的灵活性。使用疫苗的数量和相关配套检测方法应认真记录在案，以充分发挥疫苗的作用（见牲畜保护学会“猪伪狂犬病根除指南”）。

1.6 诊断

通过鉴定伪狂犬病病毒（取感染的组织利用免疫荧光抗体或过氧化物酶标记技术开展检测）可确诊动物是否被感染。组织特征性病变可作为动物感染伪狂犬病的证据，但应用最广泛的检测方法是通过血清学检测确定是否存在伪狂犬病抗体。研究人员已开发出多种试验方法，其中一些方法被广泛用于检测发现感染动物。

（1）血清中和试验已成为对比新试验方法的标准，且仍被视为具有决定性判断的血清学试验方法。由于血清中和试验涉及血清污染问题，且需要花费大量的时间和人力，这种方法在许多实验室已被酶联免疫吸附法（ELISA）所取代。

（2）ELISA 检测速度快、灵敏度高，支持自动化操作，被作为特异性疫苗的配套检测方法。它通常作为初筛检测，用于血清中和试验之前。

（3）乳胶凝集试验同样具有速度快、灵敏度高的特点，被众多诊断实验室所采用。作为一种现场试验方法，乳胶凝集试验可在养殖场开展，且无须专门添置读数设备。未来可能出现其他能快速鉴别感染猪与接种疫苗猪的现场试验方法。

1.7 控制项目

猪群伪狂犬病净化的方法在牲畜保护学会“猪伪狂犬病根除指南”中已有详细描述，这里只作简单的说明。猪群获得“伪狂犬病阴性”状态的最佳方法首先是避免猪群被感染。携带病毒的感染猪被认为是猪群之间伪狂犬病的主要传播者。为确保猪群满足最低生物安全要求，猪在被引入猪群之前均必须接受检测。此外，猪在混入猪群之前接受为期 30 天的隔离和二次检测可降低病毒进入猪群的可能性。其他生物安全措施，如限制人员流动、防控寄生虫和设备消毒等也可降低伪狂犬病传入猪群的概率。

猪群净化方法包括检测和清除感染猪、清群重建以及仔猪隔离。结合这些净化程序，特异性疫苗的出现提供了一种新的选择方案。为指定猪群确立适当的净化方法时，必须考虑一些因素，包括：猪群规模、猪群类型（如猪群所处生长阶段、品种等）、维持现有基因库的必要性、设施条件、现金流、管理能力、混合感染史等。

1.8 监测和发现病例

随着国家根除项目的推进，为防止伪狂犬病继续蔓延并制定猪群净化计划，需要识别所有感染伪狂犬病的猪群。目前，相关机构根据不同州项目之间的差异采用多种识别感染猪群的方法。鉴于“伪狂犬病根除项目标准”对这些方法已作出全面的定义，“猪伪狂犬病根除指南”仅进行了简单的讨论。防止伪狂犬病继续蔓延的措施包括保育猪监测计划、合格阴性猪群计划、控制接种猪群计划及要求种畜在流动之前接受伪狂犬病血清检测。这些措施旨在限制感染猪的流动，进而控制伪狂犬病的蔓延。

其他一些措施也可适当用于检测发现感染猪群，包括：市场屠宰监测计划、第一点检测计划、在感染猪群和合格阴性猪群周边开展循环检测、感染猪群动物进出跟踪和临床发病报告（由生产商、兽医和诊断实验室报告）等。

参考文献 2

附件2　猪伪狂犬病根除指南
——猪群伪狂犬病病毒净化方案

牲畜保护学会

作者简介：Dr. David G. Thawley 博士是明尼苏达大学兽医学院的院长。Dr. Thawley 和 Mr. Willard Korsmeyer，Beardstown，Illinois 共同担任牲畜保护学会伪狂犬病委员会的主席。

牲畜保护学会简介：牲畜保护学会是1916年成立的一间非营利机构，致力于应对与牲畜疾病控制和根除及改善牲畜处理程序有关的问题。

牲畜保护学会由180多家具有声望的公司和机构组成。这些公司和机构来自美国、加拿大的畜牧业。学会的使命是制定、实施以畜牧业为导向的动物卫生解决方案，并关注畜牧业的需求。

对猪群和猪场而言，伪狂犬病是可被消灭的。当某一猪群被发现感染伪狂犬病，必须在考虑所有相关因素的基础上选择适当的计划并严格遵守。为利用特定设施，可对基础计划作出改动。但应严格遵守基本原则。

本文件对清群重建净化方案、旨在保留猪群种系并利用血清反应呈阴性的成年猪重建猪群的检测淘汰净化方案，以及旨在利用血清反应呈阳性的成年猪所产仔猪扩大猪群规模的后代隔离净化方案计划进行了概括，并给出了具体建议。

本文件是牲畜保护学会在咨询伪狂犬病主管机构（包括流行病学家、研究科学家、诊断专家、监管兽医、推广兽医、执业兽医）的基础上制定的。

为猪群制定具体方案时可以这些指南为依据。必须强调的是，指定猪群所采用方案的详细内容必须根据实际情况进行调整。

决定如何开展伪狂犬病净化工作时，需初步考虑以下因素：①实验室数据的评估，如有必要，对诊断结果再次确认；②饲养类型、房屋、种猪群的规模、与猪直接接触的其他家畜、人流和车流、新引入猪群及替代猪来源、是否存在野生动物、死猪的处理；③附近是否存在伪狂犬病例。

1.1 考虑因素

• 被感染的猪是伪狂犬病病毒的主要来源。

• 伪狂犬病病毒主要通过猪或其分泌物传播。但是，犬、猫、啮齿动物和野生动物在多个暴发案例中也曾作为感染源。个别情况下，人和可供伪狂犬病病毒附着的介质（如靴子、草垫、肥料、卡车）可能携带伪狂犬病病毒。伪狂犬病病毒不会在排泄物或尿液中大量存在。

• 在建立无伪狂犬病的新猪群时，必须考虑猪群首次感染所涉及的因素。这些因素必须得到纠正，以防发生再感染。管理人员的专注和积极的态度对于猪群净化伪狂犬病病毒的成功至关重要。

• 潜伏感染的病毒可能存在于猪群之中，潜伏之前和潜伏期间没有任何被确认的临床迹象。此类病毒的携带者可能定期（尤其在应激反应期间）排出病毒，并感染猪群其他猪只。

• 环境中病毒的生存情况对建立无伪狂犬病的猪群有重要影响。如果条件理想（例如潮湿、凉爽的草垫，尤其是稻草），病毒可在 4℃下存活 140 天。其他条件下的最长存活时间如下：37℃，24 小时；24℃，10 天；18℃，30 天；木板，7 周；冰箱温度，6 个月；猪的尿液，2 周；玉米粒，5 周；潮湿的金属，3 周。在干净的混凝土、绿色植物或适当贮存的干草上，伪狂犬病病毒的存活时间很短。

• 对于任何净化活动而言，季节的选择很重要，因为温度和干燥程度对病毒存活的影响非常大。高温、阳光直射和干燥条件会使病毒迅速失活。

• 所有被普遍采用的血清学检测方法均准确有效，但仍可能出现误判（假阳性或假阴性）。标本处理不当可能导致出现假阴性或导致检测无效。检测期间必须小心避免微生物或化学污染。血清学检测结果呈阳性表明标本最晚在采样前 5～14 天被感染。因此，检测结果应用于猪群状态评估。血清学检测结果呈阴性表明采样之前 12～14 天内未发生感染，但无法体现过渡期。检测应作为监测猪群是否存在感染现象的一种工具。反复开展监测对于项目进度的监控至关重要。

• 经常检测猪群的代表性标本比不定期开展覆盖整个猪群的检测更具价值。

• 要想在猪群中成功实施净化，必须严格开展隔离工作。猪群暴露的概率随区域内感染猪群数量的增加而上升。

• 将被感染猪从养殖场清除的计划只有在获得相关监管机构许可之后才能实施。

• 疫苗接种：伪狂犬病疫苗接种既不能完全防止感染或病毒潜伏，也不能消除感染之后的病毒排出现象。但是，疫苗接种可抑制伪狂犬病在猪群内的传播。有配套的血清学检测方法的“特异性”疫苗可将接种疫苗的动物与感染野毒株的动物区分开。建议通过咨询兽医选择最适用的疫苗。

1.2 猪群净化策略的选择

猪群伪狂犬病净化的基本方案有 3 种：检测淘汰、仔猪隔离、清群重建。这 3 种方案有着各自的优点和适当条件。决定选用哪种方案时，需要考虑的因素有：

1.2.1 饲养类型

不同的饲养类型（自繁自养、种畜、架子猪生产、架子猪肥育）对方案的选择有着不同的影响。

1.2.2 流行率

猪群感染率应通过血清学监测来确定。在母猪数量超过 200 头的大型猪群中，对 30 头样本猪进行监测通常可获得满意的估算值（大型猪群：测试 10%的猪，小型猪群：至少测试 30 头）。显然，如果生产性能最佳的成年猪的血清检测呈阳性，立即淘汰是不可取的。如果猪群中超过 60%的猪血清检测结果呈阳性，或者重新检测期间又发现其他阳性猪，分阶段开展检测淘汰、清群或仔猪隔离方案是比较明智的选择。

1.2.3 设施

评估不同设施之间维持独立的可能性。为多个设施安排不同的员工是一种理想但不必要的做法。独立性越好，发生交叉污染的概率越低。但是也有关于对各窝间隔 12 英尺* 以下的猪群进行净化的报道。

任何方案（清群除外）可能都无法做到将同一建筑内所有年龄段的猪完全圈禁。鉴于猪舍内预计会出现空气传播，通风系统的设置是至关重要的一项措施。猪舍外部无须设置很远的距离。但是，伪狂犬病通过空气在猪舍之间进行传播的现象

---

* 英尺为我国非法定计量单位，1 英尺＝0.304 8 米。

在许多文件中都有记载。

防止伪狂犬病在猪群内传播的最有力的管理措施是以全进全出的方式控制猪群流动。单独采取这一措施通常能阻止伪狂犬病的传播，并相应提升猪群的生产性能。在实践中，全进全出的管理需要把握好尺度。理想情况下，每一组的猪数量应少于400头，年龄应集中在1～2周（最大不超过4周）之内。此外，在引进猪之前，应清洁猪舍。各组之间应杜绝直接接触或以气溶胶为媒介的接触。

1.2.4 种系的价值

为保存珍贵种系，应考虑实施检测淘汰方案或仔猪隔离方案。但如果猪群的伪狂犬流行率较高，这两种方案可能难以成功实施。

1.2.5 人员的专注程度和管理能力

必须认真规划和遵循方案的细节。如果畜主舍不得放弃“基础母猪”，猪群可能再次发生感染。

1.2.6 财务方面的考虑

方案必须适应畜主的财务资源状况。签订妊娠母猪合同、购买临时设施等非常规做法可为财力不足的畜主提供解决方案。采取此类做法时可能需要咨询贷款方。

1.2.7 替代猪的可用性

应从基因和疾病角度考虑这一因素。

1.2.8 猪群疾病状况

猪群是否感染伪狂犬病以外的疾病可能成为一项重要的考量因素，因为如果存在其他疾病，清群计划可能是最实用的选项。一些慢性病所产生的影响具有累积性。在可为猪群清群重建寻找到无病家畜的前提下，清群计划对净化猪群慢性病和伪狂犬病而言是一种经济的手段。

1.2.9 区域伪狂犬病状况

区域内是否定期出现伪狂犬病、是否只有少数猪群感染伪狂犬病、猪群规模、猪饲养密度是决定猪群完成净化之后能否维持无疫状态的因素。

1.3 净化方案

1.3.1 生长育肥猪群净化方案

选择伪狂犬病净化方案的第一步是确定是否存在任何被感染的生长肥育猪，并估计种猪群的伪狂犬病血清阳性率。如果生长猪持续流动，只需要检测一组猪。如果猪以全进全出的方式流动，每组猪都要接受检测。仅检测年龄大于 4 月龄的猪可避免由被动抗体引发的误解。

阻止伪狂犬病在生长肥育猪群中的蔓延

伪狂犬病流行期间，病毒通常通过猪群迅速蔓延，导致血清阳性率接近 100%。之后，病毒会自动停止在大多数猪群的生长肥育猪中的蔓延。但是，病毒在大型猪群的生长猪中间通常仍会继续蔓延。猪群被完全圈禁的程度越高，连续引入的易感染猪的数量越多。根据这些相关因素，可制定防止伪狂犬病在生长猪中间蔓延的计划。

阻止伪狂犬病传播最有力的管理措施是以全进全出的方式控制猪流动。单独采取这一措施通常能阻止伪狂犬病的传播，并相应提升猪群的生产姓名。在实践中，全进全出管理需要把握好尺度。理想情况下，每一组的猪数量应少于 400 头，年龄应集中在 1～2 周龄（最大不超过 4 周龄）之内。此外，在引进猪之前，应清洁猪舍。各组之间应杜绝直接接触或以气溶胶为媒介的接触。

决定是否对生长肥育猪进行接种时必须考虑接种疫苗的预测经济效益与接种成本。人们尚未就具体在哪个年龄段接种疫苗达成一致意见。理想情况下，猪应在通常发生感染的时间点之前 2～4 周接种疫苗。不同猪群的接种年龄存在差异。因此，接种年龄应根据猪群的具体情况来决定。

1.3.2 种猪群净化方案

对种猪和育肥猪进行初步抽样调查之后，必须制定档案为猪群净化提供最经济的方法。方案应采用以下三类中的某一类。

- **检测淘汰阳性猪：**利用血清检测阴性的成年猪重建猪群；
- **仔猪隔离：**利用血清检测阳性成年猪所产的仔猪重建猪群；
- **清群重建：**接种疫苗通常是清群重建方案的重要组成部分。在种猪群内开展疫苗免疫至关重要，这是控制蔓延的主要手段。接种疫苗的目标是：①在潜伏性病毒被激活时抑制病毒排出；②在幼年母猪、母猪接触病毒时减少新的感染病例的出现。免疫频率影响免疫反应，但至今尚无关于最佳接种周期的数据。目前，大多数猪群每半年免疫一次，或在产仔之前免疫。强度较高的免疫计划要求猪群每季度免疫一次，或在产仔之前和断奶时分别免疫。应采用能将免疫猪与野毒感染猪区分开来的疫苗。这一点很重要。大多数畜主应针对种猪群和生长猪群使用同一种疫苗。这可以避免选自留种猪群的幼年母猪出现假阳性反应。

另外一项通行的建议是尽可能减少应激。应激母猪的生殖能力较低。更为重要的是，应激会使母猪对伪狂犬病的免疫反应受到抑制，进而导致应激母猪出现潜伏性感染，再次发病和排出病毒。已知的应激原包括肢体冲突、环境温度过高、更换猪舍和粗暴的处理方式。管理者对猪的态度和管理者的养殖技能对母猪的免疫系统有着至关重要的影响，并可能成为影响猪群成功净化伪狂犬病的最重要因素，尽管这一点很难用文件证明。

1.3.2.1 方案 A：检测淘汰阳性猪

检测和淘汰-在适宜条件下，此方案对管理工作的影响最小，花费最少。在流行率保持稳定或呈下降趋势且当前无临床症状的猪群中，此方案较为成功。在许多猪群中，该方案可与接种疫苗计划相结合。该方案无法成功用于完全圈禁且所有年龄段猪处于同一猪舍内的猪群。完全圈禁系统中的猪群、当前存在临床症状或持续蔓延迹象的猪群不应尝试此类方案。流行率越低，该方案获得成功的概率越高。

实施该方案有两种选择：

（1）立即检测和清除（单独开展，或与接种疫苗相结合）。若种猪群内有20%～25%的猪血清检测呈阳性且生长猪和肥育猪无感染迹象，可采用这种方案。每 30 天对整个种猪群开展一次检测，并立即淘汰所有阳性猪。其余母猪可接种疫苗。所有阳性猪必须视为潜在的感染源。若三次检测之后仍发现血清反应呈阳性的猪，应重新评估方案。阳性猪必须立即运往屠宰场或隔离设施。出于保存种系的目的而保留感染猪可能导致净化失败。如果某猪群在两次覆盖整个猪群的检测中均呈阴性，该猪群可视为无伪狂犬病。

（2）分阶段检测和淘汰（使用疫苗）。为尽量减少对猪流动的干扰并尽量降低财务成本，可采用分阶段检测和淘汰的方案。伪狂犬病净化失败的风险较高是这种方案的固有缺陷，因为阳性猪会在猪群中保留更长的时间。通过接种疫苗可降低这种风险。此外，削减的成本可大幅抵销这种风险。所有母猪和公猪均接受检测，然后接种疫苗。原有阳性母猪在下次断乳时（必要时在两次断乳之后）淘汰。所有阳性公猪立即淘汰。阳性母猪在断乳后被接种疫苗的幼年母猪所替代。替换原有被感染的母猪可能要占用3个繁殖周期。替换工作应尽快完成。

1.3.2.2　方案B：仔猪隔离

仔猪隔离的方案最适合临床暴发结束至少6个月的时期和只经历亚临床感染的猪群。此类方案不受猪群血清检测阳性猪或育肥猪比例的限制，但仅适用于包含种畜的猪群。

此方案的常规做法是给所有未怀孕的母猪和幼年母猪接种兽医选择的疫苗。接种疫苗的种畜在产仔前2～4周内应注射免疫强化剂，以尽量提升为乳猪提供防护的初乳抗体的数量。

程序

尽早（2～3周龄时）让仔猪断奶，尽可能多地选择头胎母猪作为替代母猪，将这些母猪立即转移至离其他猪尽可能远的设施。

隔离猪群的饲养要尽可能避免可能接触伪狂犬病病毒。采取的措施包括：隔离饲养员、更换靴子和防护服、防止母猪与其他猪接触、对运输车辆进行消毒。

从每个群中随机选择14头4～5月龄的后备母猪进行血清学检测（ELISA）。如果任一头后备母猪的测试结果呈阳性，该群的所有母猪均需接受测试。若血清检测阳性比例低于10%，应立即将这些母猪淘汰，并在30天后重新开展全群检测。若血清阳性率超过10%，应将所有作为替代母猪的后备母猪出售，并启动隔离程序。

替代后备母猪应尽可能注射疫苗，并在隔离设施中进行配种和妊娠。应确保使用未被感染的公猪进行配种。如果无法在隔离设施中进行配种，应提前30天清空替代母猪拟入住的配种、妊娠设施并进行消毒。新种畜与原有种畜之间至少设置一道围栏。这些替代母猪在产仔前2～4周内可注射免疫强化剂。

在仔猪断奶时将原有种畜从感染猪群中淘汰。清空分娩设施，或者将分娩单元进行分离，并且在替代母猪入住前30天进行消毒。

将保育、生长或肥育设施维持30天的开放状态，在原有感染猪群的后代仔猪移除之后进行清洗和消毒。

清理期间及清理结束后，每3个月对新猪群开展一次血清学监测。在14头种猪和9头肥育猪通过两次监测之后方可宣布猪群进入无伪狂犬病状态。

1.3.2.3　方案C：清群重建

考虑因素

该方案推荐用于慢性感染程度较高的圈禁猪群。这类猪群也是该方案最可能获得成功的应用猪群。如以下条件得到满足，可考虑采用该方案：

（1）血清检测阳性猪的比例较高（超过75%）（尤其当各栏猪的血清阳性率日益升高或重复检测期间发现新血清检测阳性猪时），表明伪狂犬病正在迅速蔓延。

（2）某一现有遗传品系几乎丧失价值。

（3）养殖场面临多种健康问题。

（4）多个猪舍共用同一气源，或隔离措施难以维持。

此方案的一个重大优势是可为利用更健康、基因更优越的猪重建种群。其他疾病造成的损失可能和伪狂犬病造成的损失一样多，甚至更多。

该方案应涵盖以下内容：

猪： 为清群（货车运输、人员、解除检疫相关文件）、重建（日期、设施位置）、血清检测和复检（目的是监督引种）等工作制定计划表。

设施： 更换轻型猪肥育设施，饲料，水和粪肥处理设施。

人员： 管理人员要求完成工作的委托；确保养殖场员工熟悉方案、自身角色及清洁、污染区域的维护需求，安排日常文书工作、解除检疫、许可、额外事项。

设备和物资： 为清洁、消毒、粪肥处理、饲料运输、死猪处理等工作提供设备和物资。

监控季度： 与兽医和实验室合作制定血清检测计划表。

预算： 估算兽医和实验室服务、消毒剂、额外帮助（若需要）的成本和所有非常规费用。

时间选择

尽可能选择温暖、干燥的季节。光照和干燥条件可令伪狂犬病病毒快速失活。寒冷季节，在清空的设施内可通过冻融交替操作使病毒失活。

清群

在猪达到上市体重之后数月的时间内开展清群工作是最常用、最经济的做法。对于商品猪群，不要太急于对轻型猪清群。应待轻型猪达到上市体重之后将其出售。不要保留生长缓慢的猪。

其他选择

（1）将所有种猪和达到上市体重的猪出售，供屠宰。将其他所有猪出售给隔离饲养场。隔离饲养场没有种畜，只出售用于屠宰的猪。如得到妥善规划且拥有合适的后备母猪，这一方案能够尽量缩短养殖场的停工期。

在获得批准并针对附近猪群设立防护措施后，清洁和消毒期间保有的生长肥育猪可转移至相邻养殖场或独立的隔离饲养场。必须采取预防措施防止人、动物或机械给清洁后的建筑带来二次污染。

(2) 仔猪断奶之后尽早将母猪出售。育肥猪舍的断奶仔猪和商品猪应尽早移往他处。猪可转移至隔离饲养场进行育肥。

清洁

彻底清洁养猪设施，清除所有异物、粪肥、稻草和垃圾。外部场地的清理工作包括转移所有饲养设备，清除所有粪肥和碎屑，车顶清洁和消毒地面（1周之后再进行一次），将地面维持在清空状态至少30天。刮除地面上的污迹，直至露出洁净土壤，对土壤进行翻耕，使其接受阳光的照射，然后让土壤闲置30天。将所有无法完全清洗的物资清除出现场并焚烧。

料槽和其他设备的清理：用水管全面冲洗并刮除积攒在设备上的饲料和碎屑，然后进行消毒。

建筑物的清理：清除所有粪肥和饲料，刮除地板和墙壁上的所有堆积物并用高压喷头全面冲洗，用优质的洗涤剂清除所有有机物，然后往地板和墙壁上喷消毒剂。反复清洗后让地板和墙壁干透。

将粪坑中的水抽出，然后把粪坑打扫干净。这是建筑物清理工作的一部分。建筑物清洁和消毒工作完成后，再次将粪坑中的水抽出。

如养殖场正在使用氧化池废水处理系统，建议在伪狂犬病暴发期间和清理期间不要使用回收水冲洗系统。鉴于伪狂犬病病毒的失活速度很快（实验证明，即使病毒浓度很高，灭活需要的时间也不超过3天），最好不要将氧化池中的水抽出。清理期间建议不要尝试对氧化池进行消毒。粪坑对猪而言是距离更近的污染源，但实验表明，伪狂犬病病毒在粪坑中的存活时间不超过3天，且猪排入粪坑的病毒数量很少。良好的清理方法是将粪坑中的水抽出，让建筑中使用的消毒剂流入粪坑，然后再次将粪坑中的水抽出，晾干。这种方法更为重要的一个优点是可以防止新猪群接触比伪狂犬病病毒更顽固的病原生物体。

清洁和消毒工作必须结合分阶段清群工作开展。所有猪离开之后，应再次进行清洁和消毒。

清洁或更换所有用于分配风量的通风塑料袋。

立即焚烧从围栏、建筑物清理出的所有粪肥和有机物，或通过翻耕将其埋在牧场的地下。此类物质不得作为牲畜的饲料。猪转移（目的是避免猪接触此类物质）至少1周之后才能将此类物质运入牧场。这样可以尽量减少野生动物、流浪猫、流浪犬与此类物质的接触。

消毒

推荐消毒剂：邻位酚盐、5%苯酚、次氯酸钠、次氯酸钙、2%氢氧化钠、磷酸三钠、季铵盐、氯己定。在存在有机物的环境下，所有这些消毒剂的效果都欠佳。

也可采用熏蒸法进行消毒，但必须非常小心。熏蒸法具有危险性，且不能代替全面清洗工作。

啮齿动物

消灭啮齿动物。防止野生动物和其他家畜接触猪或饲料。

猪群重建

消毒工作完成至少30天后才能启动猪群重建工作。如果对清理和消毒程序的有效性存在任何疑问，应等待更长的时间。清理-消毒与猪群重建的间隔时间可能发生很大的变化，具体取决于天气和农场条件。这一问题和重建猪群的检测等事项应在计划期间纳入考虑范围，并在咨询兽医之后作出决策。

在伪狂犬病检测结果呈阴性的合格猪群的基础上开展猪群重建工作，对设施采取隔离措施，30天后再次进行测试。

安全

再次检测之前，确保各组替代母猪和公猪与猪群其他猪相隔离。

为尽可能减少应激现象，所有隔离单元应保持清洁、卫生、舒适。这些单元与其他设施之间应充分采取分离措施，以防止发生气溶胶传播。这些单元不得与野生动物、犬及其他宠物或逃出猪栏的猪发生接触。应在隔离单元内穿/脱独立连体服和靴子。消毒脚盆应放在入口处，并投入使用。隔离单元通常是养猪场内最不安全的设施。采取隔离措施的必要性在于：能为消灭疾病或生成抗体提供时间，能为新引进的、携带各类病原体的猪在混入猪群之前通过排出病毒（应激诱导）恢复常态创造条件。许多情况下，宜采用疫苗对新的种猪群进行接种。

尽早建立封闭的猪群可使安全性达到最佳。

附件3　伪狂犬病根除项目标准（州-联邦-行业）

美国农业部禁止其开展的任何项目和活动存在种族、肤色、宗教、年龄、残疾、政治信仰、性取向、婚姻状况、家庭状况方面的歧视（这些方面并非适用于所有项目）。需要盲文、大字版本、录音带等其他项目信息传播方式的残疾人士请联系美国农业部TARGET（塔吉特）中心，电话（202）720-2600（支持语音通话和手语对话）。

如想投诉歧视现象，请致函华盛顿西南区独立大道1400号惠腾大厦326-W室美国农业部民权办公室主任（邮编：20250-9410），或致电（202）720-5964（支持语音通话和手语对话）。美国农业部在提供服务和招聘期间遵循机会均等的原则。

2003年11月发布

本文件取代2003年8月1日生效的同名文件（APHIS 91-55-071）。

本文件所述的最低标准不妨碍国内任何地区或政府分支机构执行更严格的标准。

引言

本文件所述的项目标准旨在根除美国所有家猪的伪狂犬病，是美国农业部下属机构——动植物检疫署兽医局制定的最低标准，于2003年10月召开的美国动物卫生协会年会上获得生猪健康执业兽医和各州动物卫生官的批准。

下方重点列出了本版“项目标准”作出的变更。

全文采用“国家猪肉委员会”替换“国家猪肉生产商委员会”。

第一部分　定义

增加了“商业生产猪”“确诊病例”“野生猪”和“过渡型生产猪”的定义。

第二部分　行政程序

B节：进入和置身养殖场期间，项目人员必须执行生物安全程序。

G节：只有项目参与、项目资格提升申请的原件才需发送给国家动物卫生项目中心审批。不需要发送副本。

I 节：新增条款，描述了修改项目标准的程序。

第三部分　第一阶段（准备）

A. 6 节：州进度和活动报告需按月编制。

第三部分　第四阶段（监测）

A. 4 节：新增条款，要求各州制定实施将野生猪、过渡型生产猪与商业生产猪适当分离，并对其交界处进行适当控制的管理计划。

G 节：只有商业生产猪的伪狂犬病确诊病例需立即上报给兽医局。此外，商业生产猪确诊病例经鉴定之后，病猪周围 5 英里范围内猪群及与病猪接触的猪群禁止出现生猪外流，直至这些猪群的官方随机样本检测（95/5）结果呈阴性。该项检测必须在猪群被确定感染后 15 天内完成。

第三部分　第五阶段（免检）

B. 6 节：要求各州制定实施将野生猪、过渡型生产猪与商业生产猪适当分离，并对其交界处进行适当控制的管理计划。

C 节：只有商业生产猪的伪狂犬病确诊病例需立即上报给兽医局。此外，商业生产猪确诊病例经鉴定之后，病猪周围 5 英里范围内猪群及与病猪接触的猪群禁止出现生猪外流，直至这些猪群的官方随机样本检测（95/5）结果呈阴性。该项检测必须在猪群被确定感染后 15 天内完成。

1.1 第一部分　定义

特派兽医

经美国农业部动植物检疫署批准履行“州-联邦-行业动物疾病控制和根除合作项目”必要职能的兽医。

署长

美国农业部动植物检疫署署长或该署被授权或可能被授权代替署长开展工作的其他官员。

经批准的多级市场

经署长批准、按州际法规及项目标准的相关规定出售种猪、架子猪、屠宰猪的牲畜市场。

经批准的伪狂犬病鉴别检测诊断

任何符合以下要求的伪狂犬病鉴别诊断检测：

（1）可将接种疫苗的生猪与被感染的生猪区分开。

（2）经农业部长特许，拥有“州-联邦-行业动物疾病控制和根除合作项目”的使用标志。

（3）在经署长批准的实验室内开展。

经批准的架子猪市场

根据联邦州际法规及项目标准的相关规定出售架子猪的牲畜市场（不接受来自已知感染猪群的动物）。此类市场符合以下要求：①所有生猪均来自伪狂犬病检测结果呈阴性的合格猪群；或②所有生猪均来自已经取得“伪狂犬病根除项目”第三、第四或第五阶段资格的州；或③所有生猪均来自接受伪狂犬病监控的架子猪群；或④所有生猪在投放市场前30天或更早时间开展的官方伪狂犬病检测中均呈现阴性，对于单一来源、不包含母猪的猪群，州级兽医可能要求在出售之前对现有生猪开展官方随机样本检测（95/5）；⑤清理和消毒工作必须在所有其他类别的生猪已被清除之后、架子猪投放市场之前实施；⑥州级兽医可能提出认为必要的其他要求，以限制疾病通过市场传播的可能性。

经批准的屠宰场

经署长批准，根据州、联邦相关法规只接受和出售屠宰猪的牲畜市场。经批准的屠宰场不得流出生猪，除非是直接交付给另一经批准的屠宰场、获认可的急宰设施或隔离养殖场。

种猪

某一养殖场内所有年龄达到或超过6个月并且用于或准备用于育种的生猪。

证书

未被发现感染或接触伪狂犬病的生猪在跨州调运之前由兽医局代表、州代表或特派兽医发放的官方文件。此类文件注明：①调运生猪的数量和相关情况；②调运生猪未被发现感染或接触伪狂犬病病毒；③调运目的；④调运始发地和目的地；⑤发货方和收货方；⑥州和联邦相关法律法规要求注明的其他信息。

商业生产猪

持续受到管控的生猪（拥有防止接触过渡型生产猪或野生猪的适当设施和做法）。

共同场地

一群或多群牲畜共享的场地、区域、建筑和设备。

确诊病例

所有经官方伪狂犬病流行病学家确认感染伪狂犬病病毒的动物（官方伪狂犬病

检测结果为此类诊断提供支持)。

副局长

美国农业部动植物检疫署兽医局副局长或该处被授权代替副局长开展工作的任何其他官员。

直接运输

途中无卸载作业、不接触项目资格较低的生猪且不接触被感染或被暴露牲畜的流动方式。

暴露牲畜

所有与感染伪狂犬病病毒的动物接触过的牲畜，包括已知感染畜群中的所有牲畜（连续 10 天未接触临床伪狂犬病病例的生猪不应再被视为被暴露牲畜)。

暴露生猪

所有与感染伪狂犬病病毒的动物接触过的生猪，包括已知感染猪群中的所有生猪。

原产养殖场

生猪出生所在的养殖场或生猪在流动之前连续居住天数不少于 90 天的养殖场。

野生猪

自由活动的生猪。

感染牲畜

所有经官方伪狂犬病流行病学家确认感染伪狂犬病病毒的动物（官方伪狂犬病检测结果为此类诊断提供支持)。

州际

从任一州进入或穿越其他州。

州内

某一州内。

隔离

利用物理障碍隔离生猪的一种方法，确保健康生猪无法接触被隔离生猪的身体、排泄物或其他生猪的排泄物，不与其他生猪共用通风系统，且距离其他生猪不少于 10 英尺。

已知感染猪群

任何被官方伪狂犬病流行病学家确定感染伪狂犬病病毒的生猪所在的猪群。

特许伪狂犬病病毒疫苗

经农业部部长特许，依据《病毒-血清-毒素法案》（1913 年 3 月 4 日发布）及其所有修订法规（美国法典第21篇第151条及后续各条款）生产的所有伪狂犬病病毒疫苗。

牲畜

猪、牛、绵羊、山羊。

受监控的阴性野生猪群

地理位置明确、接受持续监测、无感染迹象、被伪狂犬病流行病学家归类为"受监控的阴性野生猪群"的区域输出的野生猪。

移动

以海运、陆运等方式移动，或通过陆路、水路或航空途径被交付或接收。

国家伪狂犬病控制委员会

负责根据项目标准审核各州的伪狂犬病根除项目资格申请，就项目阶段的命名为动植物检验署、兽医局提供建议的委员会。该委员会目前有6名成员——美国动物卫生协会、国家猪肉委员会、国家畜牧业学会（前身为牲畜保护学会）代表各两名，分别由这三家机构的主席任命。

官方伪狂犬病流行病学家

由州动物卫生官和负责调查、诊断牲畜疑似伪狂犬病的兽医指定的州级兽医或联邦兽医。官方伪狂犬病流行病学家应在伪狂犬病诊断和流行病学方面接受专业培训，以满足该职位独特的资格要求。

官方伪狂犬病猪群清除计划

旨在消除猪群伪狂犬病病毒的书面计划。此类计划应：①由官方伪狂犬病流行病学家在与牧主及下属兽医人员磋商之后制定；②可被前述各方接受；③经州动物卫生官批准。

官方伪狂犬病血清检测

所有经署长批准并在经署长批准的实验室内开展，被列入《联邦法规汇编》85.1部分第9节，以诊断猪伪狂犬病、确定是否存在伪狂犬病抗体为目的的官方检测。

官方伪狂犬病检测

所有经署长批准并在经署长批准的实验室内开展，被列入《联邦法规汇编》85.1部分，以诊断猪伪狂犬病为目的的官方检测。

官方随机样本检测（95/20）

利用官方伪狂犬病血清检测手段，在猪群中至少有20%的生猪伪狂犬病感染抗体血清反应呈阳性的情况下，有95%的概率检测到猪群感染的抽样程序。养殖场每个隔离的猪群必须视为一个单独的猪群，并按以下规定进行抽样：

生猪数量≤14头：检测所有生猪；

生猪数量>14头：检测14头。

官方随机样本检测（95/10）

利用官方伪狂犬病血清检测手段，在猪群中至少有10%的生猪伪狂犬病感染抗体血清反应呈阳性的情况下，有95%的概率检测到猪群感染的抽样程序。养殖场每个隔离的猪群必须视为一个单独的猪群，并按以下规定进行抽样：

生猪数量<100头：检测25头；

生猪数量100～200头：检测27头；

生猪数量201～999头：检测28头；

生猪数量≥1 000头：检测29头。

官方随机样本检测（95/5）

利用官方伪狂犬病血清检测手段，在猪群至少有5%的生猪伪狂犬病感染抗体血清反应呈阳性的情况下，有95%的概率检测到猪群感染的抽样程序。养殖场每个隔离的猪群必须视为一个单独的猪群，并按以下规定进行抽样：

生猪数量<100头：检测45头；

生猪数量100～200头：检测51头；

生猪数量201～999头：检测57头；

生猪数量≥1 000头：检测59头。

许可证

感染或接触伪狂犬病病毒的生猪在跨州运输之前由兽医局代表、州代表或特派兽医发放的官方文件。此类文件注明：①调运生猪的数量；②调运目的；③调运出发地和目的地；④发货方和收货方；⑤州和联邦相关法律法规要求注明的其他信息。

流行率

某州截至第三阶段资格申请之日已知感染猪群的数量除以该州经国家农业统计局确定的猪群数量。某州对州内所有养猪户进行实地调查之后，此类调查所形成的猪群数据可取代国家农业统计局的数据。

伪狂犬病

家畜和其他多种动物的一种传染性疾病，又称奥耶斯基氏病。

接受伪狂犬病监控的架子猪群

本文件中，“接受伪狂犬病监控的架子猪群”“接受伪狂犬病监控、接种疫苗的架子猪群”“接受伪狂犬病监控的猪群”和“受监控猪群”均指符合本文件第四部分子部分3规定的猪群，可互换。

受伪狂犬病限制的架子猪市场

经州动物卫生官特别指定，对接受伪狂犬病检疫隔离的养殖场所输出的架子猪开展买卖活动的市场。只有隔离养殖场才能在此类市场进行销售。此类市场只可对接受伪狂犬病检疫隔离的生猪开展州内买卖活动。

接种过伪狂犬病病毒疫苗的猪

所有接种经美国农业部特许的伪狂犬病疫苗的生猪。

隔离养殖场

在州动物卫生官的监督和控制之下喂养感染或接触伪狂犬病病毒的生猪，并直接（或仅通过一个屠宰市场）向获认可的屠宰设施输出生猪的养殖场。

隔离猪群

在州动物卫生官的监督和控制之下繁殖、饲养、喂养感染或接触伪狂犬病病毒的生猪，并直接向获认可的屠宰设施、受伪狂犬病限制的架子猪市场、隔离养殖场输出生猪，或仅通过两个屠宰市场向获认可的屠宰设施或隔离养殖场输出生猪的猪群。

获认可的屠宰设施

根据《联邦检查法案》（美国法典第21篇第601条及后续各条款）的规定运行的屠宰设施或接受某州检查的屠宰设施。

州/地区

美国、哥伦比亚特区、波多黎各、关岛或北马里亚纳群岛的任何州或领土或某个州符合以下标准的任何部分：

1. 伪狂犬病根除资格属同一阶段的所有郡县必须是相邻的。

2. 任一州只能有两个资格阶段。

3. 某个州内只允许出现以下资格组合：第二阶段＋第三阶段，第三阶段＋第四阶段。

4. 不同资格的地区所输出的动物和/或畜群第三、四阶段的监测系统必须存在差别。

州动物卫生官

在自身所在州/地区负责牲畜、家禽疾病控制和根除项目的州级官员或其指定的代表。

州伪狂犬病委员会

由养猪户、动物学家、州和联邦监管人员和生猪行业的其他代表组成的经指定的咨询委员会。该委员会的职责包括：

A. 就伪狂犬病根除活动对州/地区生猪行业的所有部门进行宣传教育。

B. 审核州/地区伪狂犬病根除项目，为州和联邦动物卫生官提供建议，与州级官员酌情就以下领域进行磋商：①预算编制；②州内和州际法规（包括疫苗的使用）；③项目各阶段的进度。

C. 通过国家猪肉委员会、美国动物卫生协会、国家畜牧业学会、动植物卫生检验局与其他州和国家伪狂犬病根除项目保持联络。

州代表

某州在动物卫生工作中定期安排并授权其履行相关职能或依据该州与美国农业部签署的合作协议履行职能的人员。

监测指标

母猪和公猪的样本百分比乘以检测结果呈阳性的生猪占原产养殖场生猪数量的比例。如未发现检测结果呈阳性的生猪，监测指标为母猪和公猪的样本百分比。

监测指标计算仅可考虑两种特定的监测形式：①屠宰场取样；②在市场上取样（第一点取样）。

除非经挑选的、出于其他目的（架子猪监控、范围检测等）接受检测的母猪和公猪可从屠宰场接受检测或接受第一点检测的猪群中清除（此时，猪群中的母猪数量可从接受监测的猪群中扣除），否则监测指标计算不得考虑以下类型的数据：①以流行病学研究（例如范围检测、感染猪群双向追溯）为目的采集的样本所产生的数据；②资格检测（例如为确定合格阴性猪群、接种疫苗的合格阴性猪群和接受架子猪监控的猪群的资格而开展的检测、以销售和展示为目的开展的检测）所产生的数据。

监测指标计算应采用某州/地区为符合第三、四、五阶段的监测要求而接受检测的种猪比例，无论监测活动在屠宰场开展还是在第一点开展，还是作为地区检测项目的一部分。监测指标计算所采用的体系必须是随机的，且必须代表该州/地区内资格尚未明确的所有猪群。

资格申请文件中必须注明屠宰监测、第一点检测或养殖场（地区）监测的随机性。

国家猪肉委员会生猪健康分会

由国家猪肉委员会决定组建、根据需要召集科学专家的猪肉生产商委员会。该委员会负责审核国家伪狂犬病根除项目和联邦为该拨付项目资金的支出情况（每年至少审核一次）。该委员会还将提前审核联邦就任一国家监测项目向各州分配资金的情况，并酌情向兽医局提出建议。

未被发现感染或接触伪狂犬病病毒的生猪

除已知感染或接触伪狂犬病病毒的生猪以外的所有生猪。

过渡型生产猪

圈养的野生猪，或有合理机会接触野生猪的生猪。

主管兽医

经美国农业部动植物检疫署署长任命，负责在相关州/地区代表该局开展官方动物卫生工作的兽医局兽医官。

兽医局

美国农业部动植物检疫署兽医局。

兽医服务代表

被兽医局雇用并授权开展官方伪狂犬病根除活动的人员。

1.2 第二部分 行政程序

A. “州-联邦-行业动物疾病控制和根除合作项目”的监督

“州-联邦-行业动物疾病控制和根除合作项目”（以下简称“合作项目”）必须接受州或联邦政府雇用的全职动物卫生兽医的监督。

B. 进入养殖场

为合作项目开展工作的人员必须从州相关部门获得进入养殖场实施项目的授权。在养殖场期间，此类人员必须采用公认的卫生和生物安全程序，以尽量降低被调查的养殖场通过物理途径在畜群之间传播疾病或向其他养殖场传播疾病的风险。

C. 为牧主提供服务

牧主负责对其牲畜进行处理。项目管理人员必要时可与特派兽医、专业辅助人员、州和联邦其他机构或私营企业的管理人员签署合同，以协助州和联邦的动物卫生人员采集血液或组织样本、识别牲畜及开展其他项目活动。

D. 通知感染伪狂犬病病毒的猪群及隔离养殖场所在社区

某一猪群因为伪狂犬病被检疫隔离后30天内，州或联邦项目官员应通知相关社区的牧主。在批准某一隔离养殖场时，项目官员也应通知相关社区的其他牧主。通知可采用函件的形式，需强调采取适当措施防止生猪患上伪狂犬病的重要性。猪群检疫隔离结束或隔离养殖场的批准期限终止时，项目官员应在30天内以告知信的形式通知牧主。

E. 经销商登记和记录保存

以下生猪经销商（个人或其他法人实体）必须在州相关机构登记或申领执照。

- 采购、经营或销售生猪的经销商；
- 以销售代理人或经纪人的身份开展活动的经销商；
- 从事生猪拍卖活动的经销商。

经销商必须保存执照发放机构要求保存的记录，为州机构追踪生猪的来源猪群或目的地猪群创造条件。

1. 经销商登记。在向相关经销商发出到期通知并提供聆讯的机会后，若满足以下某一条件或所有条件，州机构有权拒绝、搁置或取消登记申请。

   a. 有充分证据表明相关经销商企图违反或规避本节和/或其他动物卫生法规的记录保存要求；

   b. 相关经销商多次出现未能保存生猪销售和采购记录的情况。

2. 保存记录。所有登记或获取执照的生猪经销商均必须就所有以零售为目的开展的生猪采购活动保留充分的记录，为州机构按要求追踪采购牲畜的来源猪群和目的地猪群创造条件。这些记录至少保留2年。

3. 处理违法行为。州动物卫生官有权强制经销商遵守登记和记录保存要求。该权限包括索取适当的记录、传唤被告违反这些最低标准的人员。此外，州内相关官员还有权请求地方法院发布实施此类索取和传唤工作的命令。

F. 项目活动的行政审核

兽医局相关人员将持续审核州/地区伪狂犬病项目的进度，以确保此类项目符合项目标准。

G. 项目资格申请

由州动物卫生官和主管兽医共同签署的项目参与和项目资格提升申请必须随必要的文件一同提交给兽医局国家动物卫生项目中心的伪狂犬病根除项目人员审批。此类申请应在兽医局作出最终决定之前接受国家伪狂犬病控制委员会的审核。

H. 其他移动

州级兽医可根据具体情况的要求批准牲畜以项目标准未规定的方式移动，以防止伪狂犬病病毒蔓延。此类权限仅能用于事先无法合理预测的情形，不得针对同一问题反复使用。但是，为实现必要的变更，项目标准可作出修订。

I. 项目标准变更

项目标准拟作出的所有变更均必须首先接受伪狂犬病项目标准分委员会（美国动物卫生协会伪狂犬病委员会的分委员会）的审批。之后，拟作出的变更必须在美国动物卫生协会年会上接受伪狂犬病委员会的审批。经伪狂犬病委员会批准并纳入伪狂犬病委员会报告的变更内容将以建议的形式转发给兽医局国家动物卫生项目中心的人员，供后者进行最终审批。

1.3 第三部分 项目阶段和要求

第一阶段 准备

这是项目的初始阶段。控制和根除伪狂犬病的基本程序在该阶段制定。

A. 为满足第一阶段资格的认定要求，项目资格申请应提供文件证明相关州满足以下标准

1. 该州已组建州伪狂犬病委员会，且该委员会正在开展工作。

2. 该州通过制定计划为确定州/地区猪群中伪狂犬病的流行率提供了可靠的体系。该体系涵盖：

a. 强行要求生产商、兽医和实验室上报疑似伪狂犬病病例；

b. 对检测要求的所有权变更；

c. 在生猪市场、屠宰场或养殖场从母猪和公猪身上采集血样。该项工作的重点是对出于其他目的（布鲁氏菌验证、疾病诊断、参展要求等）采集的血样进行伪狂犬病检测。

3. 州官员和/或行业代表拥有或正在积极寻求以下法定权限：

a. 参与“州-联邦-行业动物疾病控制和根除合作项目”；

b. 要求生产商、兽医和实验室向州动物卫生官上报伪狂犬病疑似病例；

c. 对伪狂犬病疑似病例开展诊断调查和流行病学调查；

d. 对确认存在伪狂犬病的养殖场进行检疫隔离；

e. 跟踪隔离养殖场的生猪采购和销售情况，对采购和销售的生猪进行检测，并采集诊断样本；

f. 对州内和进入州内的种猪、架子猪、屠宰猪的运输活动进行规范；

g. 控制伪狂犬病病毒疫苗的使用；

h. 规范死亡牲畜的处置工作。

4. 制定、实施向生产商和其他利益相关方发放项目文件的制度。

5. 执行联邦相关伪狂犬病法规。

6. 每月编制州进度报告。

各州将编制月度伪狂犬病根除活动报告，并将其提交给兽医局。此类报告将以表格形式纳入国家项目进度报告。兽医局应按要求编制报告，并向国家猪肉委员会监督分会汇报项目进度、项目运行和联邦资金的使用情况（包括但不限于所有国家屠宰监测项目的运行情况，每年至少汇报一次）。

B. 资格期限

获兽医局颁授第一阶段资格 24～28 个月之后，相关州必须：①利用其最初遵循的认证程序证明自身持续满足第一阶段的要求；②证明自身满足后续某一项目阶段的要求。未能按要求完成此类证明工作的州将自动丧失第一阶段资格。

第二阶段　控制

在该阶段，相关州将继续与兽医局开展合作。该阶段的目标是确定哪些猪群被伪狂犬病病毒感染，并启动猪群净化。

A. 为满足第二阶段资格的认定要求，项目资格申请应提供文件证明相关州满足以下标准

1. 该州已落实第一阶段的标准。

2. 该州已实施监测计划，并在所有新发现的感染猪群周围 1.5 英里范围内开展监测，以寻找其他感染猪群。该项监测应以在屠宰场、养殖场或第一点对母猪和公猪开展的监测为基础。

3. 在申请后续项目阶段资格或重新申请第二阶段资格之前，相关州/地区必须获得要求针对所有已知感染猪群开展猪群净化计划的权限。

4. 相关州/地区按以下规定对流入本地的生猪进行控制。

a. 未被发现感染或接触伪狂犬病病毒的种猪必须满足下列条件之一：

（1）在跨州运输前 30 天内开展的官方伪狂犬病血清检测中呈阴性；

（2）来自伪狂犬病检测结果呈阴性的合格猪群；

(3) 来自伪狂犬病检测结果呈阴性、接种基因改造疫苗的合格猪群；

(4) 直接从处于第四阶段或无伪狂犬病的来源养殖场发运；

(5) 来自伪狂犬病检测结果呈阴性的合格猪群，或在进入经批准的多级市场前30天内开展的官方伪狂犬病血清检测中呈现阴性且依据该州的检疫规定在30～60天内进行隔离和重新检测（费用由引进方承担）。

b. 未被发现感染或接触伪狂犬病病毒且未混入或接触项目资格较低或项目资格未知的生猪的架子猪必须满足下列条件之一：

(1) 在跨州运输前30天内开展的官方伪狂犬病血清检测中呈阴性；

(2) 来自伪狂犬病检测结果呈阴性的合格猪群；

(3) 来自伪狂犬病检测结果呈阴性、接种基因改造疫苗的合格猪群；

(4) 来自接受伪狂犬病监控的架子猪群；

(5) 直接从处于第三、四阶段或无伪狂犬病的来源养殖场发运；

(6) 在经批准的多级市场或经批准的屠宰市场出售，出售之后在隔离养殖场进行饲养；

(7) 在经批准架子猪市场出售，出售之后进行无限制饲养。

c. 屠宰猪：

(Ⅰ) 未被发现感染或接触伪狂犬病的生猪可按以下规定之一进行流动：

(ⅰ) 直接运往获认可的屠宰场；

(ⅱ) 直接运往经批准的屠宰市场或经批准的多级市场，然后运往另一经批准的屠宰市场、获认可的屠宰场或隔离养殖场；

(ⅲ) 直接运往经批准的屠宰市场，然后运往隔离养殖场。

(Ⅱ) 若满足以下条件，感染或接触病毒的生猪可直接（或仅通过2个经批准的屠宰市场）流通至获认可的屠宰设施：

(ⅰ) 运输此类生猪的工具在后续30天内用于运输非屠宰生猪或饲料之前接受清洗和消毒；

(ⅱ) 满足目的地州其他生猪鉴定要求和法规；

(ⅲ) 隔离生猪附有限制性动物运输许可，并利用封闭的车辆进行运输；

d. 感染猪群的生猪在多点生产系统中的跨州移动必须是经来源州和目的地州的州级兽医批准的猪群净化计划的一部分。

5. 根据需要对州内移动进行控制，以满足该州的要求。

隔离生猪在多点生产单位之间的移动可根据以下指南进行审批：①种猪每年至少接种两次，采用具能够进行鉴别的病毒疫苗；②种猪在不同场地之间的移动及以最终场地为第一点的流动应局限在州内；③此类移动应作为经相关州批准的净化计划（该计划为在至多 18 个月的时间内清除感染种猪群中的病毒）的一部分；④仔猪每月需接受一次检测；⑤作为种猪移动之前，所有仔猪均需接受检测。

6. 野生猪伪狂犬病病毒的传播应按以下规定进行控制：

a. 所有已知接触野生猪的生猪必须与野生猪分开，并进行隔离，直至按第四部分子部分 4 的规定解除隔离；

b. 野生猪可运至急宰设施。移动至猎物保护区或野生动物养殖场不在此列；

c. 移动至猎物保护区或野生动物养殖场或供展示、喂养的野生猪在经州动物卫生官许可的装运工作启动之前 30 天内开展的官方伪狂犬病检测中必须呈阴性；

d. 供繁育的野生猪必须与所有生猪隔离 90 天，并在两次官方伪狂犬病检测中呈阴性（两次检测至少间隔 60 天）。

B. 隔离猪群的处置

隔离猪群的牧主必须完成其净化计划，并按以下规定满足解除隔离的要求：

1997 年 1 月 1 日之前启动的隔离必须在 1999 年 1 月 1 日之前解除；

1997 年启动的隔离必须在隔离日期起 24 个月内解除；

1998 年 1 月 1 日之后启动的隔离必须在 2000 年 1 月 1 日之前解除；

所有猪群净化计划均需包含这些时间框架。

C. 资格期限

获兽医局颁授第二阶段资格 12～14 个月后，相关州/地区必须：

1. 证明自身满足后续某个项目阶段的要求或利用其最初遵循的认证程序证明自身持续满足第二阶段的要求。

2. 证明猪群净化的进度至少满足以下规定（进而证明净化进度与 2000 年前根除伪狂犬病的目标相一致）：①在检疫隔离之日起 30 天内针对所有猪群制定猪群净化计划；②所有猪群计划每半年接受一次审核，并根据需要进行修订；③所有隔离种猪每 30 天需接受一次覆盖整个猪群的检测，所有伪狂犬病病毒检测结果呈阳性的母猪和公猪必须在检测结果上报后 15 天内被清除（后续进行宰杀或隔离宰杀）；④所有连续流动式育肥场所每 45 天需接受一次官方随机样本检测（95/10）（若两次连续检测的伪狂犬病病毒结果呈阳性，在解除隔离之前，此类场所不得引进生猪）；⑤隔离猪群中的所有生猪和隔离猪群周围2英里内猪群中的所有生猪均必须接种伪狂犬病疫苗，除非州级兽医和伪狂犬病流行病学家作出其他决定。未能按要求完成此类证明工作的州需接受国家伪狂犬病控制委员会的审核，且可能丧失第二阶段资格。

第三阶段　强制猪群净化

在本阶段，强制净化感染猪群。国家伪狂犬病委员会应规定制定和完成官方伪狂犬病猪群净化计划的时限。官方的伪狂犬病传染病学家将在适当时与所有猪群所有者及其执业兽医协商，制定相互接受的官方伪狂犬病猪群净化计划。该计划应以牲畜保护学会的"猪伪狂犬病根除指南"中所述的策略为基础。参与其中的认证兽医应在选择和实施净化计划方面发挥重要作用。必须为所有猪群（包括饲养场中的猪）确定受影响社区的伪狂犬病流行率。

A. 为了获得第三阶段认可，计划状态的申请应提供以下文件

1. 实施第二阶段的标准，在州伪狂犬病委员会的授权下，州动物卫生官员实施强制猪群净化程序。

2. 流行病学

a. 追踪进出被感染场所或疑似感染场所的猪的移动情况，通过对所有种猪的检测或官方随机抽样检测适当地确定接收和来源猪群的状态。

b. 所有猪群，包括受感染场所半径1.5英里（2.4千米）内的饲养场的猪群，均通过对所有种猪的检测或官方随机抽样检测进行监测。

c. 根据满足以下第3部分要求的检测方法开展监测，各州受感染畜群的流行率不高于1%。

3. 监测

a. 屠宰场监测或第一点监测：

每年使用官方伪狂犬病血清学检测方法，至少对10%的种猪群进行调查，至少将80%的血清阳性标本追溯至来源农场，或检测并回溯达到0.08的监测指标。美国农业部国家农业统计局关于种猪群的现有数据将用于计算监测数据。监测计划必须是随机的，必须是代表该州的所有猪群。目前，对来自已知被感染场所的猪的检测可能不包括在总计中，以符合本节的要求。

监测指标计算中只包含两种具体形式的监测检测：①屠宰场收集的样本；②市场收集的样本（第一点）。

如果屠宰场或第一点检测的其他计划（比如架子猪监控、循环检测等）可以清除猪群中的母猪和公猪，则在进行监测时可减去已清除猪的数量。根据这一规定，州/地区进行资格申请时必须说明如何实现这一目标。

b. 猪群检测的监测：

若采用官方的随机标本检测（95/10）或监控的猪群检测，第三阶段中每年必须检测25%的猪群或10%的种猪。

若采用官方的随机标本检测（95/20），第三阶段中每年必须检测33%的猪群。

在监测期间，必须随机选择进行检测的猪群。若某猪群最后一次检测在至少12个月以前，则可选择该猪群。隔离的猪群不适合进行检测。

4. 疫苗接种

州动物卫生官可在批准的猪群净化计划和地区内控制计划中允许疫苗接种。

5. 伪狂犬病病毒在野生猪中的传播应实施防止病毒从野生猪转移到州内的家猪的规定进行控制。

B. 第三阶段期间

1. 加强信息和教育方面的工作。
2. 监控规范的有效性，并在必要时加强实施。
3. 确保对计划推进的产业承诺。
4. 对根除活动的流行病学评估应被应用。
5. 在第三阶段地区内，不得将猪从已隔离的猪群移至任何其他地点，除非在批准的猪群净化计划要求进行移动或者当进行隔离时来源猪群的一部分猪已经在该地点。

C. 隔离猪群的处置

隔离猪群的所有者必须完成镜湖计划，满足以下解除隔离的要求：

1997年1月1日前启动的隔离必须在1999年1月1日解除；

1997年间启动的隔离必须在隔离日期后24个月内解除；

1998年1月1日后启动的隔离必须在2000年1月1日解除。

上述时间范围必须包括在所有猪群净化计划中。

D. 资格期限

在兽医局认定第三阶段资格后的12～14个月内，州/地区必须：

1. 证明其满足更高计划阶段的要求。

2. 表明其继续符合第三阶段的要求，利用最初遵循的同样的认证程序，并证明猪群净化进度符合到2000年根除的目标，且至少满足以下规定：①在隔离后30天内，对所有猪群制定猪群净化计划；②所有猪群计划每半年检查一次，必要时进行修订；③所有隔离的种猪群必须每隔30天进行一次全群检测。在检测结果报告后15天内，所有伪狂犬病病毒检测为阳性的母猪和公猪都必须转移至屠宰场，并隔离屠宰；④所有隔离的连续流动式处理站必须每45天进行一次官方的随机标本检测（95/10)。若连续两次检测到伪狂犬病病毒阳性的猪，则在解除隔离之前，不得向该站增加猪；⑤除非州兽医和伪狂犬病流行病学家另有规定，否则所有在隔离猪群中的猪和所有位于隔离猪群2英里内的猪都必须接种伪狂犬病疫苗。未按要求重新认证的州将由国家伪狂犬病控制委员会进行检查，并可能会失去第三阶段的资格。

若在重新认证期间的任何时候，感染猪群的流行率超过1%，应立即通知兽医局的全国协调员。此类通知之后应附有书面说明，供国家伪狂犬病控制委员会审查和审议。

第四阶段 监测

若要获得第四阶段认可的资格，应满足以下要求。

A. 应证明第三阶段的标准已生效，且应用文件记录

1. 州/地区内无已知感染，第三阶段要求的监测计划已至少生效2年。

2. 州/地区拥有授权的管理机构并强制要求来源农场对屠宰的公猪和母猪进行标识。

3. 在申请第四阶段资格前一年内，没有新的伪狂犬病确诊病例，以下情况除外：在隔离的情况下，如果对受影响的猪群在检测结果通报后15天内进行了处理，且根据对所有接触的猪群和新病例2英里内所有猪群进行的官方随机标本检测（95/5）证明未传播至其他场所，则可申请第四阶段的资格。必须完成对上述猪群的检测且结果为阴性，检测时间不得早于猪群处理后30天，但也不得晚于猪群处理后60天。

4. 各州必须制定和采取管理计划，充分隔离和控制野生猪、过渡型生产猪与商业生产猪之间的接触。该计划将由国家动物卫生计划中心的控制委员会和兽医局审查。

B. 种猪的监测必须继续按照第三阶段要求的频率进行

C. 对没有种猪的饲养场的认证必须证明

1. 该饲养场包括在一个沿途牧群监测计划中；或

2. 该猪群有屠宰场或屠宰用猪的第一点监测来监控；或

3. 在该州/地区最后一个病例清除后的时期内，该猪群在此类标准规定的官方随机标本检测（95/10）中呈阴性，或通过合适的清理和消毒，且清群后经历了30天的空栏。

4. 未按照本部分的规定检测的任何饲养场都必须以全进全出的模式运营。

D. 禁止接种疫苗，州动物卫生官在高风险猪群中许可或批准的猪群净化计划除外

E. 猪的出口要求

1. 屠宰用猪的出口要求：

a. 已感染或接触的猪可经州兽医的提前书面许可，经过或进入第四阶段的州/地区，并且必须直接转移到获得认可的屠宰场。此类猪必须附有限制性动物运输许可，以密封车辆的方式运输，并在州或联邦官员的监督下卸载，以确保遵守生物安全措施。

b. 从计划资格至少为第三阶段的州或地区进口屠宰用猪必须得到许可并只能运往被认可的屠宰场或批准的屠宰市场。

2. 种猪的出口要求应符合下列条件之一：

a. 从第四或第五阶段的州/地区直接运送；

b. 从任何州/地区合格的伪狂犬病阴性猪群直接运送；

c. 在运送前30天内接受检疫且官方伪狂犬病血清检测为阴性，在到达目的地后30～60天内进行隔离和重新检测。

3. 架子猪的出口要求应符合下列条件之一：

a. 从第四或第五阶段的州/地区的来源农场或市场直接运送；

b. 从第三阶段的州/地区的来源农场直接运送；

c. 从伪狂犬病阴性的猪群或阴性且接种基因缺失疫苗的猪群运送；

d. 允许从第二阶段州的架子猪监控猪群或根据以下条件批准的架子猪市场引进：①允许入境的猪直接进入指定的养殖场；②猪将被限制在指定的养殖场内，直到送至屠宰场。

F. 州内猪的调运——无限制

G. 资格期限

在兽医局授予第四阶段资格后的12～14个月内，州/地区必须表明其继续符合第四阶段的要求，采用与最初相同的认证程序，或证明其符合另一个计划阶段的要求。州/地区若未能按照要求重新认证，将自动失去其第四阶段的资格。

若商业生产猪中确定伪狂犬病病例，应立即告知兽医局的国家计划协调员，新病例半径2英里范围内的县将恢复到第三阶段资格（下述情况除外），直到清理和隔离解除后60天。在隔离解除后60天内，第四阶段资格恢复之前，所有有接触的猪群和新病例2英里范围内的猪群都将进行官方的随机标本检测（95/5），并呈阴性。

国家伪狂犬病协调员和来自有确诊的商业生产猪病例的州的官员必须在24小时内告知所有的50个州。本通知包括暴发的地点和病例周围的情况，包括猪群规模、临床症状和猪群类型。

在商业生产猪中发现确诊病例后，该病例5英里半径范围内的猪群和有接触的猪群的所有移动必须立即停止，直到猪群接受官方的随机标本检测（95/5）并呈阴性。检测必须在确定感染猪群后15天内进行。

若至少有一个县恢复到第三阶段，来自商业生产猪中有确诊病例的州的动物卫生官员必须立即告知生产者和兽医，受影响县的种猪必须在跨州运送前30天内再次进行伪狂犬病检测。

在检测结果报告至州动物卫生官后15天内对新感染的猪群进行隔离和处理，对所有接触的猪群以及新病例2英里范围内的所有猪群进行官方的随机标本检测（95/5），确定未传播到其他场所，则可维持第四阶段的资格。上述猪群的检测必须在清理后不早于30日且不晚于60日内完成，且呈阴性。

第五阶段　无伪狂犬病

在本阶段中，一个州宣布无伪狂犬病。

A. 若要获得这一最后阶段的资格，计划资格的申请应提供证据表明该州正在实施第四阶段的标准

B. 此外，该州必须以文件的形式提供

1. 该州在第四阶段资格得到认可后一年内无伪狂犬病。

2. 持续以第三和第四阶段一半的频率监测种猪群。一旦所有的州获得第四和第五阶段的资格，将不再要求监测来保持各州的第五阶段资格，条件是各州连续五年保持第五阶段资格，在同一时期内无确诊的伪狂犬病病例，且已证明该州不存在野生猪。

3. 按以下方式控制猪进口：

a. 屠宰用猪，同第四阶段相同；

b. 种猪，同第四阶段相同；

c. 架子猪，同第四阶段相同。

4. 不允许接种疫苗，某些高风险猪群的州兽医允许的情况除外。

5. 州内猪的调运——无限制。

6. 各州必须制定和采取管理计划，对野生猪、过渡型生产猪与商业生产猪之间的接触进行控制。该计划将由国家动物卫生计划中心的控制委员会和兽医局审查。

C. 资格期限

在兽医局授予第五阶段资格后的12～14个月内，州/地区必须表明其继续符合第五阶段的要求，采用与最初相同的认证程序。州/地区若未能按照要求重新认证，将自动失去其第五阶段的资格。

若商业生产猪中有确诊的伪狂犬病病例，应立即告知兽医局的国家计划协调员，新病例2英里半径范围内的县将恢复第三阶段的资格（以下指出的情况除外），且该州其他所有县将恢复第四阶段资格。可按照第四阶段的要求恢复受影响县的第四阶段资格。

国家伪狂犬病协调员和来自有确诊的商业生产猪病例的州的官员必须在24小时内告知所有的50个州。通知应包括暴发的地点和病例周围的情况，包括猪群规模、临床症状和猪群类型。

在商业生产猪中发现确诊病例后，该病例5英里半径范围内的猪群和有接触的猪群的所有移动必须立即停止，直到猪群接受官方的随机标本检测并呈阴性。检测必须在确定感染猪群后15天内进行。

若至少有一个县恢复到第三阶段，来自商业生产猪中有确诊病例的州的官员必须立即告知生产者和兽医，受影响县的种猪必须在跨州运送前30天内再进行伪狂犬病检测。

在检测结果报告至州动物卫生官后15天内对新感染的猪群进行隔离和处理，对所有接触的猪群以及新病例2英里范围内的所有猪群进行官方的随机标本检测(95/5)，确定未传播到其他场所，则可维持第五阶段的资格。上述猪群的检测必须在清理后不早于30日且不晚于60日内完成，且呈阴性。

1.4 第四部分　参与猪群计划和解除隔离

子部分1　伪狂犬病检测结果呈阴性的合格猪群

A. 伪狂犬病检测结果为阴性的合格种猪群的确定

1. 对种猪群而言，阴性的结果可通过以下方式获得，对6月龄以上的猪以及相当于猪群中种猪数量20%的后代进行伪狂犬病血清学检测，以及所有猪的检测结果均呈阴性。从4～6月龄的猪中随机选择。猪群不得为检测合格前30天内已知感染的猪群。猪群中至少有90%的猪必须在该场，且至少在60天前官方检测为阴性或从阴性猪群直接运至此场点。

2. 当所有猪均直接来自现有的阴性猪群时，如果在运抵后的30天内，初次运送的所有猪（最多50头）中在官方伪狂犬病血清检测中均呈阴性，则可建立一个新的阴性种猪群。

3. 第四或第五阶段的州/地区内的任何种猪群均被认为是阴性猪群。

B. 可通过每月或每季度的伪狂犬病检测保持阴性种猪群的资格，方式如下

1. 每月检测：

a. 每30天对6月龄以上种猪的7%进行官方伪狂犬病血清检测，并检测同一场所年龄在4～6月龄的后代，数量相当于猪群中种猪的2%；或

b. 在州兽医批准后，第三、第四或第五阶段的州/地区的猪群保持其资格的条件如下，该场所每个独立的种猪群在每月的官方随机标本检测（95/5）中呈阴性，并每月在同一场所中检测50只4～6月龄的种猪。猪群中的抽样必须是随机的，并且这一检测程序必须是检测协议中批准的。必须从该场所的所有猪群中随机选择后代后。

c. D部分涉及多个地方猪群的后代检测，关于在没有成年种猪的养殖场建设和保持架子猪群的阴性状态。

2. 季度检测：

a. 每隔80～150天对6月龄以上所有种猪的20%进行官方伪狂犬病血清检测，并检测同一场所年龄在4～6月龄的后代，数量相当于猪群中种猪的6%。

b. 关于多来源猪群的后代检测见D部分，该部分涉及如何在没有成年种猪的养殖场建立和保持架子猪群的阴性状态。

3. 应对所有的猪进行随机选择后检测，若为成年猪，则应代表该场所所有年龄段的猪。

4. 所有参加阴性猪群计划的猪，都应隔离至少30天直到官方伪狂犬病血清检测呈阴性，以下情况除外：

a. 来自状态未知猪群的猪必须在转移前30天内的官方伪狂犬病血清检测中呈阴性，并在转移后至少30天内在隔离状态下进行第二次检测。

b. 可在不用隔离或检测的情况下增加计划用于扩大阴性猪群且直接来自另

一个阴性猪群的猪。

c. 若计划用来自另一个阴性猪群的猪来增加一个阴性猪群，但该猪同非阴性猪群的猪有过临时接触，则应将该猪隔离，直到其在隔离至少 30 天后进行的官方伪狂犬病血清检测中呈阴性。

C. 猪群在确诊感染后阴性种猪群状态的重新确立

1. 确定为感染伪狂犬病病毒的阴性猪群若满足以下条件，可恢复阴性猪群的资格：

a. 猪群内所有年龄至少为 6 月龄的猪在官方伪狂犬病血清检测中呈阴性；且

b. 对 2～6 月龄的后代进行官方随机标本（95/10）检测，且接受检测的所有猪均呈阴性；且

c. 在至少 30 天内，重复 a 和 b 中的所有检测。

2. 若在合格的官方伪狂犬病血清检测或任何随后的官方伪狂犬病检测中，任何猪呈阳性，则暂停阴性猪群的资格，直到官方伪狂犬病传染病学家开展调查来确定猪群的感染状态。

3. 官方伪狂犬病流行病学家在确定猪群中是否存在伪狂犬病时将考虑以下因素：

a. 阳性猪的抗体滴度；

b. 阳性猪的百分比和数量；

c. 阳性猪接种疫苗的情况；

d. 邻近猪群的接近程度和伪狂犬病病毒感染状态；

e. 实验室或标本检测错误的可能性；

f. 其他相关猪群历史记录和临床症状。

4. 根据伪狂犬病传染病学家获得的上述信息，将对感染状况进行最终确定；但是，在达到或保持阴性猪群的状态之前，所有血清阳性的猪都必须出售屠宰，并在随后至少 30 天内进行的完整猪群检测中必须呈阴性，或在官方伪狂犬病血清检测中呈阴性。

D. 没有成年种猪的阴性架子猪场所的确立和维持

情形 1

猪群 A ——→ 猪群 B ——→ 猪群 C

阴性种猪群　　架子猪　　销售点

情形 2

猪群 A ——————————→ 猪群 C

阴性种猪群　　　　　　　　　　　销售点

在断奶后一周内从猪群 A 运出的猪无须进行伪狂犬病检测。

猪群 B

获得并保持阴性状态的方法为从猪群建立后 30 天内起每月在官方的随机标本检测（95/5）中呈阴性，除了全进/全出的单元，每组要求对 50 头猪进行一次检测。若猪群 A、B 和 C 都在同一个州和计划阶段，则无须该检测。

猪群 C

阴性状态的获得方法为在对整个初次运送的猪群或随机选择 50 头猪（选择数量少的）进行的伪狂犬病血清检测中呈阴性。

阴性状态的保持为每月从至少在猪群中 30 天以上猪中随机选择的 50 头猪进行的官方伪狂犬病血清检测中呈阴性，除了全进/全出的单元，每组需对 50 头猪进行检测。在独立的场所的各个隔离猪群必须被视为独立的猪群。

子部分 2　伪狂犬病检测结果呈阴性、接种基因改造疫苗的合格猪群（QNV 猪群）

伪狂犬病检测结果呈阴性、接种基因改造疫苗的合格猪群（QNV 猪群）资格的获得和保持应依据伪狂犬病检测为阴性的合格猪群资格的相同指南，猪接种了获批的基因缺失伪狂犬病病毒疫苗的情况除外，可使用官方的伪狂犬病血清检测来完成检测。

子部分 3　接受伪狂犬病监控的架子猪群

A. 第二阶段州或地区的监控资格

1. 对于种猪群，对架子猪进行采样监控伪狂犬病，如果该群在最近 12 个月内按照以下频率进行的官方伪狂犬病血清检测中呈阴性：

10 头——检测所有；

11～35 头——检测 10 头；

至少 36 头——检测 30%或 30 头（选择更少的数量）。

从所有年龄组随机选择接受检测的种猪，包括公猪，且所有年龄组均有成比例的代表。

2. 若在断奶后一周内将猪从伪狂犬病监测的架子猪猪群转移至非伪狂犬病监测猪群的异地饲养场，则可根据官方伪狂犬病传染病学家确定为阴性的官方随机标本检测（95/10），将该饲养场视为伪狂犬病健康的架子猪猪群。所需的检测必须在离开原场前的 30 天内进行。

必须在转移出该异地饲养场的每个猪群上进行官方伪狂犬病流行病学家确定的官方随机标本检测（95/10）。若为连续流动的设施，必须每月进行官方随机标本检测（95/10）。

B. 第三、第四和第五阶段州或地区的监控状态

1. 第三、第四和第五阶段的州或地区内的任何种猪群若为非已知感染猪群，则被认为是伪狂犬病监控架子猪群。

2. 若饲养场内所有的猪来自第三、第四或第五阶段州或地区的种猪群，第三、第四或第五阶段的州或地区的异地饲养场应被视为伪狂犬病监控的架子猪猪群。若异地饲养场内的部分猪来自第三阶段的地区，因按照本节的 A 部分检测饲养场。

C. 接种疫苗的种猪群的监控资格的获得和保持如本节 A 和 B 部分所述

子部分 4　解除隔离的程序

若该场所有家畜或其他动物在淘汰检测结果为阳性的猪后表现出伪狂犬病的临床症状，并且符合以下四个条件中的至少一个，则该猪群不再为已知的感染群体。

此外，若猪群接种疫苗，接种疫苗的必须为官方批准的伪狂犬病病毒转基因疫苗。

A. 从场所中清除出所有的猪；该场所在官方监督下用兽医局批准的消毒剂进行清洁和消毒；并且在 30 天内或官方伪狂犬病传染病学家确定的时期内保持无猪状态。

B. 在官方伪狂犬病血清学检测或经批准的伪狂犬病鉴别检测中呈阳性的所有猪均已从场所中清除，剩下的所有猪（除乳猪外）都进行了官方伪狂犬病血清学检测（或批准的鉴别检测），并在清除所有阳性猪后至少 30 天内为阴性。

C. 在官方伪狂犬病血清检测或批准的差异型伪狂犬病检测中呈阳性的猪均已从该场所中清除；对猪群中的所有种猪和 2 月龄以上的育肥猪用官方随机抽样（95/10）进行官方伪狂犬病血清检测（或批准的鉴别检测），并在清除阳性猪后至少 30 天内为阴性。如果该州在计划的第三或第四阶段，则需要在第一次检测至少 30 天后对育肥猪进行第二次检测。

D.（仅为第一、第二和第三阶段）检疫之日的所有猪已被清除，猪群至少6个月没有临床症状。对种猪群（第三阶段为95/5）接连进行两次官方（或批准的差异型）随机样本（95/10）检测（相隔至少90天），官方伪狂犬病传染病学家确定无感染，以及对四月龄以上的后代接连进行两次官方（或批准的鉴别检测）随机样本（95/10）检测（相隔至少90天）呈阴性。根据本规定解除隔离的猪群应在解除隔离后一年进行的官方随机标本（95/10）检测（或批准的鉴别检测）中呈阴性。

E.（1）若实施清群并对场所进行清理和消毒后至少30天且停工7天，必须由官方伪狂犬病传染病学专家确定其为无感染；或（2）若在官方随机标本检测（95/10）呈阴性后至少30天进行的官方随机标本（95/10）检测中继续呈阴性，必须由官方伪狂犬病传染病学专家确定其为无感染。

必须在隔离解除后60～90天进行官方随机样本检测（95/10）。

参考文献3

附件 4 伪狂犬病根除计划第七草案

伪狂犬病控制/根除计划（9/11/86）

H. Schroeder

Sauk City，Wisconsin

引言

本项目提案分为四个阶段，目标是获得无狂犬病资格。本项目对于生产商而言，是一次可以积极参与解决一个严重问题的机会。本项目基于以下理念：①可利用技术知识从美国家养猪中根除伪狂犬病；②如果有猪肉生产商的承诺与领导，可实现根除；③对养猪业而言，根除可带来最大利益。随着各州在本项目中取得进展，更自由的州际流动将成为可能。

应记住这是一个供行业评审的拟议计划；所有计划都应递交至立法机构，以获得权限与资金；本计划假定公众将承诺根除 PRV；就预期的联邦资金而言，本计划是基于联邦与州政府之间的合作协议。

对任何州而言，加入本项目应出于自愿。关于从一个阶段进展到另一个阶段，应由各州根据自身情况作出决定。

根据以下情况，预期各州的项目会有所不同，且某个州内的不同地区间和猪群间也会有所差异：

1. 流行率；

2. 养猪产业或运营的类型，包括自繁自养、架子猪生产、架子猪饲养、种猪生产商；

3. 生产系统，户外或封闭式圈养；

4. 猪的集中程度；

5. 行业（包括州监管官员）的需要与要求。

主要的建议包括通过猪肉生产商与州动物卫生监管机构的合作而成立州伪狂犬病委员会。委员会应包括生产商、技术顾问以及州动物卫生监管机构（州农业部门或州动物卫生委员会)。在一些州中也许已经存在此类委员会。委员会应广泛代表养猪业的所有部门——包括所有对本项目感兴趣的组织或可以为本项目的成功作出贡献的组织，这一点是十分重要的。

拟议计划的各阶段如下：

阶段 1——准备。在该阶段中，将通过猪肉生产商与州动物卫生监管机构的合作而组建全行业的州伪狂犬病委员会。在缺少生产商领导的州中，将由州动物卫生监管机构组建该委员会。计算流行率，以引导未来的行动与法规，审核本项目所需的立法权限。

阶段 2——控制。在该阶段中，各州将落实监测项目以发现感染的猪群并将其隔离，也可启动净化感染猪群的自发项目。

阶段 3——自发阶段的延续与强制猪群净化的开始。在该阶段中，感染猪群的主人需要制定并落实猪群净化计划。在该阶段的第二个部分，如果在某个州只剩下几个感染的猪群，则需要强制净化这些猪群；当可获得资金时，则需支付补偿赔款。

阶段 4——等级 A，即已完成猪群净化阶段并无已知感染猪群的州的等级。

无伪狂犬病　　已证明州内无伪狂犬病的州。

1.1 阶段 1——准备

在该阶段中，鼓励各州成立州咨询委员会；确定流行率以指导后续行动；对项目后续阶段需要的授权与法规进行评估；开展信息与教育项目。在该阶段中，各州应该：

A. 生产商应该与州动物卫生监管机构合作成立州伪狂犬病咨询委员会，从而与州和当地的兽医团队、养猪户以及其他受该项目影响的部门建立工作关系。

B. 应用可靠的体系以确定该州猪群的流行率，其中可能包括对感染猪群的上报、因所有权变更而对种猪开展的检测、猪群检测以及对统计学上有效样本进行的猪群调查。该流行率数据的用途是为了评估各州问题的严重程度以及控制该问题所需的措施。州伪狂犬病委员会应确定行动的过程以处理由该体系确定的流行率。

C. 根据实现州目标的需要评估州的法律权限和法规，包括对以下方面的考虑：

1. 流行病学评估；
2. 隔离检疫权限以及使用该权限的条件；

3. 猪群调查和检测；

4. 关于种猪和架子猪州内移动的法规；

5. 对疫苗使用的控制；

6. 对所要屠宰的母猪、公猪和阉割公猪的原产养殖场的识别；

7. 对于死亡动物尸体的适当的处置；

8. 对猪群净化的指导；

9. 对与感染的猪有过接触的养殖场、交通工具和设备进行清洁和消毒；

10. 对项目成本的分摊。

D. 建立一个能够向与本 PRV 项目相关的牲畜生产商和其他利益相关团体有秩序地发布信息和教育材料的系统。

1.2 阶段 2——控制

在该阶段中，各州承诺开展控制-根除项目。该阶段的目标是确定 PRV 感染猪群，并开始降低流行程度。各州可与美国动植物卫生检验局达成合作协议，具体说明州内项目的细节。在该阶段中，各州应该：

A. 实施监测项目以发现被感染的猪群，可基于对屠宰母猪和公猪进行的屠宰场检测、对于每个猪群的养殖场检测或对所要屠宰种猪的第一点检测。此类项目需要一种有效的鉴别系统以追溯检测阳性猪的来源养殖场。

B. 制定并开展为监控架子猪肥育猪群寻求必要法律法规的工作计划。该此类项目应包括具有统计学意义的有效样本量，针对各饲养单元或者包括架子猪育肥猪群的屠宰猪监测计划。

C. 隔离感染猪群。对于在屠宰场或起点检测中发现的检测结果呈阳性的猪，需要追溯其来源猪群，并在隔离该猪群之前进行更多的检测与流行病学分析以确定感染情况。在等待检测结果确认的期间，生产商应承诺不会进行猪的移动（除了到屠宰场之外），直到猪群状态得到确认。隔离的启动和解除都要以检测和流行病学调查结果为基础。

D. 控制疫苗的使用，根据该州的情况限制或鼓励疫苗的使用。

E. 鼓励各州开展旨在降低州内感染程度的自发性猪群净化项目。该类项目应包括为评估各猪群状态提供技术支持的资金、制定猪群计划以及检测。在制定和落实猪群净化计划（可能涉及对新的、快速诊断检测方法的使用）的过程中，特派兽医应起到主要的作用。

F. 考虑对以下方面的期望程度：

1. 关于州内移动所有权变更的检测要求；
2. 架子猪、育肥猪或生产猪群所需的检测；
3. 帮助猪群净化的隔离饲养场。

G. 继续：

1. 开展信息和教育活动；
2. 需要时，评估并制定后续阶段所需的法规；
3. 建立养猪户对提升至后续阶段的承诺；
4. 改进该州 PRV 状况的流行病学评估。

1.3 阶段 3A——强制猪群净化

通过延续阶段 2 开始的行动（即：监测、隔离以及对疫苗使用的控制），各州将从猪群中清除感染猪。此外，各州将实施以下措施。

A. 在形成有效的猪群计划的基础上，要求对感染的猪群开展净化。牲畜保护学会（LCI）出版物《猪伪狂犬病根除指南（第二版）》中所述的内容提供了净化计划的选择方案。咨询委员会应为制定和完成猪群计划设置时限。在制定和落实猪群净化计划（可能涉及对新的、快速诊断检测的使用）的过程中，特派兽医应起到主要作用。

B. 控制进入该州的以及州内的猪的移动。

C. 落实阶段 2（B）中所述的对育肥猪群的监测项目。

D. 继续：

1. 开展信息和教育活动；
2. 需要时，评估并制定后续阶段所需的法规；
3. 建立养猪户对提升至后续阶段的承诺；
4. 改进该州伪狂犬病状况的流行病学评估。

1.4 阶段 3B——强制猪群净化，阶段 2

在该阶段中，各州将继续阶段 3A 中开始的活动，对通过以下任何有效的监测方法检测到的感染的猪群进行强制净化：所有权变更检测；对架子猪群、生产猪群以及育肥猪群控；屠宰场检测；起点检测；对各猪群在养殖场上检测。

A. 除阶段 3A 中进行的活动之外，在本阶段中，当州内仅剩几个被感染的猪群，可对牧主不能够或不愿意净化的新感染猪群或剩余的感染猪群进行强制性净化，并在有资金支持的情况下支付补偿赔款。

B. 本阶段，以及阶段 3、4 中开展的活，应对符合国家伪狂犬病控制委员会所述等级 B 资格的州进行资格认定。

C. 继续：

1. 开展信息和教育活动；
2. 需要时，评估并制定后续阶段所需的法规；
3. 建立养猪户对提升至后续阶段的承诺；
4. 改进该州伪狂犬病状况的流行病学评估。

D. 预期等级更低的州（处于阶段 1 和阶段 2 的州）以及处于阶段 3A 的州将接受来自处于阶段 3B 的州的架子猪，而不对生产架子猪的母猪群或架子猪进行进一步的检测。

1.5 阶段 4——等级 A

这是在某个州根除所有已知感染猪群之后的监测阶段。该阶段主要目标是发现先前并未被发现的感染猪群或新引进的感染猪群，并通过阶段 3 中所述的程序净化感染猪群。

A. 为进行此阶段的资格认定，某个州需要满足由国家伪狂犬病控制委员会（NPCB）所定义的等级 A 资格的要求并获得该委员会的认证：

1. 选择一种监测方案，进行阶段 3A 和 3B 的操作；有能力按照国家伪狂犬病控制委员会要求追溯检测阳性猪的来源猪群（追溯能力）。
    a. 开展为期两年的屠宰场监测，对待宰母猪和公猪至少要有 25%的追溯率（样本比例乘以追溯阳性的比例），在检测的第二年间没有新的确诊病例，且在检测末期州内没有因感染而隔离的猪群。
    b. 在不超过一年的时间里，对于州内每个猪群开展在养殖场检测，且在检测末期州内没有因感染而隔离的猪群。
2. 根据国家伪狂犬病控制委员会标准对疫苗和进口进行控制。

B. 该阶段所需的监测需按如下要求对所要屠宰的种猪在屠宰场或销售起点进行检测：

- 第一年的追溯率为25%；
- 接下来几年的追溯率为5%。

C. 如果出现确诊病例，在最后一个确诊病例被清理后的60天内，该资格将被暂时取消。

D. 预期除了无伪狂犬病的州之外，其他各州都将接受来自阶段4等级A的州的种猪和架子猪，而不进行进一步的检测。

无伪狂犬病

各州可基于相关标准（有待确定）宣布无伪狂犬病。预期各州都将接受来自无伪狂犬病州的种猪和架子猪，而不对其或其来源的母猪群进行检测。

附件 5 关于伪狂犬病控制/根除活动的季度报告

美国政府管理预算局第 0579-00/0 号

关于伪狂犬病控制/根除活动的季度报告	州名	阶段	月份	年份

A-猪群状态数据

本季度	感染		认证阴性	监控的架子猪	认证阴性、接种疫苗的	列入猪群清理计划的
	猪群 A	猪 B	猪群 C	猪群 D	猪群 E	猪群 F
1 季度起始						
2a 季度中新加入的猪群						
b 加入的已被感染的猪群						
3a 在季度中移除						
b 通过统计抽样						
4 季度末						

B-市场/屠宰场监测数据

样本来源	该州采集的血液样本								来自该州的从其他州采集的血液样本			
	来自该州				来自其他州							
	去势公猪和小母猪		母猪和公猪		去势公猪和小母猪		母猪和公猪		去势公猪和小母猪		母猪和公猪	
	接受检测的 A	检测结果呈阳性的 B	接受检测的 C	检测结果呈阳性的 D	接受检测的 E	检测结果呈阳性的 F	接受检测的 G	检测结果呈阳性的 H	接受检测的 I	检测结果呈阳性的 J	接受检测的 K	检测结果呈阳性的 L
5 屠宰设施												
6 起点检测												

C-市场/屠宰场监测中呈阳性的猪的追溯

样本来源	该州的阳性样本数 A	不需要追溯 B	追溯至已知的被感染的猪群 C	进行追溯且需要进行猪群检测 D	进行追溯且不需要进行猪群检测 E	追溯至已售完的猪群 F	追溯至另一个州 G	无法追溯 H	待追溯 I
7 屠宰设施									
8 第一点检测									

D-伪狂犬病疫苗的总结

9. 接种疫苗　θ州内允许　θ州内不允许
如果州内允许接种疫苗，请完成以下表格

所使用疫苗的名称（品牌名称或商标名称）	接种疫苗的种猪群		接种疫苗的肥育猪群	
	猪群 A	猪 B	猪群 C	猪 D
10				
11				
12				
13				
14				

E-新感染猪群的来源

	被采购的架子猪 A	被采购的种猪 B	野生猪 C	饲料草垫 D	地区传播 E	被感染的猪的尸体 F	由猪群分割产生 G	未知 H
15 猪群的数量								
16								

F-养殖场检测结果的总结

检测理由	未发现感染		发现感染			接受检测的猪群总数	
	接受检测的猪群 A	接受检测的猪 B	接受检测的猪群 C	接受检测的猪 D	接受检测的猪群 E	接受检测的猪群 F	接受检测的猪 G
流行病学检测 17 屠宰场追溯							
18 第一点检测追溯							
19 追踪来自被感染猪群的流动							
20 追踪新加入被感染猪群的猪							
21 围绕被感染猪群的范围检测							
22 其他流行病学检测（说明）							
关于监测的地区检测 23 种猪群							
24 育肥猪群							
猪群资格检测 25 架子猪监控							
26 认证阴性猪群检测							
27 认证阴性、接种疫苗的猪群检测							
28 对被感染猪群再检测							
29 为销售/展示开展的检测							
30 对进口猪再检测							
31 **诊断检测**							
评论与说明							
签名	职务				日期		

附件 6 获得伪狂犬病第五阶段资格的州和地区

获得伪狂犬病第五阶段资格的州和地区

第五阶段	获得资格的年份	第五阶段	获得资格的年份
亚拉巴马州	1997	内布拉斯加州	2003
阿拉斯加州	1993	内华达州	1995
亚利桑那州	1997	新罕布什尔州	1996
阿肯色州	2000	新泽西州	2003
加利福尼亚州	2001	新墨西哥州	1994
科罗拉多州	1996	纽约州	1996
康涅狄格州	1993	北卡罗来纳州	2000
特拉华州	1995	北达科他州	1994
佛罗里达州	2004	俄亥俄州	2000
乔治亚州	1999	俄克拉荷马州	2000
夏威夷州	1998	俄勒冈州	1995
爱达荷州	1996	宾夕法尼亚州	2004
伊利诺伊州	2002	波多黎各	1997
印第安纳州	2002	罗得岛州	2000
艾奥瓦州	2004	南卡罗来纳州	1995
堪萨斯州	1999	南达科他州	2003
肯塔基州	1997	田纳西州	2002
路易斯安那州	2003	得克萨斯州	2004
缅因州	1991	美属维尔京群岛	1997
马里兰州	1996	犹他州	1992
马萨诸塞州	1998	佛蒙特州	1995
密歇根州	2000	弗吉尼亚州	1996
明尼苏达州	2003	华盛顿州	1994
密西西比州	1996	西弗吉尼亚州	1996
密苏里州	2000	威斯康星州	2000
蒙大拿州	1994	怀俄明州	1993

附件 7 国家伪狂犬病控制委员会对申请第三、四或五阶段（无伪狂犬病阶段）的检查表

国家伪狂犬病控制委员会对申请第三、四或五阶段(无伪狂犬病阶段)的检查表

1. 州________________

2. 州内母猪的数量________________

（国家农业统计局——如有不同，请说明）

3. 州内被感染猪群的数量________________

4. 与所提交的数据相关的 12 个月________________

5. 被认为是阳性的检测滴度或读数________________

6. 监测（所使用的检查系统）

______ （1）猪群检测

a. 接受检测的猪群数量____________

b. 接受检测的母猪/公猪数量____________

c. 接受检测的母猪/公猪百分比____________ （b/＃2）

d. 监测指标____________ （b/＃2）

______ （2）屠宰场或起点（仅来自该州）

a. 兽医局表格 7-1 中报告的接受检测的母猪/公猪的数量

在该州（B 节，C 列）____________

在其他州（B 节，K 列）____________

总计____________

b. 接受检测的母猪/公猪百分比____________ （a/＃2）

c. 追溯百分比（数据来自兽医局表格 7-1，C 节）

列：<u>D＋E＋F ＝ W</u>

无法追溯：<u>H 列</u>

$$\frac{W}{H+W}=\text{追溯}\%$$

d. 监测指标（接受检测的％×追溯％）＝____________

7. 请说明为确保监测项目是随机的且可代表州内所有猪群而采取的措施。

国家伪狂犬病控制委员会对申请第四或第五阶段(无伪狂犬病阶段)资格的检查表

（2005 年 9 月 1 日修订）

州：＿＿＿＿＿＿＿＿　　　申请阶段：＿＿＿＿＿＿＿＿

提交日期：＿＿＿＿＿＿＿＿＿＿＿＿＿

与所提交的数据相关的 12 个月：＿＿＿＿＿＿＿＿＿＿＿＿＿＿＿

（数据截止日期应属于数据提交的 3 个月内）

所使用的经认证的实验室以及所使用的为监测取样而进行的筛选试验：

对呈阳性的监测样本（包括截止值）的进一步检测的程序：

州内种猪的数量：(a) ＿＿＿＿＿＿＿＿＿＿＿＿＿＿＿

（国家农业统计局 12 月报告数据——如有不同，请说明）

所采用的监测：

屠宰场/起点：

州内检测的数量：＿＿＿＿＿＿＿＿

其他州检测的数量：＿＿＿＿＿＿＿＿

总计：　　　　　　　　(b) ＿＿＿

检测的百分比：＿＿＿＿＿＿＿＿

（接受检测的总数 b 除以种猪的数量 a 乘以 100）

追溯的呈阳性的样本：(c) ＿＿＿＿＿＿＿＿

（需要检测、不需要检测以及追溯到已售完的养殖场）

没有追溯的呈阳性的样本：(d) ＿＿＿＿＿＿＿＿

（无法追溯）

检测到的呈阳性样本的总数：(e) ＿＿＿＿＿＿＿＿

(c＋d)

追溯百分比：＿＿＿＿＿＿＿＿

（c 除以 e 乘以 100）

监测指标：______________________

（接受检测的百分比乘以追溯百分比）

若采用替代的监测，请以记叙形式进行说明。

1. 请说明为确保对该州种猪群监测取样随机性所采取的方法。

2. 若大型商业生产公司被排除在监测目标范围之外，请说明：

1）来自这些公司的动物是如何被排除在市场猪监测样本之外的；

2）为确保这些生产公司的猪接受关于PRV感染的统计学上的有效检测，采取了哪些措施。

3. 说明您所处州内PRV疫苗接种政策或法规，并展示关于疫苗使用的任何可用数据。

4. 说明商业或过渡猪群中确定的PRV感染，包括为通知、追踪、进一步检测及后续监测所采取的措施。

5. 其他评论/评述。

野生猪/过渡型猪管理计划

州：____________　申请的PRV阶段：____________　提交日期：____________

请以记叙形式或问题/答案形式完整地回答以下的问题，以满足为您所处的州提交《野生猪/过渡型猪管理计划》的要求。请使用N/A回答本问卷中并不适用的部分。没有野生猪的州只需要证明野生动植物服务处和/或州自然资源部工作人员发现该州境内无野生猪的存在，然后可退出本文档。

第一节　野生猪群：

- 州内有野生猪吗？
  - 若没有野生猪，您是如何确定的？（野生动植物服务处提供的信息或来自其他监测）［您已完成！］

  - 若有野生猪，它们与家猪生产有何联系？（包括地图）
  - 家猪产业采取了哪些保护措施，以防止污染（围栏、陷阱、种群控制等）
- 描述野生猪群情况：
  - 受限或自由活动
  - 地理分布（包括地图）
  - 自然屏障
- 对野生猪群的监测：
  - 说明为猪布鲁氏菌和PRV感染所开展的监测与其结果。
  - 如果结果是阴性的，该如何定期对患病率进行重新检查？

第二节　销售/贸易：

- 在州内，商品猪在何地以何方式进行贸易？
- 过渡型猪和野生猪在何地以何方式进行贸易？
- 种猪和架子猪是如何从有野生猪的地区进行流动的？
- 在非屠宰销售渠道中，商品猪和过渡型猪是如何分离的？
- 过渡型猪是否只被允许从市场运往屠宰场？如果不是，请解释。
- 为狩猎保护区捕获的野猪是否需要在跨州运输前的伪狂犬病和布鲁氏菌病检测中呈阴性？有何适当的执行机制？

第三节　确认/审查/项目有效性：

- 关于野生猪控制确定的和可利用的法律、财务与人力资源有哪些？
- 与其他机构和团队（比如：野生动植物组织、狩猎团队）有什么互动？
- 在高风险地区中的过渡型猪和商品猪中进行了哪些额外的监测？
  - 对处于危险中的销售种猪和架子猪的商品猪群进行了哪些额外的监测？
  - 采取了哪些措施保证没有进行非屠宰的过渡型猪的贸易？
- 所有过渡型猪和商品猪中暴发的疾病是否得到解释？其病因是否得到解决？
  - 如何调查伪狂犬病与布鲁氏菌病的暴发？
  - 疾病的特征有哪些？
  - 疾病向何处蔓延？
  - 伪狂犬病病毒基因特征化的结果是什么？
- 有何其他证据可供利用，以支持您的项目的充分应用？

附件 8　伪狂犬病监测手册（1.3 版，2010 年 10 月）

美国农业部（USDA）在其所有计划和活动中禁止基于种族、肤色、民族背景、性别、宗教、年龄、残疾、政治信仰、性取向，或婚姻或家庭状态的歧视。（并非所有禁止的基础都适用于所有计划。）需要其他沟通方式（盲人点字法、大号字体）来获取项目信息的残障人士应联系美国农业部塔吉特中心，联系电话：(202) 720-2600（语音和 TDD）。

关于歧视的投诉，请致函美国农业部民权办公室主任，地址：华盛顿哥伦比亚特区西南区独立大道 1 400 号惠腾（Whitten）大厦 326-W 室，邮编：20250-9410，或致电（202）720-5964（支持语音和失聪者用电信装置）。美国农业部以平等的方式提供机会和雇佣员工。

2010 财年伪狂犬病监测计划联系人

组织办公室	联系人姓名	联系电话	联系邮箱
美国农业部动植物检疫署兽医局国家兽医局实验室国家动物健康实验室网络	芭芭拉·马丁	515-337-7731	Barbara. M. Martin@aphis. usda. gov
	萨拉·汤姆林森	970-494-7263	Sarah. M. Tomlinson@aphis. usda. gov
美国农业部动植物检疫署兽医局国家动物卫生项目中心猪群健康项目员工	特洛伊·比格洛夫	515-284-4121	Troy. T. Bigelow@aphis. usda. gov
	戴夫·皮布恩	515-284-4122	David. G. Pyburn@aphis. usda. gov
	奥利弗·威廉姆斯	301-734-5914	Oliver. Williams@aphis. usda. gov
美国农业部动植物检疫署兽医局西部地区流行病学家	马克·肖恩鲍姆	970-494-7314	Mark. A. Schoenbaum@aphis. usda. gov
美国农业部动植物检疫署兽医局东部地区流行病学家	巴布·波特·斯伯丁	919-855-7250	Barbara. A. Porter-Spalding@aphis. usda. gov
美国农业部动植物检疫署兽医局野生动物局	布兰顿·施密特	970-266-6079	Brandon. S. Schmit@aphis. usda. gov
美国农业部动植物检疫署兽医局国家兽医局实验室样本采集物资运送	杰森·布恩	515-337-7530	Jason. K. Bunn@aphis. usda. gov

（续）

组织办公室	联系人姓名	联系电话	联系邮箱
美国农业部动植物检疫署兽医局国家检测组	约翰·科斯伦德	301-734-0847	John. A. Korslund@aphis. usda. gov
	西莉亚·安托尼奥利	970-494-7304	Celia. Antognoli@aphis. usda. gov
	黛比·考克斯	301-734-4397	Debra. C. Cox@aphis. usda. gov
	艾伦·卡萨里	970-494-7153	Ellen. Kasari@aphis. usda. gov

Ⅰ. 引言

A. 宗旨

本文件概述了伪狂犬病国家监测计划的实施程序。该计划的目标为强化监测，包括快速检测、证明无疫、监控国际或国内的伪狂犬病病毒（PRV）来源。

本文件旨在阐明：

- 满足 PRV 监测目标的必要程序；
- 何时将疑似或潜在的伪狂犬病例提交至地区主管兽医进行调查；
- 什么是高风险的猪群，应在何时采集样本；
- 沟通原则；
- 将样本送至何地；
- 样本实验室检测指南；
- 报告和记录检测样本的必要信息；
- 样本提交指南。

B. PRV 说明

伪狂犬病也被称为奥耶斯基氏病，是一种在经济上非常重要的猪病，首次出现于 20 世纪 60 年代末期。猪群是伪狂犬病病毒（PRV）的首要宿主和储存宿主，因此，猪群也是主要的传染源。除猪以外，感染 PRV 的其他物种通常会经历剧烈瘙痒，并会在 48 小时内死亡。有时，在其他物种身上观察到的唯一症状就是猝死。马、鸟类和人类被认为能抵抗 PRV 感染。

美国农业部（USDA）动植物检疫署（APHIS）在 20 世纪 70 年代末和 80 年

代初开始执行根除PRV的计划，并于2004年在商业猪中根除了PRV，但是非商业猪和野猪群中仍然存在PRV感染。可在PRV监测计划（附件H）中查阅与病理学、临床症状、传染病学、诊断及PRV监测合理性相关的更多信息。

C. 监测计划概览

本计划旨在确定被视为PRV传染高风险的猪群数量和诊断样本。监测目标为能够快速检测到进入商业猪群中的病毒。目标猪群包括：①疑似伪狂犬病例的调查和诊断；②提交至诊断实验室的病猪组织的抗原检测；③提交至诊断实验室的猪病例的随机血清学检测；④被定义为高风险猪群的血清学检测；⑤已知同野猪接触猪群的血清学检测；⑥选择性宰杀的屠宰场公猪、母猪的血清学检测；⑦市场动物的肌红蛋白检测；⑧存在PRV的野猪。

上述监测流程支持监测计划的目标。PRV监测计划（附件H）中列出了各个流程。下文列出了与每个采样流程相关程序的一般方法。与PRV监测计划相关的任何问题，请联系约翰·科斯伦德，电话：970-494-7217，电子邮箱：John. a. korslund@aphis. usda. gov。

1. 疑似PRV病例的报告、调查、诊断

结合猪群历史、临床症状和诊断信息来完成对PRV感染的诊断。应向地区主管兽医以及州动物卫生官（SAHO）或指定人员报告出现PRV症状的临床病猪。

适合这一类别的疑似猪病例包括：

- 高死亡率（接近100%）并伴随中枢神经系统组织学病变，或很少观察到的与PRV一致的病变；
- 出现呼吸症状、繁殖障碍的母猪；
- 出现呼吸症状的断奶仔猪，伴有与中枢神经系统症状或死亡率上升。

符合以上特征的所有猪群应提交至各州的地区主管兽医/动物卫生官员（附件C）

地区主管兽医或指定人员将决定是否授权进行全面调查。若授权进行调查，且仅从农场采集了血清，需将血清及伪狂犬病监测数据表（附件D）提交至PRV国家动物卫生实验室网络（NAHLN）实验室。若同时采集了血清和组织，将样本提交至国家兽医实验室（NVSL）进行分析。应在所有样本上粘贴国家兽医实验室条形码。关于开展调查的更多信息，请查阅VS Memo 580. 4。

注：第Ⅱ节详细的样本收集程序中列出了为调查疫病而获取条形码和采集样本的程序。

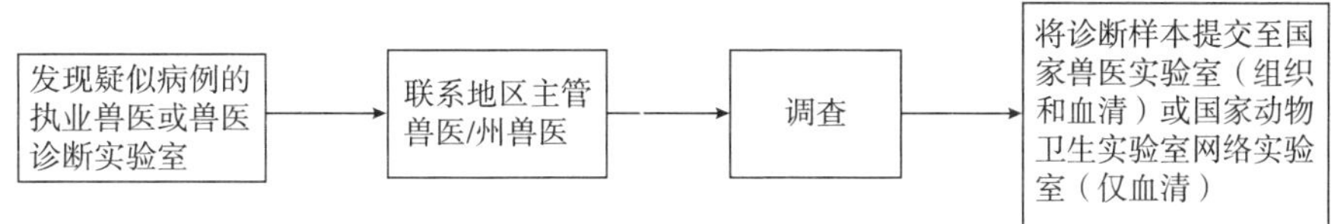

关于疑似PRV病例调查的问题应提交至您的动植物检疫署兽医局地区猪传染病学家：马克·肖恩鲍姆（西部地区），电话：970-494-7314，或巴布·波特-斯伯丁（东部地区），电话：919-855-7250。

2. 提交至诊断实验室的病猪组织的检测

本流程中除血清外其他组织的检测需在检测验证成功后进行

本流程涉及由执业兽医提交至PRV国家动物卫生实验室网络实验室的任何发病猪。当病例满足以下条件时，扁桃体、大脑和肺的样本可用于进行PRV抗原PCR检测（一旦验证），血清可用于PRV血清检测：

- 商业猪或繁殖期出现急性呼吸或神经症状的猪样本；
- 与母猪流产相关的样本。

国家动物卫生实验室网络实验室应使用所有检测样本上的国家兽医局实验室条形码。由于此类样本由执业兽医提交，因此实验室需在样本上粘贴条形码。检测到PRV可疑或阳性PCR结果的国家动物卫生实验室网络实验室将样本转寄至国家兽医实验室进行确认。检测血清的国家动物卫生实验室网络实验室应遵照血液/血清检测程序（附件E）。此外，若接收到非阴性样本，实验室应按照附件G进行通报和响应。

不要求兽医局或各州人员为按照该流程收集样本。此类样本由执业兽医提交至国家动物卫生实验室网络实验室。

关于该流程检测样本的问题请咨询国家动物卫生实验室网络实验室或动植物检疫署兽医局地区猪传染病学家：马克·肖恩鲍姆（西部地区），电话：970-494-7314，或巴布·波特-斯伯丁（东部地区），电话：919-855-7250。

3. 提交至诊断实验室的猪病例的血清检测

本流程检测执业兽医向PRV国家动物卫生实验室网络实验室提交的用于诊断或日常监控疾病（除PRV外）的血清，不包括为了通过PRV血清学检测来确认猪群移动资格或猪群认证而提交的样本。若执业兽医指定进行PRV检测，则该样本不适用于本监测，除非血清符合“提交至诊断实验室的病猪组织的检测”的监测流程。

本流程可包括为进行猪群特征分析而提交的样本，以及来自有临床症状的猪群血清。对于每个养殖场所提交的样本，最多检测 5 个血清样本。

需要按照计划制定的比率对合格的提交样本进行检测。由于实验室的样本很多，PRV 国家动物卫生实验室网络实验室需要按照检测配额和规范（附件 B）进行检测。实验室将遵照已确定的检测程序（附件 E）和通报原则（附件 G）。实验室也将在检测过的每个血清样本上粘贴国家动物卫生实验室网络条形码。

样本提交信息和检测结果将被记录于 PRV 实验室登记表（电子表格），并在每月 5 日提交，或由国家动物卫生实验室网络协调员负责校对。若实验室没有需要汇报的数据，则需要需向国家动物卫生实验室网络协调员巴布・马丁女士汇报没有数据需要报告。将制定一个网页信息采集系统来完善数据输入，并实现数据输入的自动化。

<u>检测样本应能够在空间和时间上代表所有的提交样本。该流程将检测每次提交的不超过 5 个样本。</u>

关于本检测流程的问题可咨询动植物检疫署兽医局国家动物卫生实验室网络协调员巴布・马丁，电话：515-337-7731。

4. 高风险猪群的血清检测

地区主管兽医、各州的兽医或指定人员将检查生物安全防护措施，并授权检测可能将 PRV 从野生储主转移至商业猪的高风险猪群。本项监测的目标是快速确定商品猪行业中的疾病。因此，进行检测的高风险猪群是可能对商品猪行业太造成直接影响的猪群。

确定是否为高风险且适合在本监测流程中进行检测的猪群，应考虑以下因素：

- 野猪的集中程度，以及其同设施的接近程度；
- 该设施中的用于直接或间接跨州销售的猪；
- 已购得猪的感染风险；
- 能够接触到野猪的房屋/设施/管理（生物安全措施的有效性）等。

附件 B（PRV 高风险猪群的监测）中列出了因有大量商业猪群存在且有野猪的存在而需要额外重视的县的清单。该清单仅为可能的高风险区域的参考。各州应检测其认为有必要保护的猪群，或迅速找到各州商业猪群中的疾病。

高风险猪群的例子包括：

- 可通往户外，且位于已知野猪群 10 英里内的商业猪群；
- 在野猪群狩猎俱乐部 10 英里范围内的商业猪群；

• 提供展览用猪，特别是跨州展览的猪群，且该猪群接触过野猪。

展览用猪的检测不属于高风险检测，不属于本监测计划。曾是野猪的受限制猪群，或同野猪杂交的猪群不属于用于检测的高风险猪群。此类猪群被认为是野猪群的扩大部分。

可通过农场现场检测、市场检测、高风险垃圾饲养检测、小型屠宰场检测或其他必要方法收集高风险猪群的检测样本。若农场现场的取样被确定为最合适的样本收集方法，应采用95/10程序（附件F）检测猪群。可根据设施类型安排高风险猪群的检测时间。

• 可通往户外的猪群每两年进行一次抽样；

• 完全圈养但没有围栏的猪群，或户外饲养但拥有有效围栏的猪群，每五年进行一次检测；

• 完全圈养、拥有适当的生物安全措施（包括有效的围栏）的猪群，则无须检测。

请联系地区传染病学家确定抽样的猪群数量和方法。样本应提交至PRV NAHLN实验室（见附件A）。各州应在提交样本前联系实验室以确定其是否能够检测。

美国农业部农场现场抽样数据表必须同样本一同运送，具体示例参见附件D。送至实验室的样本若无此数据表，则不得用于进行分析。每个提交的样本上必须有独立的条形码。可联系杰森・布恩（国家兽医实验室，电话：515-337-7350）通过国家兽医实验室获取条形码。地区主管兽医或指定人员负责记录所需数据。可在以下网站获取当前版本的数据表：http：//www.aphis.usda.gov/animal_health/animal_dis_spec/swine/pseu_surv_proced_manual.shtml

关于高风险猪群血清检测的问题可咨询动植物检疫署兽医局地区猪传染病学家：马克・肖恩鲍姆（西部地区），电话：970-494-7314，或巴布・波特-斯伯丁（东部地区），电话：919-855-7250。

5. 接触野猪猪群的血清检测与报告

适合该检测程序的猪来自可能跨州移动且接触到或可能接触到野猪的高风险户外商业猪群。本流程依赖于生产者或所有者的自愿报告。若生产者怀疑有野猪入侵，或观察到其猪群中有野猪，可联系相关部门报告野猪入侵。野猪的入侵包括直接接触，或有证据证明野猪同围栏线有接触。

在接到报告后，地区主管兽医、州兽医或指定人员将同各自的地区传染病学家讨论面临的情况，并根据需要确定是否适合进行检测，或加强猪群监控和监测。发现疑似接触后的一段时间后（考虑到血清转阳时间）在农场按照95/10的采样程序现场采集血样，用于血清检测（附件F）。

上文中的“高风险猪群的血清检测”（检测流程4）中说明了数据采集方法。**在本流程中，应直接观察到或者高度怀疑猪群直接暴露于野猪。若报告暴露，则应就采样方法和样本提交的实验室咨询地区传染病学家**。样本应提交至PRV国家动物卫生实验室网络实验室进行分析。

必须填写PRV农场现场猪检测数据表，并同贴有条形码的样本一起提交至国家动物卫生实验室网络实验室。送至实验室的样本若无此数据表，则不得用于分析。可联系杰森·布恩（电话：515-337-7350）通过国家兽医实验室获取条形码。

有关针对接触了野猪的猪群现场采样的问题可咨询APHIS-VS地区猪传染病学家：马克·肖恩鲍姆（西部地区），电话：970-494-7314，或巴布·波特-斯伯丁（东部地区），电话：919-855-7250。

6. 屠宰场选择性宰杀母猪、公猪的血清检测

适合检测的猪为在选定的联邦/州的屠宰场进行选择性宰杀的母猪、公猪。

收集适用于监测的选择性宰杀的母猪-公猪样本，并送至位于堪萨斯州和肯塔基州的USDA实验室。对样本进行分类和监测，确保满足计划标准中现有的监测要求。样本收集减少程序可适用于某些屠宰场。此类程序将根据屠宰场的特定情况而定，并在AVIC的帮助下实施。

关于屠宰场选择性宰杀猪的血清检测问题可提交至APHIS VS地区猪传染病学家：马克·肖恩鲍姆（西部地区），电话：970-494-7314，或巴布·波特-斯伯丁（东部地区），电话：919-855-7250。

7. 屠宰场肉猪肌红蛋白的收集与检测

在选定的屠宰场宰杀的商品猪适用于肌红蛋白检测。对具有代表性的确定批次的商品猪中收集的样本，使用批准的肌红蛋白检测分析方法来处理和分析。将由VS员工和/或合同人员为本流程收集样本。收集人员将样本送至指定的实验室。

尽快将数据录入到电子数据表中，并在每个季度提交至工作人员进行检查和分析。

关于屠宰场商品猪肌红蛋白的收集和检测问题可咨询APHIS-VS地区猪传染病学家：马克·肖恩鲍姆（西部地区），电话：970-494-7314，或巴布·波特-斯伯丁（东部地区），电话：919-855-7250。

8. 野猪的采样

野猪的PRV采样可与传统的猪瘟（CSF）检测计划相关联，以提高采样效率。适合进行检测的野猪包括在各州自由生长的野猪。野生动物处（WS）的生物学家在上述各州可进入公共和私有土地捕捉野猪，并对其进行取样。疾病检测通常会与经营活动相结合，如开展野猪损害管理；但是，州层面的监测和监控方法可能会根据当地专家的投入而有所不同。

WS为CSF监测计划而收集的样本可同样用于PRV监测，确定是否存在PRV。WS野生动物疾病生物学家为PRV检测收集的样本将按照WS《野猪综合疾病监测程序手册》提交至由WS管理的实验室，提交用于PRV监测血清的WS人员应填写数据表（附件D），并同样本一起提交。

若样本采集地区此前的野猪检测为阳性，则不再进行检测，WS确定有必要的情况除外。检测应限制在此前为阴性或PRV未知状态的地区样本中，尤其是最近有野猪入侵和/或商业猪生产的地区。WS收集的野猪样本不提交至NVSL进行确认检测。

要求在各自州内进行野猪取样的AVIC应咨询WS。从此以外的任何人或通过与WS的合作提交进行PRV分析的样品，将不会在USDA计划下进行分析。

关于野猪PRV采样的问题可咨询布兰顿·斯密特（电话970-266-6079）或特洛伊·比格洛夫（电话：515-284-4121）。

Ⅱ. 详细的样本收集程序

本节讲述如何在现场收集组织和血液样本。为PRV监测收集的大部分组织样本将由执业兽医提交。

然而，若需要为疑似PRV病例的调查和诊断采集血样或组织样本，应按照PRV监测中组织样本和血液样本收集程序进行。可在本文第Ⅳ节中查找提交样本的详细信息。

A. 所需工具

- 采集安乐死或死亡动物（仅为病猪）的扁桃体和组织所需的工具：
  - 刀（和/或解剖刀）和剪刀。
  - 钳子。

  - ◦ 塑料取样袋或螺旋顶塑料管。
- 采集血清所需的工具：
  - ◦ 离心机（若可能）。
  - ◦ 10～12 毫升采血管或真空容器。
  - ◦ 采集血液所需的针（大小可选）。
  - ◦ 注射器。
  - ◦ “雷管型”离心管。
  - ◦ 猪保定装置。
- 采集组织和血清所需的工具：
  - ◦ 记号笔（防污/防水）。
  - ◦ 圆珠笔。
  - ◦ 消毒仪器和洗手所需的加热容器或桶。
  - ◦ 漂白剂（消毒剂）。
  - ◦ 纸巾。
  - ◦ 冰袋。
  - ◦ 装污染的个人防护服的垃圾袋。
  - ◦ 提交样本的邮件包裹。

B. PRV 检测所需的组织

若需要收集组织样本，应从以下新鲜组织中采样用于 PRV 检测。对所有动物采集血液，仅对有临床症状的猪（病猪）收集其他组织。各种组织应存放在独立的袋子或管子中，并贴上计划批准的条形码（若适用），立即冷冻或冷藏。

- 扁桃体
- 肺
- 大脑（若可能采集）
- 血液

以下详细信息阐述了如何采集扁桃体样本。仅在 VMO 调查可能感染 PRV 的猪群时收集扁桃体，VMO 将在进行调查时进行死后检查。其他 PRV 监测流程不进行扁桃体的收集与检测。

移除扁桃体（死猪）

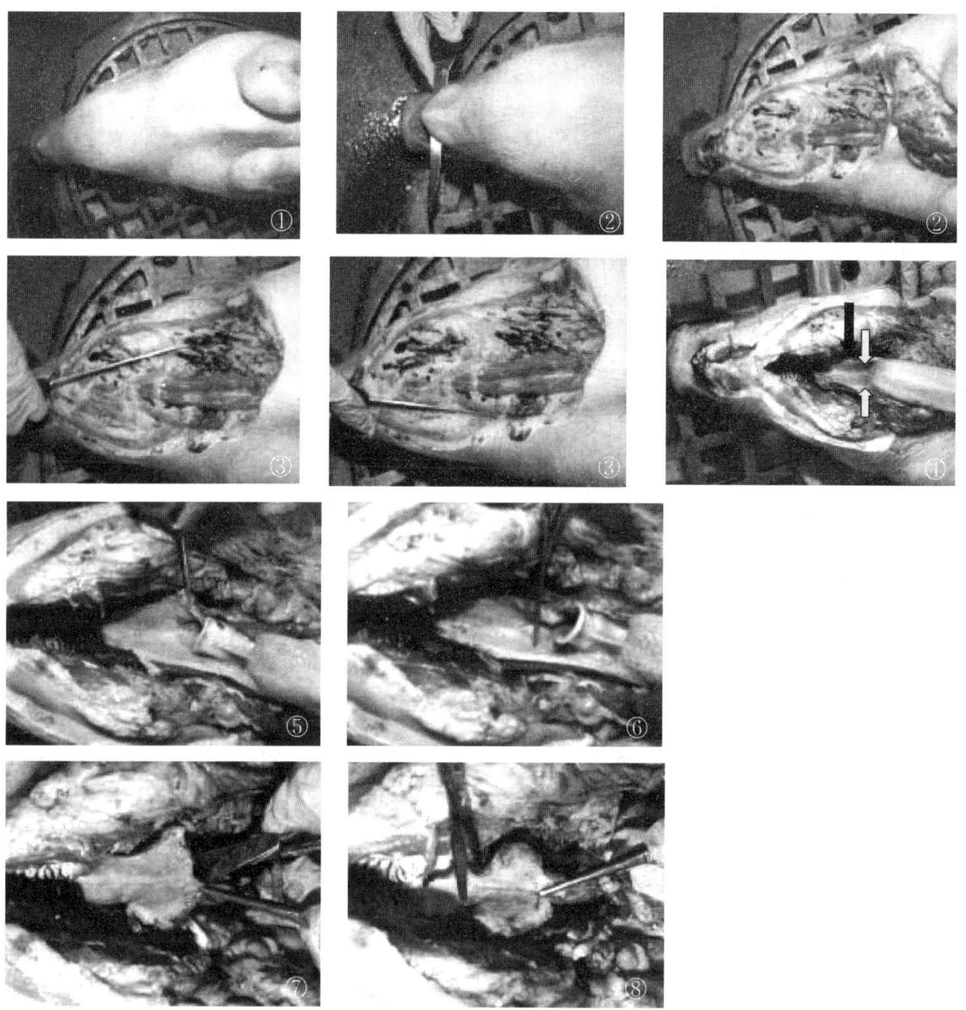

①将猪以屈膝背卧位放置。

②从下巴附近开始，用刀尾部划开皮肤，露出下颌间和邻面颈部的组织。

③切割各个下颌骨中间部分的软组织，延长到每侧邻近的下颌联合，切断与舌头的连接处。

④切断舌头的连接处，从尾部拉出舌头的顶端，暴露出硬腭和软腭。腭扁桃体，呈两叶结构，位于软腭的尾部（黑色箭头）。切割的侧面连接部位（白色箭头）以防止舌头缩回。应收集整个扁桃体（两叶）。

⑤拉出舌头，进一步暴露扁桃体和喉头盖。注意扁桃体有浅凹的外表，因为上皮细胞内陷形成腺窝。

⑥用剪刀分离扁桃体。

⑦用镊子夹住扁桃体的尾部，用剪刀切下扁桃体伸出的连接部分。

⑧切割扁桃体在软腭上的临近连接部分。现在，扁桃体已经切除并可拿掉。

⑨将扁桃体放置在收集容器中。

⑩在包装运送前擦掉容器表面的污染（血液、排泄物等）。

C. 提交至实验室的组织样本（包括血清）的正确标签贴法

动物卫生官员收集的样本贴的标签应与 CSF 等其他疾病计划保持一致。所有样本必须有 NVSL 提供的独特条形码。

可联系 NVSL 的运送和样本部门获取条形码。联系 NVSL（电话：515-337-7530）获取条形码。

- 使用防污/防水笔和条形码标记每个样本管或样本收集容器。每个标签上的内容包括：
  - 样本号。
  - 样本管或容器内的样本类型（组织类型，即扁桃体、肺、肝等）。
  - 条形码识别标签。
    - 条形码印制为 4 个独立标签一组。各个样本的条形码互不相同，即便是从同一动物收集的多个样本。
    - 应按照以下方法使用条形码：
      - ▲ 每个样本管上粘贴一个标签，并确保在样本管上纵向粘贴条形码。
      - ▲ 提交表单上粘贴一张标签。
      - ▲ 应销毁未使用的标签。此前使用过的条形码的重复使用将“混淆”实验室内的自动样本处理程序。
      - ▲ 所有血清样本必须有独立的条形码。

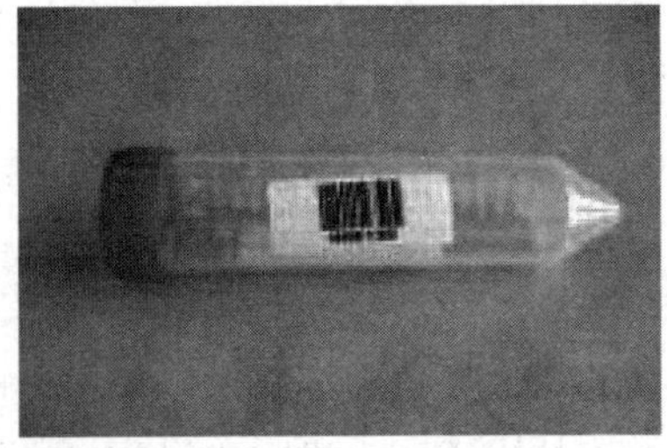

- 将样本放置在冷却器中或冰袋上。不得冷冻样本。
- 适当处理组织和畜体。
- 将组织/血清送至合适的 NAHLN 实验室。

关于采样的技术问题可直接发送至 APHIS-VS-国家动物卫生项目中心的项目经理特洛伊·比格洛夫（515-284-4121）。

Ⅲ. 样本的运送

对于动物卫生官员收集的样本，应采用以下程序将样本提交至 NAHLN 或 USDA 实验室。

A. 包装

- 将贴有标签的样本管/容器放入透明的带有吸附剂的生物学危害品袋（STP-741）中，并密封。

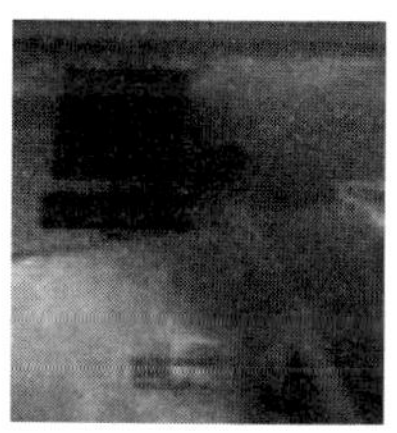

- 将样品放入白色生物学危害品袋（STP-740）中，并密封。

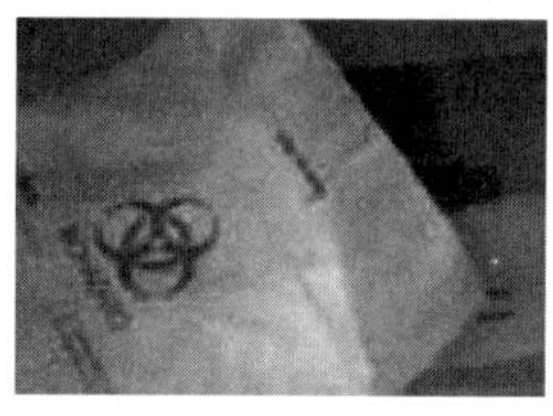

- 将白色生物学危害品袋放入运送箱中。
- 在袋子上放置冷冻冰块。

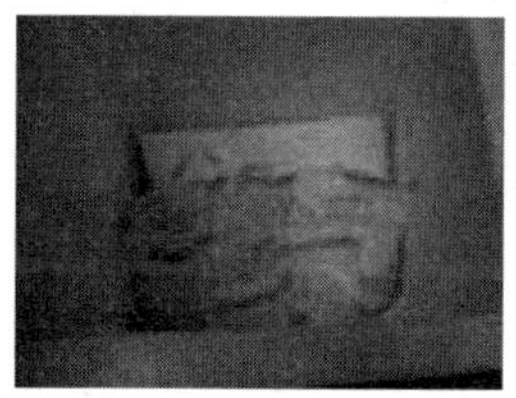

• 将填写好的美国农业部（USDA）农场现场猪监测提交表（若有）放置在泡沫箱盖子上。

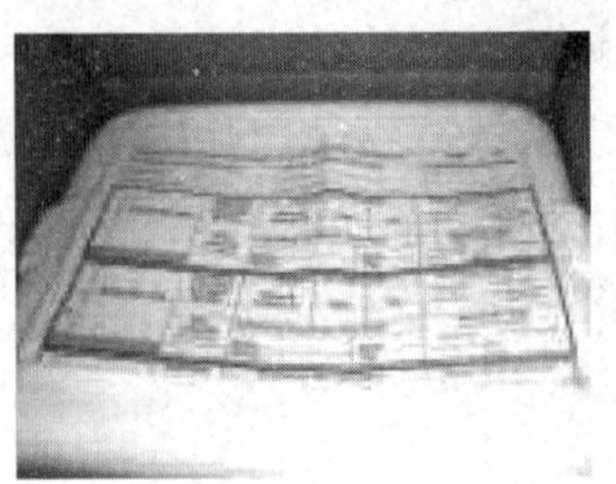

• 密封泡沫箱。

• 将运送地址标签贴在箱子上，送至对该收集样本进行 PRV 检测的指定实验室。

• 将其他需要的运送标签贴在箱子上，满足当前的 IATA 运送要求（比如，UN 3373 标签等）。

• 由合同承运服务商隔夜送达。

若在周五运送，确保在箱子上粘贴周六送达的标志。确保实验室可在周六接收并冷冻运送到的样品。

注：运送监测样本至实验室的个人需要满足生物物质运送的要求。上述个人至少应熟悉 IATA 包装需知。

国家兽医实验室，电话：(515) 337-7530，传真：(515) 337-7378。

B. 运送至指定的 NAHLN 实验室

只能通过隔夜送达服务将样本送至 NAHLN 实验室。附件 A 包括指定的 PRV NAHLN 实验室名单。

Ⅳ. 提交样本至 NAHLN 实验室

VS 人员可联系 VS 地区办公室获得一次性的血液采集用品。在可能的情况下，血液样本应用离心机分离出血清。然后将血清存放在离心管中，同提交表格一起送至 NAHLN 实验室或 USDA 实验室。提交至 NAHLN 实验室的所有血液/血清管都必须拥有独立的条形码。可联系 NVSL 的运送部门（515-337-7350）获取条形码。

血液收集和血清提交推荐的物品/设备：

- 冷却器。
- 冰袋。
- 血液收集时可选择的针。
- 10～15 毫升的注射器。
- 10 毫升的真空容器。
- 猪监测样本条形码标签。
    - WS，联系布兰顿·斯密特获取条形码。
    - VS，联系 NVSL 获取条形码。
- 装血清的离心管或冷冻管。
- 离心管运送容器。
- 封口冷冻袋，用作主要和次要的运送容器。
- 纸巾，用作主、次运送容器之间的吸附性材料。
- 用离心机分离血清。
- GPS 装置用于记录样本收集的位置。
- 猪保定装置。
- 提交表格（见附件 D）。

在可能的情况下，至少对进行 PRV 检测的每个动物采集 2.0 毫升的清澈、非溶血血清。

Ⅴ. 诊断医生的决断能力

执业兽医提交至 NAHLN 实验室进行 PRV 血清或抗原检测（监测流程 2 和 3）的样本必须满足最低的信息要求。**在到达时没有监测所需的最低信息的样本不适合进行 USDA 国家 PRV 监测计划下的 PRV 检测，且不得使用 USDA 支持的资金进行 PRV 分析**。此外，诊断医生需要遵守本文件中列出的采样标准。

关于样本可追踪性的最低信息要求为：

- 提交样本的执业兽医的信息：
    - 姓名。
    - 城市。
    - 州。

  - 邮政编码。
- 动物识别号。
- 样本提交日期。
- 生产地信息应明确为进行采样而取样的猪的实际位置。
- 经营场所的 ID 或经营场所的名称，必须包括：
  - 街道。
  - 城市。
  - 州。
  - 邮政编码。

检测的样本应能够在空间和时间上代表所有提交的样本。每次提交样本中最多检测 5 个样本。

在执业兽医提交至实验室的每份合格样本上粘贴 NVSL 提供的独立条形码。

诊断医生若有关于样本检测和所需信息的问题，应联系 USDA VS NAHLN 的协调员（电话：515-337-7731）。

附件 A 指定的 NAHLN PRV 检测实验室的地址和联系信息

以下 NAHLN 实验室为指定的 PRV 检测实验室。以下为兽医诊断实验室的运送地址和联系信息。

AL	汤普森主教斯帕克州立诊断实验室 890 Simms Road PO Box 2209 Auburn，AL 36832	电话：334-844-7207 传真：334-844-7206
CA	加利福尼亚动物卫生与食品安全实验室，加利福尼亚大学戴维斯兽医学院 W. Health Science Drive，Davis，CA 95616	电话：530-752-8709 传真：530-752-5680
GA	佐治亚大学蒂夫顿兽医诊断实验室 43 Brighton Road，Tifton，GA 31793-3000	电话：229-386-3340 传真：229-386-3399
IA	兽医诊断实验室，艾奥瓦州立大学兽医学院 1600 S. 16th St.，Ames，IA 50011-1250	电话：515-294-1950 传真：515-294-3564
KS	堪萨斯州兽医诊断实验室，堪萨斯州立大学兽医学院 L232 Mosier Hall，1800 Dennison Ave Manhattan，KS 66506-5606	电话：785-532-5650 免费电话：866-512-5650 传真：785-532-4039
MN	明尼苏达大学兽医诊断实验室 1333 Gortner Ave，244 Veterinary D L，St. Paul，MN 55108	电话：612-625-8787 传真：612-624-8707

MO	密苏里大学兽医诊断实验室 1600East Rollins，PO Box 6023，Columbia，MO 65211	电话：573-882-6811 传真：
NC	北卡罗来纳农业部和消费者服务部罗林斯诊断实验室 2101 Blue Ridge Rd.，Raleigh，NC 27607 邮寄地址：1031 Mail Service Center Raleigh，NC 27699-1031	电话：919-733-3986 传真：919-733-0454
NE	内布拉斯加大学兽医诊断中心 1900 N. 42nd Street Lincoln，NE 68583 邮寄地址： Fair Street & East Campus Loop Lincoln，NE 68583-0907	电话：402-472-1434 传真：402-472-3094
OH	俄亥俄州农业部动物疾病诊断实验室 8995 E. Main Street，Building 6 Reynoldsburg，OH 43068-3399	电话：614-728-6220 传真：614-728-6310
OK	俄克拉荷马州动物疾病诊断实验室，俄克拉荷马州立大学兽医学院 Farm & Ridge Road，Room 127 Stillwater，OK 74078	电话：405-744-6623 传真：405-744-8612
SD	动物疾病研究与诊断实验室，南达科塔州立大学 Box 2175，N. Campus Dr，Brookings，SD 57007-1396	电话：605-688-5171 传真：605-688-6003
TX	得克萨斯兽医诊断实验室 1 Sippel Road College Station，TX 77843 邮寄地址：PO Box Drawer 3040 College Station，TX 77841-3040	电话：979-845-3414 免费电话：888-646-5623 传真：979-845-1794
WI	威斯康星兽医诊断实验室 1512 E. Guy Avenue，Barron，WI 54812-0097	电话：715-637-3151
WA	华盛顿动物疾病诊断实验室，华盛顿州立大学 P. O. Box 647034 Bustad Hall Room 155-N，Pullman，WA 99164-7010	电话：509-335-9696 传真：509-335-7424

附件B　州、机构及屠宰场进行的PRV监测活动

在屠宰场收集母猪-公猪市场屠宰样本（监测流程6）。屠宰样本的检测将在KS和KY的两个联邦PRV实验室进行。各州应提交所有必要的监测或检测样本至USDA堪萨斯和肯塔基地区检测实验室，以满足最低常规监测要求（5%）。

收集用于监测或回溯调查的血清样本（除屠宰以外）的监管官员应将贴有正确的标签和条形码的样本送至PRV NAHLN实验室。各州应在提交样本前联系NAHLN实验室，以确定其能在不超过指定样本检测配额的情况下处理样本，或

各州可联系其地区传染病学家决定将样本送至何处（即哪个 NAHLN 实验室）。

为监测流程 3“提交至诊断实验室的猪病例的血清检测”而选择的样本应在时间和空间上能够代表提交至 NAHLN 实验室的所有样本。每批提交的样本中最多检测 5 个样本。实验室将在每个样本上使用 USDA 提供的独立条形码。

以下叙述适用于引言中列出的已实施的监测流程。

为各州列出了预期检测的样本目标：

NAHLN 实验室的 PRV 检测将按照时间阶段来划分

州	NAHLN 实验室	2011 财年合格的猪血清提交样本
AL	汤普森主教斯帕克州立诊断实验室	500
CA	加利福尼亚动物卫生与食品安全实验室	500
GA	佐治亚大学兽医诊断实验室	1 000
IA	艾奥瓦州立大学兽医诊断实验室	9 750
KS	堪萨斯州兽医诊断实验室	1 500
MN	明尼苏达大学兽医诊断实验室	10 500
MO	密苏里大学兽医诊断实验室	150
NE	内布拉斯加大学兽医诊断中心	275
NC	罗林斯诊断实验室	2 500
OH	俄亥俄州农业部动物疾病诊断实验室	200
OK	俄克拉荷马州动物疾病诊断实验室	150
SD	南达科塔州立大学动物疾病研究与诊断实验室	5 000
TX	得克萨斯兽医诊断实验室	2 000
WA	华盛顿动物疾病诊断实验室	60＋野猪提交样本
WI	威斯康星兽医诊断实验室	90＋野猪提交样本

野生动物处的野猪 PRV 监测

WS 国家野生动物疾病计划将在 VS 官员的帮助下确定 PRV 采样的地区。WS 负责确定样本量并根据已知的各州的野猪分布情况分配样本量。通过 WS 和 VS 的联合决定，WS 生物学家为 PRV 监测而收集的样本将按照 WS 指导提交至 NAHLN 实验室。只有 WS 提交的样本适合使用本计划中的 USDA 资金。

PRV 高风险猪群的监测

AVIC 和州兽医应根据高风险猪群的血清检测流程（监测流程 4）列出的标准确定高风险猪群。AVIC/州兽医应同其地区的传染病学家合作，确定最实用的方法来从高风险猪群中获取样本，确定采集样本的数量。为了帮助各州确定高风险农场的所在地，国家监测为上述高风险的州提供以下指南。本表列出有文件记录的野猪的县，这些县也报告饲养了超过 1 000 个猪群及其种猪的密度。可在咨询同地区传染病学家的前提下将本表用作各州的抽样指南。本表不是绝对的，各州可参考或者不参考本表来确定高风险猪所在地区名单。此外，各州可将其他地区和猪群视为“高风险”。监测的目标是快速确定商业猪群中的 PRV 感染。重点在于检测接触野猪的高风险的商业猪群。此类猪群可能在 NSU 提供的地区内。由当地 VS 和地区官员确定高风险猪群。只有被定义为“高风险”的猪群才能够使用联邦资金支持的高风险猪群检测流程（监测流程 4）。

州	县
阿肯色州	康韦、亨普斯特德、霍华德、洛根、蒙哥马里、牛顿、派克、波克、波普、塞维尔、耶尔
加利福尼亚州	弗雷斯诺、圣贝纳迪诺、斯坦尼斯劳斯、图莱里
科罗拉多州	尤马
乔治亚州	塔特纳尔、布洛克、奥格尔索普
伊利诺伊州	埃芬汉、门罗、富尔顿
印第安纳州	橙县、杰克逊、马丁、韦恩、杰伊、斯潘塞、杜波伊斯、亚当
艾奥瓦州	范布伦
堪萨斯州	史密斯、蒙哥马里
密歇根州	希尔斯代尔、蒙卡尔姆、休伦、爱奥尼亚、布兰奇、格拉希厄特、卡尔霍恩、阿勒根
密苏里州	锡达、圣克莱尔、赖特、玛丽、贝茨、科尔、韦伯斯特、富兰克林、亨利、卡斯、欧塞奇、卡勒韦、巴顿
内布拉斯加州	巴特勒、卡斯特、普拉特、西沃德
北卡罗来纳州	安森、博福特、伯蒂、布拉登、布伦瑞克、卡贝勒斯、哥伦布、克拉文・达布林、厄齐康、哈尼特、赫特福德、约翰斯顿、纳什、北安普敦、昂斯洛、彭德、皮特、里奇蒙、罗伯逊、桑普森、尤宁、韦恩

（续）

州	县
俄亥俄州	奥格莱塞、尚佩恩、达克、默瑟、摩根、莫罗、匹克威、普雷布尔、谢尔比、威廉斯
俄克拉荷马州	加拿大人、格雷迪、哈斯克尔、休斯、拉蒂默、勒弗洛尔、麦柯廷、奥克福斯基、波特瓦特米
南卡罗来纳州	奥兰治堡
田纳西	劳伦斯
威斯康星州	克劳福德

附件C　AVIC和州兽医办公室名录

可通过查阅以下网站找到目前的AVIC办公室和详细的AVIC信息：

http：//www. aphis. usda. gov/animal _ health/area _ offices/

州动物卫生办公室

可通过查阅以下网站找到目前的州动物卫生办公室和官员的名单：

http：//www. nasda. org/cms/7195/8617. aspx

附件D　美国农业部伪狂犬病监测数据表

以下数据表是USDA APHIS WS人员使用的范例。只有被授权的人员才能填写该表格，填写需符合WS国家野生动物疾病计划要求。以下并非完整的表格，删除了一部分说明。

<table>
<tr><td colspan="2">USDA-APHIS-WS野猪疾病监测数据表—2010财年</td><td>页码：</td></tr>
<tr><td>野生动物部门信息：
收集者姓名：__________
电话：__________</td><td>参考号：
____ ____ ____ ____ ____
州　首字母　月　日　年</td><td>收集日期：
___/___ /___
月　日　年</td></tr>
<tr><td>GPS位置N_____. __________
（DD，WGS-84）W-_____. __________</td><td colspan="2">收集地点：__________
县：__________州：__________</td></tr>
</table>

1 主体ID： 条形码	CSF 条形码	FMD 口腔拭子 条形码	FMD 鼻拭子 条形码
年龄组： 幼年/青年/成年 性别： 雄性/雌性	CSF诊断实验室： FADDL或________ 运送日期：___/___/___ 样本类型：血清/组织	FMD诊断实验室：(循环一) CA-CAHFSL/KS-KSVDL/ TX-TVMDL/ NC-RADDL 运送日期：___/___/___	
PRV 条形码 仅限血清	SB 条形码 仅限血清	档案 条形码 仅限血清	档案编号： 运送日期：___/___/___

□ 若提交者的信息与收集者相同，请在此打钩

提交者姓名：____________ 参照的野猪数量：__________

电话：________________ 运送前的CSF存储状态：冷冻/冷藏

（请将野猪数据表传真至NWDP：970-266-6215，或扫描并发送电子邮件至@aphis. usda. gov）

以下为执行监测或传染病追踪活动的USDA VS或州人员使用的数据表范例。该数据表必须包括在样本内，并送至合适的PRV NAHLN实验室获得检测资格。可在以下网站找到数据表：http：//www. aphis. usda. gov/animal health/animal disspec/swine/downloads/on farm collect submiss form. pdf

请记住，提交的所有样本都必须有独立的条形码。下表并非完整表格，删除了部分说明。

美国农业部猪健康监测：农场现场/高风险收集数据表	页码：
兽医（收集者） 姓名：__________ 地址：________ 城市：____州：____邮编：____ 授权编号：________ 电话：____	检测实验室名称： 收集日期：

采样（生产）地信息					
经营场所名称：	经营场所ID：	城市：	州：	邮编：	GPS位置N：______ GPS位置W：______
提交原因： ____饲料废弃物场所 ____已知或疑似野猪接触的经营场所 ____高风险经营场所 ____血清检测/回溯		收集地点类型： ____农场 ____饲料废弃物场所 ____市场/拍卖会 ____小型屠宰场		饲料废弃物场所 许可证号： 废弃物类型： ____带肉的废弃物 ____不带肉的废弃物	

<table>
<tr><td colspan="6">动物和样本信息
*其他样本类型可能为鼻拭子、扁桃体、扁桃体刮削碎屑、肌红蛋白、肺、大脑、脾脏、淋巴、全血（EDTA）或全血（肝素）</td></tr>
<tr><td>动物 ID</td><td>条形码</td><td>年龄组：
______胎儿
______仔猪/保育猪
______青年/育肥猪
______成年猪/公猪，母猪</td><td>临床症状：
______流产 ______消瘦
______CNS 症状 ______腹泻
______发热 ______无
______呼吸
______败血症病变</td><td>样本类型：
______血清
其他</td><td>检测条件：
______CSF
______PRV</td></tr>
<tr><td>动物 ID</td><td>条形码</td><td>年龄组：
______胎儿
______幼年/幼崽
______亚成体/成体
______成年/公猪，母猪</td><td>临床症状：
______流产 ______消瘦
______CNS 症状 ______腹泻
______发热 ______无
______呼吸
______败血症病变</td><td>样本类型：
______血清
其他</td><td>检测条件：
______CS
______PRV</td></tr>
</table>

备注：

样本送至检测实验室的日期：______________ 运送样本的数量：______________

提交者姓名：______________ 提交者电话号码：______________

结果传真或 Email 至：______________

2010 年 7 月 13 日修改

附件 E NAHLN 实验室 PRV 血液/血清检测程序

提示，屠宰监测和移动资格，包括展览（出口/跨州移动）的样本不适用于此检测程序

在对样本进行 PRV 检测之前，选择猪血液/血清用于 PRV 检测的 NAHLN 实验室需要确保：①已提供所需的流行病学回溯信息；②有足够的血清量；③血清质量好，无细菌污染或过多的溶血。

若样本有必要的回溯信息，则应分析样本以确保其符合定量和定性要求。由于样本是由执业兽医提交至实验室进行其他检测，因此只有在有足够的血清能进行所有必要的检测时才进行本项检测。若样本有足够的血清进行多项检测（包括 PRV），请考虑如果 PRV 抗体为疑似/阳性的情况下，必须将样本转发至 NVSL 进行确认检测。因此，每份样本应至少含有 2 毫升的优质血清。

实验室若为了除 USDA 监测计划以外的目的而对样本进行检测，则应按照 CFR 的要求，遵照生产商推荐的测试/复检程序，并将所有阳性样本送至 NVSL 进行确认。

为 USDA 监测目的而进行血清筛查的实验室需要按照以下要求处理所有 PRV 监测血液/血清样本。

- 查看文件和信息以获取正确的回溯信息，至少应包括猪所在实际位置（非公司所在地）的邮政编码或经营场所标识。
- 观察样本是否具备足够的血清量和质量。
- 若样本适合进行检测，则在样本上粘贴 USDA 提供的条形码。
- 检测样本：
  - 筛查检测：
    - PRV gB ELISA，或者
    - 自动乳胶凝集试验（ALA）。

  * 实验室可选择以上方法之一进行初次样本筛查，但应保持一种检测方法。
  - 若筛查检测结果为疑似[1]或阳性，则应在 1 个工作日内使用 PRV g1 ELISA 方法重新检测样本。
  - 若 g1 结果为疑似或阳性，将已有检测结果的所有相关信息连同样品一起提交至 NVSL 进行确认检测。如果使用的是 gB 筛选检测，由于临界值会随着方法而变化，则提交的信息中应包括使用的是哪种检测方法。样本应隔夜运送到 NVSL。
  - 运送样本之前需打电话通报 NVSL 代表。可拨打（515）337-7551 联系 NVSL 诊断病毒学实验室部门主管。

  在处理样本后，实验室将在 PRV 实验室数据表上记录所有信息。数据表可从以下网站下载：http：//www. aphis. usda. gov/animal health/animal dis spec/swine/pseu surv proced manual. shtml

样本保存标准

若样本在初次筛查中为阴性，可根据实验室规程废弃该样本。

若样本在初次筛查中为阳性，在二次筛查中为阴性，根据实验室规程废弃该

---

[1] 在 PRV 监测中，疑似定义为在初次检测中及按照生产商建议的程序进行复测后既非阳性也非阴性（重新测试）的样本。

样本。

若样本在初次和二次筛查中均为阳性，应将样本送至 NVSL 进行再次检测，并应将样本及同批所有其他样本至少保留 15 天。

以下流程图为 USDA 监测计划中的 PRV 血液/血清检测程序。

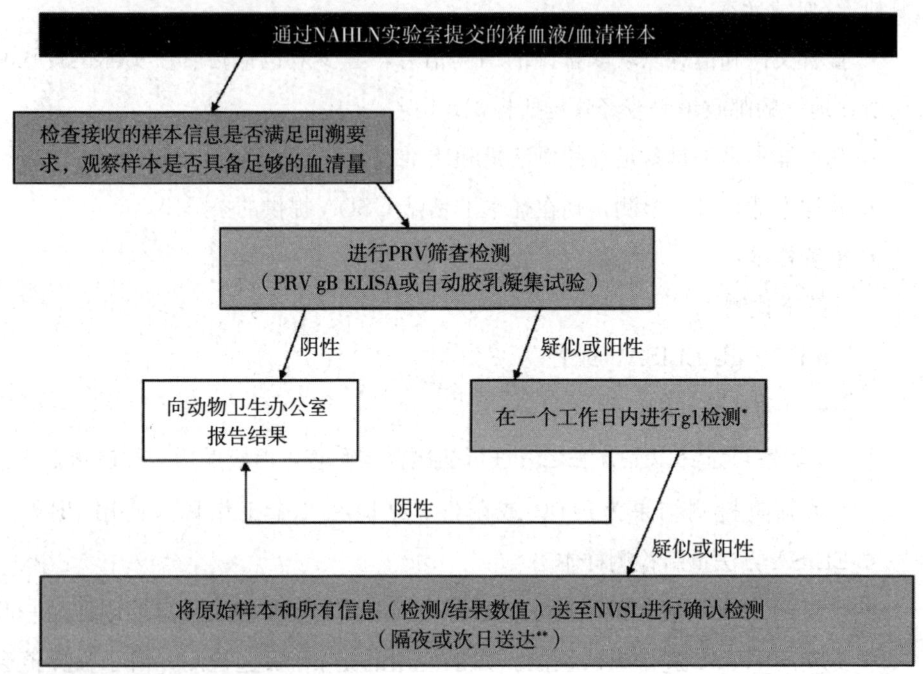

* 不包括周末；** 周五运送的隔夜送达的样本需要在箱子上粘贴周六送达的标签

注：

从 USDA WS 提交至实验室的 USDA PRV 野猪监测样本只能进行筛查检测（PRV gB ELISA 或自动乳胶凝集试验）。所有筛查检测结果，包括疑似、阳性和阴性结果，应报告至 USDA WS，国家野生动物疫病计划（wslabresults@aphis.usda.gov 或传真至 970-266-6215）。测试野猪血清不需要 gI ELISA。此外，野猪的阳性样本无须提交至 NVSL 进行确认检测，除非因其他监管目的需要进行检测。

附件F　血清检测的95/10采样程序

该采样程序适用于所有进行PRV检测的猪群，包括因回溯而检测的猪群。95/10采样程序有95%的概率从流行率至少为10%的猪群中发现一个阳性动物。每个独立的猪群（不同地点，同一所有者）应作为单独的猪群进行检测。以下为满足95/10程序需要进行检测的动物数量：

数量低于100头的猪群——检测25头

数量在100～200头的猪群——检测27头

数量在201～999头的猪群——检测28头

数量在1 000头以上的猪群——检测29头

附件G　PRV通报和响应行动

引言

本附件规定了出现阳性或疑似PRV的实验室结果而产生的通报和响应行动。本文件并不取代任何兽医局备忘录或通报。NAHLN实验室或NVSL公司报告的疑似或阳性结果将启动通报和响应行动。NVSL确认的PRV阳性结果预示着全面响应。

1.0　响应行动

PRV监测计划中检测的样本将由经过培训的人员在指定的NAHLN实验室进行初步筛查。上述人员必须按照指定的程序筛选血清、肌红蛋白和组织进行PRV监测。若筛查结果为疑似或阳性，则将由艾奥瓦州艾姆斯市的NVSL进行确认检测。

若野猪血清在NAHLN实验室检测为阳性或不确定性，应将结果报告至WS。WS将通过涉及野生动物疾病生物学家的认证沟通程序向VS发布实验室结果。上述样本无须递送至NVSL，除非因其他监管或研究目的的需要。野猪样本出现PRV阳性不会启动下述行动，根据当地监管机构和特定州的野猪群体状况，州机构和WS可能对野猪的PRV调查结果采取不同的对策。

1.1 提交至NAHLN检测实验室的血清（包括肌红蛋白样本）或组织的疑似或阳性结果，不包括常规的野猪样本，若NAHLN实验室认定疑似或阳性结果，则将采取以下行动。

1.1.1 NAHLN实验室的行动

- 立即通过电话或传真将结果汇报[1]至艾奥瓦州艾姆斯市的NVSL，按照附件E提交所有样本至艾奥瓦州艾姆斯市的NVSL进行确认检测。不得分离样本。样本包括所有必要的文件和此前检测的结果。
- 在数据表或电子数据表中输入结果和所需数据。

1.1.2 NVSL的行动

- 对从NAHLN实验室接收的样本进行确认检测。
- 若结果为阴性，将检测结果告知提交样本的实验室。
- 若结果为阳性，将检测结果告知提交样本的实验室、实验室所在州的AVIC、动物来源州的AVIC以及地区传染病学家和猪卫生计划员工[2]。

1.1.3 NAHLN实验室所在州、样本采集州以及猪来源州VS、SAHO的行动，仅在NVSL确定样本为阳性时进行此类行动

- 确保提交样本相关的所有文件和任何鉴定材料安全。
- 确定提交样本的来源。

---

[1] 诊断病毒学实验室，NVSL电话：515-337-7551；传真号码：515-337-7348。

[2] 猪卫生计划员工包括：①特洛伊·比格洛夫；②戴夫·皮布恩。

- 确定涉及动物的最后一处已知的所在地。
- 若样本采集自屠宰场，则收集最初的回溯信息。
- 同地区办公室的人员沟通调查结果。
- 遵照“伪狂犬病根除的州-联邦-产业计划标准”中的规定 http://www.aphis.usda.gov/animal_health/animal_diseases/pseudorabies/downloads/program_stds.pdf。

1.1.4 当确定样本为阳性时猪群卫生项目员工采取的行动

- 告知 NCAHEM 员工。
- 若有必要，协助地区官员获取所需的信息。
- 检查从地区接收的信息。

1.1.5 通报

- 外部到 VS。
  - AVIC 确保告知州兽医。
  - 在合适的情况下，员工或地区官员将通报立法和公共事务部（LPA）以告知产业和公众。

注意：如果本节的部分内容不适用或需要修改，则将进行适用的修订。应通过电子邮件与猪卫生计划的特洛伊·比格洛夫沟通，电子邮箱：troy.t.bigelow@aphis.usda.gov。

1.2 NAHLN 检测的疑似或阳性结果经 NVSL 检测为阴性

若 NAHLN 实验室报告并提交了疑似或阳性结果，NVSL 的检测显示为阴性，则需要将阴性结果通报到以前得到 NAHLN 疑似或阳性结果通报的各方。无需要开展进一步的调查行动。

1.3 NVSL 阳性结果的确认

若 NVSL 确认阳性结果，将执行第 1.1.3 至 1.1.5 节中概述的程序。控制和清除感染猪群的 PRV 的相应行动将尽快开始。需立即通报到 NAHLN 实验室所在州和动物所在州的州动物卫生官员。此外，动物卫生官员应开始执行所有必要的措施，如确定疾病的来源，收集所有追溯信息，并启动检疫，以防止疾病蔓延。动物卫生官员将遵循“伪狂犬病根除的州-联邦-产业计划标准”中概述的疾病控制和清除方法[1]。

以下为响应和沟通行动的流程图。

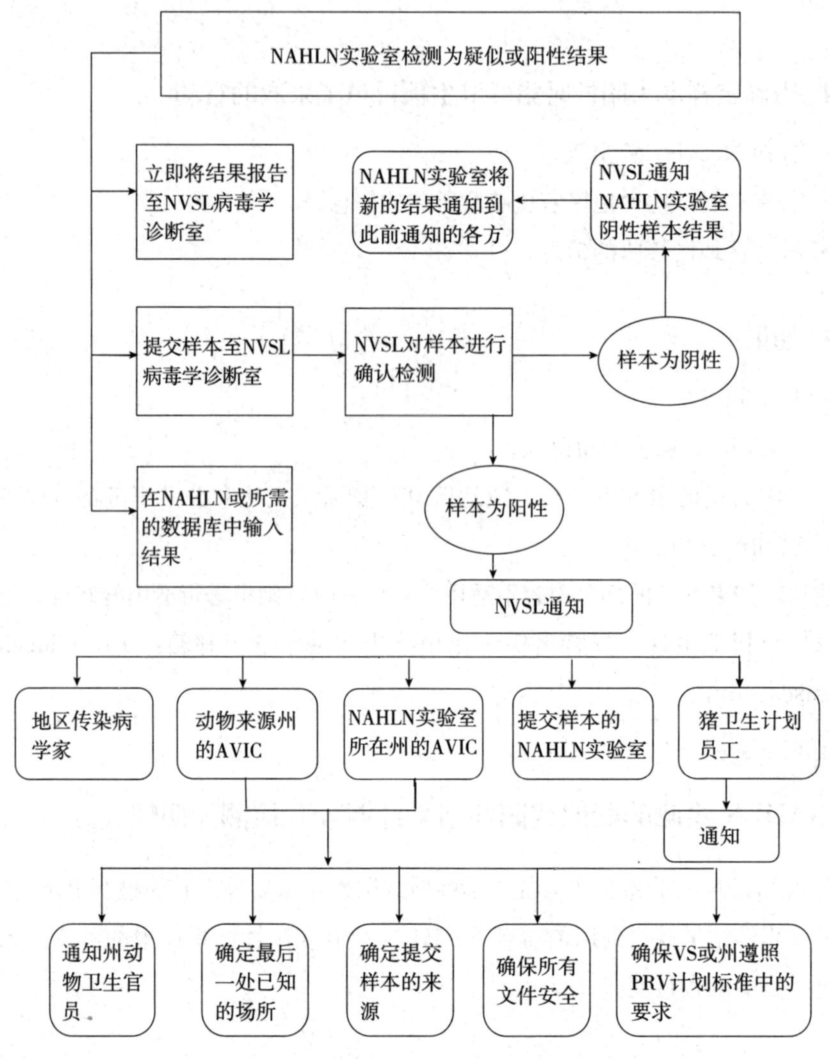

1 “伪狂犬病根除的州-联邦-产业计划标准”见于 http：//www. aphis. usda. gov/animal _ health/animal _ diseases/pseudorabies/downloads/program _ stds. pdf。

附件 H　国家伪狂犬病监测计划

可在网上查阅国家伪狂犬病监测计划。网址为：http：//www. aphis. usda. gov/vs/nahss/swine/prv/prv _ surveillance _ plan _ final _ draft _ 04 _ 16 _ 08. pdf

1.1 疫病概述

伪狂犬病又称奥耶斯基氏病，是影响养猪业的重要传染病。伪狂犬病病毒（PRV）最早出现在 20 世纪 60 年代后期，在出现后的短短几年里，这种疱疹病毒就传遍了美国境内主要的养猪地区。

猪是 PRV 的主要宿主及储存器。PRV 易感动物包括牛、绵羊、山羊、犬、猫、老鼠、小鼠等。马、禽类和人对 PRV 具有抵抗力。除猪以外的物种感染 PRV 后通常表现为病毒入侵部位剧烈瘙痒，因此 PRV 感染除猪以外的其他物种时又称“疯痒病”，并且染疫动物常在临床症状出现后 48h 内死亡，甚至有时引起毫无症状的猝死。

病原：伪狂犬病病毒（PRV）属于疱疹病毒属，是一种相对稳定的具有囊膜的 DNA 病毒。PRV 在自然环境中的存活能力很低，当 pH 为 6～8 时，它在低温潮湿环境中仅能存活很短的时间，干燥和阳光几乎可以瞬时杀死病毒。

临床症状：猪群临床症状与感染毒株的谱系及感染猪的日龄有关。初生仔猪对 PRV 高度易感并且经常表现出一定的临床症状，包括呼吸系统与中枢神经系统紊乱；仔猪常表现为精神萎靡、食欲降低以及发热，中枢神经系统紊乱是仔猪发病时最主要的症状，包括呈犬坐姿势、绕圈、划水、运动障碍、共济失调和唾液分泌过多等。表现严重神经紊乱的仔猪常在 24 小时内死亡。对于初生仔猪来讲，死亡率常高达 100%。

临床症状与年龄相关，仔猪表现为高死亡率，育肥猪和商品猪仅表现呼吸系统症状且能存活，成年猪的发病率可达 100%，在一些严重的病例可发现打喷嚏、流鼻涕、咳嗽及呼吸困难，并且伴随发热与食欲降低等症状。

母/公猪与育肥猪相似，在成年期表现出呼吸道疾病及厌食症，但是当母猪处于怀孕期时，会出现胎儿被吸收、木乃伊胎、死胎、流产或者产出很快死亡的弱胎。

流行病学：感染 PRV 的猪，体内终身带毒，三叉神经节、嗅球、髓质、脑干、肺、淋巴结、脊髓束等是病毒常潜伏的组织，当宿主出现应激反应（如分娩等）时，病毒就有可能激活并扩散，这些猪有可能会再次出现轻微的临床症状，即复发。当猪群中存在 PRV，研究病毒在该地区猪群之间的传播时，病毒的潜伏与激活十分重要。

PRV 可以通过多种途径传播，包括：①直接接触，包括鼻与鼻的直接接触、性传播或者精液传播；②间接传播，包括短距离内的飞沫传播、较长距离的病毒气溶胶（已发现超过 2 千米的风媒传播）以及通过人、污染的车辆、工具等的传播。

在野生猪群中，PRV 可以通过交配传播。在野生猪群中，感染公猪与易感母猪的交配是 PRV 传播的主要方式，但并不排除鼻与鼻的直接接触以及飞沫传播，这也是野生猪群感染养殖猪群的主要传播途径，感染的方式主要有使用开放性的猪栏或野猪家猪混养，在美国 34 个州内发现活动的野生猪群。

诊断：在尸体剖检的过程中，较少见严重的病变，使得对伪狂犬病的诊断变得复杂。可能会出现的病变包括扁桃体坏死、气管损伤、轻微的鼻炎和肺部出现小范围的坏死和水肿，肝脏有时会出现白色坏死点。当出现严重病变时，结合畜群的发病史、临床症状和血清学诊断，有助于疫病的诊断。

PRV 的潜伏期为 2～5 天，排毒先于临床症状的出现，病毒分离检测技术能够在猪群感染的最初 8～25 天内在感染动物的鼻拭子和口腔拭子中检测到病毒。在康复期的猪体内，病毒能够在三叉神经节等神经组织中潜伏，因此，也能从三叉神经节中分离到病毒，但很困难。

康复猪在感染后 6～10 天内可检测到抗体，抗体可以维持终身，抗体检测试验具有很高的敏感性和特异性，可以通过血清学方法来挑选康复猪。

其他相关信息：20 世纪 70 年代中期，美国养猪业的领导层寻求政府的帮助来根除 PRV，自 1989 年起，美国开始实施国家-州-产业合作计划来清除猪群中的 PRV。通过在发病猪的组织中分离病毒以及猪群血清学监测［血清学监测包括猪场以及最主要的集中地（种猪场、屠宰场），对新感染的畜群进行流行病学调查，对距离感染群较近的猪群也进行血清学检测（循环测试）］来发现 PRV 感染猪群，感染猪群禁止调运。此后各地根据情况开始实行不同的净化计划，通过检测、清群、疫苗接种、早期断奶隔离或者扑杀等措施来清除感染动物。

2004 年，美国 50 个州的商品猪群实现了伪狂犬病根除，“商品猪”就是那些能够适应长期管理，并且能够避免与过渡猪群及野生猪群接触的猪群。野生猪群就是能够自由活动的猪群。过渡猪群即捕获的野生猪或者能与野生猪接触的猪。野生猪群仍然是向商品猪传播 PRV 的首要传染源。

1.2 监测的目的与基本原理

自扑杀政策全面启动以后，PRV 的监测主要集中在生猪屠宰地的血清学监测。根据项目的进展，一般每年监测样品的数量是每个州存栏量的 5%～10%，检测大量的样品是为了在流行病学调查和根除过程中寻找感染群体，按照计划执行监测，并在商品猪群中逐渐清除 PRV。

美国生猪产业提供了近 550 200 个工作岗位，每年创造 974 亿美元的经济效益，并为国家提供 345 亿的产品。在 2006 年，美国出口了 1 262 499 吨猪肉，价值近 28.64 亿美元，猪肉的出口直接依赖于对贸易伙伴在疫情方面的开诚布公。

过去，伪狂犬病是影响生猪产业经济效益的重要病毒病之一，当 PRV 流行时，染疫猪群与未染疫猪群相比，平均每英担降低 6 美元的收益。美国农业部（USDA）的 PRV 根除计划预计开支 2 亿美元，而受益于该计划，消费者因零售价降低可获得 3.365 亿美元的利益，生产者从中受益超过 3 500 万美元。

1.3 监测目标：为决策提供有用的数据

监测计划包括两大一小三个目标，它们分别是：

目标 1，能够在商品猪群中快速检测出 PRV 的感染与传播。

目标 2，证明美国商品猪群中的 PRV 无疫状态。

目标 3，监控美国猪群 PRV 传入风险：①监控野生猪群，包括美国境内野生猪群的分布与数量，以及 PRV 在野生猪群中的存在情况；②对禁猎区猪数量与分布的常规总结；③监控国际上 PRV 的流行情况。

目标 1 的目的在于快速发现感染群体，在 95%置信水平下，通过向养殖场咨询，将 PRV 的检出率保证在 1 个月内 $1/10^6$ 的水平。为经济有效地实现这一目标，我们使用结构权重方法来分析这些复杂的监测数据，在附录 1 中详细描述。

目标 2 的目的在于使用监测数据来证明 PRV 无疫状态。美国农业部（USDA）的动植物检验署（APHIS）兽医局（VS）国家进出口中心（NCIE）将疫病与疫病流行相关数据定期上报到世界动物卫生组织（OIE）。报告的数据主要来源于以配种与交易数量为基础的屠宰场监测数据。为实现目标 1 而运行的监测系统同样为目标 2 服务。在理想情况下，随机监测适用于世界贸易的需求，然而，在获得足量的群体监测抽样框前，其他替代的监测是不可或缺的。对于目标 2，随机监测的成本更高。

目标 3 即其中的“小目标”，受地域和资源的限制，此目标在于监控来自其他国家和野生猪群的 PRV 威胁，并为前两大目标提供支持，比如了解感染猪群的地理分布可以帮助政府识别与区分出高风险畜群，监控野生猪群中 PRV 的存在情况可以了解 PRV 的流行情况，其他国家对野生猪群的监测也比较感兴趣。

1.4 预期结果：产品、决策和行动

监测项目基于附录 1 中提到的监测流程和抽样方法，附录 1 解释了根据相关的价值、成本以及监测目的来衡量监测流程价值的方法。

这个监测系统以及相关的评估方法能够为联邦和州的决策者在决定监测水平与力度时提供有价值的信息，在商品猪群中进行 PRV 快速检测方面的监测将决定是否需要额外的扑杀。

监测计划可以提供 PRV 信息，满足 NCIE 向世界动物卫生组织（OIE）报告的要求。国家动物卫生项目中心（NCAHP）的员工、兽医局区域流行病学家和州内动物卫生官员可以使用监测结果形成 PRV 流行状况的报告，制定当前或未来伪狂犬病监测的标准及相关文件。任何修订的 PRV 项目标准都应当符合当前或修订的监测计划的要求。

如果监测过程中发现感染猪群，PRV 项目标准将给出维持州内现状的必要程序。政府有责任找出感染场点、在流行病学和地理学上相关的猪群，并且及时采取措施控制疫情扩散，PRV 项目标准同样提到关注其他国家的感染情况。

1.5 利益相关者与责任主体

利益相关者包括负责设计、实施、管理以及宣传监测计划相关信息的代理人和责任人，关注 PRV 监测计划的组织包括：

1.5.1 国家猪肉委员会，代表产业科学；

1.5.2 全国猪肉生产商理事会，代表产业政策；

1.5.3 州立猪肉协会，代表各州产业；

1.5.4 州内兽医，代表州内兽医管理者并与兽医部门授权的地方兽医共同参与监测任务；

1.5.5 美国猪兽医协会，代表美国养猪业从业者；

1.5.6 所有的养猪业从业者，代表兽医及他们的客户；

1.5.7 美国市场内商业化的试剂盒以及生产与销售 PRV 疫苗的公司；

1.5.8 USDA-APHIS-VS（美国农业部动植物检疫署兽医局）；

1.5.8.1 国家动物卫生政策与项目的工作人员，包括：

✓ NCAHP，扑杀与检测项目的决策、预算、实施；

✓ NCIE，进口、出口、国际卫生条件的管理与报告；

1.5.8.2 东西部的地区主管、流行病学家、地方机关的执业兽医与工作人员（地方监测项目的实施，包括上报必要的数据）；

1.5.8.3 动物卫生与流行病学中心（CEAH）（基于监测与相关数据的流行病学与风险分析），包括：

✓ 国家监测单位（NSU），监测计划与数据分析的维持与发展；

✓ 动物疫病信息与数据分析中心（CADIA），负责开发 IT 系统来监控 PRV 监测信息（2008 年初，CIDIA 将直接向兽医局的首席信息官上报信息）；

1.5.8.4 国家动物卫生应急管理和诊断中心，负责动物卫生应急管理；

1.5.8.5 国家兽医参考实验室，诊断实验室支持与参考实验室服务；

1.5.8.6 兽用生物制品中心，提供 PRV 疫苗和商品化试剂盒；

1.5.9 国土安全部门，防止边境外来动物疫病入侵；

1.5.10 国家动物卫生实验室网络（NAHLN），主要负责样品检测与电子数据报告；

1.5.11 肉类和屠宰公司，监测样品的采集点。

1.6 猪群概述

美国的猪群基本可以分为以下 3 种：

1.6.1 野生猪群 即自由活动的猪，这些猪是伪狂犬病病毒的携带者，野生猪群的数量急剧增长，至今已发展到 34 个州，东南区野生动物研究团队绘出了一幅野生猪群的动态图，链接网址为 http：//www. uga. edu/scwds/dist _ maps/swine04. html.，野生猪群中伪狂犬病真实的流行状况依然未知，并且区域与区域之间各有差异。有研究证明 38%的野猪呈现血清阳性。但是，考虑到野生猪群的风险以及它们能够自由活动，这个监测计划和当前 PRV 项目标准均假设所有的野生猪群都是 PRV 的隐性携带者。谨慎的风险评估需要继续将野生猪看作隐性感染，即使是对过去没有检测到阳性并能提供阴性数据报告的猪群（这种阴性报告仅对短期内评估商业猪群有效）。

1.6.2 高风险猪群（过渡猪群） 即在野生猪群活动区域饲养的猪，在这里的家养猪能够直接或者间接接触到野生猪群。美国动物卫生监测系统（NAHMS）2006 年的数据显示，美国有将近 52.1%的母猪与外部有接触。但是，并不是所有的高风险猪群都分布在野生猪群附近。通过精确的数据来评估这个猪群的范围是不可取的，这部分猪群基本无法进入跨州贸易市场，监测数据表明，现在市场中很少发现 PRV 与布鲁氏菌感染。

1.6.3 商品猪群 即之前提到的那些能够长期适应管理，并且有条件能够避免与高风险（过渡）猪群及野生猪群接触的猪群。几乎所有跨州贸易市场上的猪都是商品猪。2004 年 10 月，PRV 控制委员会宣布商品猪群中彻底清除 PRV，该委员会是由国家领导在项目启动时建立的联邦-州-产业 PRV 监督机构，并在 PRV 项目标准文件中得到明确。

1.7 病例定义

1.8 数据来源

1.9 采样方法——针对每类监测

主要服务于目标 1 的监测流程：快速检测

以下列举的监测流程都包含了猪群概述、病例定义、数据来源及采样方法，主要的监测流程包括：①疑似 PRV 病例的报告、调查、诊断；②诊断实验室内送检病猪组织的抗原检测；③除 PRV 疑似病例以外的送检猪的血清学检测；④高风险猪群的血清学检测；⑤与野生猪群接触猪群的血清学检测与报告。

A. 疑似PRV病例的报告、调查、诊断

这个监测流程是依赖于执业兽医、生产者和直接观察猪群的人群，将疑似PRV的病例报告给AVIC、官方兽医或者他们指派的人员。

（1）猪群概述。适合抽样的猪群包括美国境内的所有猪群。

（2）病例定义与诊断。PRV的诊断必须与猪群历史、临床症状、样品诊断相结合。以下临床症状可能在PRV感染猪群中出现：

✓ 哺乳仔猪的死亡率达100%，并且伴有中枢神经系统紊乱症状或者PRV引起的明显病变；

✓ PRV引起的母猪呼吸系统与繁殖系统障碍；

✓ 带毒断奶仔猪除呼吸系统病变外常伴有中枢神经系统紊乱或死亡率逐渐升高。

病例的诊断以AVIC与官方兽医授权的区域流行病学家的建议为准。PRV项目标准中列出了详细的病例定义。

（3）数据来源。所有关注美国境内各地区猪群情况的生产者、执业兽医师、实验室人员都有义务上报包括PRV在内的必须上报疫病的疑似病例，行政人员在调查上报病例的同时必须报告以下信息：

✓ 分布地区。

✓ 疫情上报时间。

✓ 猪群的临床症状（包括体温）。

✓ 猪群史（包括疫苗接种情况）。

✓ 染疫动物数量与当地畜群数量。

✓ 向相关实验室送检的组织或病料。

✓ 诊断检测结果。

从这些病料中获得的数据必须登记进入动物卫生监测管理项目（AHSM）的相关数据库中，上报到AVCI或者州立兽医部门的阴性与阳性病例也都必须记录到数据库中。

（4）采样方法。对于疑似病例应主动上报到AVCI与州立兽医部门，他们主要负责病料的采集以及疫情的管理，在这种监测流程中每年至少需要30个样品，附录1提供了在此流程中病料采集的成本与相对价值。

B. 诊断实验室内送检病猪组织的抗原检测

（1）猪群概述。2006 年 NAHMS 的研究表明，69.1%的养猪场使用了兽医服务，监测流程包括所有向诊断实验室提交组织病料进行疫病诊断的养猪场，符合监测条件的组织样本、疫病症状将在下面做详细叙述。

（2）病例定义。所有向 NAHLN 合作兽医诊断室提供的病料必须符合以下标准方可进行 PRV 检测：

√ 育肥猪或母猪表现明显呼吸系统症状。

√ 病料至少包含扁桃体和（或）脑组织。

√ 出现流产症状的母猪。

艾奥瓦州和明尼苏达州兽医诊断室有大量的送检病料，必须满足以上标准才会进行 PRV 的检测。另外，针对这些组织进行免疫荧光抗体检测或者在 PRV 参考实验室进行后续的 PCR 检测，至少需要具有以下条件中的一条特性：

√ 育肥猪或待产猪出现明显的呼吸症状。

√ 流产与繁殖障碍。

√ 未确诊的中枢系统紊乱。

√ 病理学家希望送检的未知病例。

（3）数据来源。采集到合适病料的 NALHN 实验室将通过 NAHLN 的电子通信系统收集和报告相关信息与抗原检测结果，信息将传递到 ASHM 内的 PRV 数据库，数据的收集将包括所有（阴性与阳性）的检测样品，样品信息包括：

√ 地理信息。

√ 病料收集、送检与检测的日期。

√ 实施检测的原因。

√ 猪群出现的临床症状。

√ 包括疫苗接种情况在内的猪群史。

√ 感染动物与地方所有畜群的数量。

√ 送检的组织或样品。

√ 诊断结果。

（4）采样方法。表 1 列出了来自 30 个州和诊断实验室的历史数据（符合病例定义），在表内未出现的州也有可能提供病料。

通过相关权重法构建的样品检测是一种快速的检测方法，利用这个流程能够分析美国境内大约8 600份符合条件的病例。根据附录1，我们预计仅仅这个流程就能为监测目标提供100%的快速检测结果，虽然在一个全面的监测系统中仅靠一种监测流程并不是明智的选择。

附录1提供了这个样品检测流程的统计学、数学以及流行病学等方面的判断标准，一年后进行评估。

表1　猪病诊断实验室提交样品的历史数据

地区	州	可能符合要求的病料的提交数目
东部	亚拉巴马州	10
	佛罗里达州	10
	佐治亚州	150
	伊利诺伊州	1 200
	印第安纳州	800
	肯塔基州	44
	明尼苏达州	1 300
	密西西比州	10
	新泽西州	50
	纽约州	10
	北卡罗来纳州	460
	俄亥俄州	42
	宾夕法尼亚州	174
	南卡罗来纳州	32
	田纳西州	50
	弗吉尼亚州	1 802
	威斯康星州	12
	小计	6 156
西部	阿肯色州	7
	加利福尼亚州	250
	夏威夷	0
	艾奥瓦州	1 300
	堪萨斯州	150
	密苏里州	1 000

（续）

地区	州	可能符合要求的病料的提交数目
西部	内布拉斯加州	700
	新墨西哥州	10
	俄克拉荷马州	120
	南达科塔州	850
	得克萨斯州	100
	路易斯安那州	10
	小计	4 497
	合计	10 653

C. 诊断实验室内送检病料的血清学诊断

（1）猪群概述。该监测流程包括送检血清的养猪地区，送到实验室内进行包括PRV在内的疫病诊断与常规监测的血清样品。

（2）病例定义。具有呼吸系统、繁殖系统或者有其他PRV感染时相似症状的送检血清就能够检测。需要检测猪群其他各种疫病抗体的血清样品也可以用来检测，我们将随机挑选血清来进行PRV监测。

（3）数据来源。数据来自PRV监测选择的血清样品的分析，接受猪血清学监测的NAHLM实验室会从送检样品中随机挑选一部分进行PRV分析，然后通过NAHLM的电子传输系统公布样品信息与检测结果，相关信息则上传到AHSM项目的疫病数据库，上传的数据包括所有的检测样品（阳性与阴性）。样品信息包括：

✓ 地理信息（位置）。

✓ 收集、送检与检测日期。

✓ 诊断结果。

✓ 样品筛选的原因。

（4）采样方法。从每一批的样品中随机挑选最多5份样品进行PRV的血清学分析，假如送检血清的样品少于5份的话，所有的血清样品都要检测。

附录1提到这种监测流程的目标是为快速检测8 000份案例，每次检测至少5份样品，所以将要分析40 000份样品。

很多实验室每年要接受数千份的血清样品，所有送到NAHLN实验室的血清都要进行分析，以保证地方代表性，为达到每年8 000案例的目标，所有实验室需按照分配的样品量进行代表性的检测。

D. 高风险猪群的血清检测

（1）猪群概述。这个监测流程由高风险的商品猪群（可能与野生猪群接触）组成，还包括可能在州际流动的猪群。

（2）病例定义。高风险猪群就是那些生活在野猪活动的范围内，并且在这些地方的管理导致猪群能够接触野生猪群而感染PRV。在这个监测流程中，以下的猪群与地区可视为高风险：

✓ 坐落于野生猪群附近的高风险区，并且具有与外部接触通道的猪群/场址，指由国家、联邦或者管理人员根据项目划定的野生猪群生活范围10英里以内。

✓ 猪群/场址的位置在野猪寻找配偶的10英里范围之内。

✓ 猪群/场址的附近有动物迁徙的历史。

这些猪群都可以采样，AVIC、国家兽医或者他们的委派者有责任在所在州内将猪群进行分类，执业兽医的检查或者在同一生产体系下的跨州移动活动将有助于识别那些在各州边境活动的高风险猪群。

（3）数据来源。这种采样流程的数据来源包括血清学样品，以及国家/地方管理人员挑选的适合PRV监测的猪群信息。NSU、NCAHP的工作人员以及流行病学专家将会帮助政府在合适的猪群数量和采样目标的基础上建立采样标准。收集的样品数据将由联邦政府合作项目员工将所要求的电子信息上传到ASHM项目数据库，这些信息包括：

✓ 场址信息（地理位置）。

✓ 日期。

✓ 检测原因。

装血清样品的试管上应根据APHIS的送检标准打上条形码，以便NAHLN的仪器能够读取与分类，接受猪血清样品的NAHLN实验室将通过NAHLN的电子通信系统将所有的检测结果（每个样品结果，包括阳性与阴性）上报，这些信息将以电子信息的形式传达到AHSM的PRV数据库。

（4）采样方法。AVIC、国家兽医或者其委派者可授权到农场进行高风险猪群甄别的检测，挑选出来检测的猪群必须具有代表性，来源要避免主观臆断，在高风险地区对合适猪群采样的频率可根据设施的类型来划定，具有生物安全防护的地区采样频率比未采取防护的地区要低，表 2 显示了采样频率。

表 2 采样频率

饲养类型	采样间隔时间
没有围栏或可通往户外的猪群	2 年一次
完全圈养但没有围栏的猪群或户外饲养但拥有有效围栏的猪群	5 年一次
完全圈养、有适当的生物安全措施（包括有效的围栏）的猪群	不用采样

对每个独立猪群使用 95/10 的统计法来决定采集血清样品的数量。95/10的采样是指当猪群内有 10％的血清阳性时，有 95％可能在猪群内检测到阳性。猪群采样数量如下：

✓ 少于 100 头检测 25 头。

✓ 100～200 头检测 27 头。

✓ 201～999 头检测 28 头。

✓ 1 000 头以上检测 29 头。

如果交易市场和公猪/母猪屠宰场与识别的高风险场点更匹配，并能按照95/10 原则进行采样，那么则可放弃基于农场的采样流程。

我们已经确定使用这种采样流程的数学和统计学分析，根据附录 1，可分为三部分：

✓ 有跨州移动猪的高风险区域猪群。

✓ 在野猪狩猎俱乐部附近的养殖场。

✓ 有野生猪群县的户外猪群的检测。

为了实现快速检测发现感染，假定每年检测高风险区域跨州移动的 1 000 个猪群、狩猎区 10 英里以内的 75 个猪群以及坐落于高风险区的 500 个户外生产点，详细信息见附录 2。

E. 与野生猪群接触猪群的报告与血清学检测

（1）猪群概述。适合这种监测的猪群包括位于野生猪群活动区的高风险猪群，这种监测方式建立在自愿上报野生猪群侵入到家养猪群的基础上。

（2）病例定义。关注自己猪群周围的野生猪群情况并且将情况上报到相关机构的生产者都可以参与监测。当猪群划定为暴露组时就可以进行检测，暴露组分为：

√ 直接的物理接触，例如与野生公猪接触的繁殖期母猪。

√ 可以看到明显的与野生猪群接触的痕迹，比如活动轨迹。

（3）数据来源。数据的主要来源包括符合概述中描述的暴露猪群的血清和（或）抗原的分析以及相关的信息。

（4）采样方法。AVIC，国家兽医与其委派者决定对上报的野生猪群是否采样，以及最合适的采样时间和方法。如果猪群符合检测的标准，我们会在接触事件发生后的30～60天内在猪场进行95/10水平的采样，如果猪群内出现相关的临床症状，立刻进行病理学和抗原学的检测。

这个调查中获得的数据将会录入AHSM项目组疫病数据库的事件管理模块中，为了显示调查过程的进展和维护报告暴露事件的历史记录，上报给AVIC或国家兽医的合格和不合格的案例都必须输入到数据库中。

样品采集的信息由联邦政府合作项目的负责人管理，并上传到AHSM的PRV数据库中，这些数据包括：

√ 场点信息（地理位置）。

√ 暴露、样品采集以及样品检测的日期。

√ 样品筛选的原因。

√ 暴露的等级（地区、警戒线、性传播等）。

这个监测流程内接收送检样的NAHLN实验室必须将检测的结果通过NAHLN的电子通信系统上报，并将信息传达到AHSM的PRV数据库。

尽管这是病例检测中一个重要的环节，但仅依靠可视的证据和自愿上报的话，这种采样流程对快速检测没有太大的作用，因为在快速检测中，这个流程仅能达到最终目标的2%。如附录1所述，每年检测30个猪群，每个猪群花费300美元。

主要服务于目标2的监测流程：证明无疫

目标2的目的是证明美国商品猪PRV无疫状态，主要监测的基础是公/猪和育肥猪的屠宰监测。

F. 屠宰场公/母猪的血清学检测

（1）猪群概述。监测的猪群包括商业化养猪项目规定的并且在特定的联邦指定屠宰场屠宰的母猪，为保证足够的地理分布密度，也会挑选其他屠宰场的母猪。由商品母猪和一些高风险母猪的检测共同组成。

（2）病例定义。在认定的屠宰场内宰杀的有代表性的血清样品将使用 NAHLN 许可的血清学试验和诊断仪器来检测。由产业发起的，通过 NSU 指导的采样方案中所识别的场点开展的高风险群目标采样或许已发展为自愿项目的认定标准。

（3）数据来源。包括血清样品的信息（收集和送检的日期）、屠宰场的识别码。项目相关人员将指导方法的开发，为屠宰样品的信息管理寻找资金支持，包括挑选样品的地理信息。电子硬件和软件系统将由 CADIA 的应用信息管理单位升级，以保证采集的、标记条形码的样品符合 NSU 提出的项目目标。

从这个流程中获得标有条形码猪样品的 NAHLN 实验室将通过 NAHLN 的电子通信系统公布所有的检测结果（包括阴性与阳性结果），这些信息将上传到 AHSM 的 PRV 数据库。要求的样品信息包括：

✓ 场点信息（地理位置）。

✓ 收集送检及检测的日期。

✓ 检测结果（通过 NAHLN 的电子通信系统公布）。

（4）采样方法。根据 FSIS 的动物处置报告系统发现截至 2007 年，美国有 659 个联邦指定猪屠宰场，表 3 列出了宰杀商品猪、公猪、母猪的屠宰场数量：

表 3　猪的屠宰场

屠宰猪的类型	屠宰场的数量
商品猪	575
公猪	197
母猪	382

在宰杀母猪的 382 个屠宰场中，其中有 32 个也宰杀商品猪，这些屠宰场仅 2007 年就宰杀了 3 306 962 只母猪。有 25 个屠宰场主要宰杀母猪，宰杀 3 125 074头或者母猪总数占 94.5%，我们有针对性地在这 25 个屠宰场内采集了至少 90%的母猪样品，还有许多屠宰场也都是当前商品猪（公/母猪）长期监测的采样点。

动物疫病报告电子系统的数据将会更新母猪屠宰场清单，动物疫病报告电子系统是美国农业部食品安全监督服务（FSIS）的一个数据库。挑选的猪场根据屠宰母猪的数量分为 3～4 级，在一些大型的工厂会适当地降低采样频率，以防止采样过于频繁，而小型工厂则适当提高采样的频率。按照现在的标准，未来 5 年中，采样量将从 790 000 降到 5 000～6 000，我们将建立一个过渡期，以满足当前 MSS 的参与者所要求的经济条件和样品量，过渡期也考虑到监测项目的标准和PRV监测数据库不断发生变化的情况。

根据加权法，这个流程的采样数量比证明无疫所需要的样品数量多80倍，但至今仅完成了目标的12%。从使用附录1所描述的方法来看，证明商品猪群的PRV无疫仅需要5 000份样品。

在州际贸易中，自愿采用猪项目场所识别标签来扑杀动物，这将允许基于PRV感染高风险场所以及商业母猪群代表性抽样而进行有针对性的检测。NSU和NCAHP强烈希望生产者在接下来的2年内自愿参与到识别项目中，识别系统的建立将有助于风险评估和随机监测时样品的采集，以及动物血清样品的检测。

G. 屠宰场商品猪的肉汁检测

（1）猪群概述。监测群体包括联邦政府挑选的屠宰场屠宰的商品猪。送到食品安全监督机构所监测的猪代表了商品猪，这是因为这些屠宰场生产的商品是合法的州际/国际贸易的商品。

（2）病例定义。在选定的屠宰场内选择的具有代表性的商品猪的肉汁样品需要使用标准的肉汁检测试验进行检测。另外，屠宰场如果能自愿接受猪群区域识别编号（大多是可见编号，主要是印记），将有助于高风险猪群的定向采样，证明无疫的代表猪群的选择，或在NSU州抽样方案下的猪群中选择（目标1-快速检测D部分）。

（3）数据来源。这个监测流程的数据包括样品采集和运送的日期、屠宰场、动物地域识别号码以及符合病例的可进行地域识别的胴体（有屠宰场标注的代表地域信息的纹身或尾号）的检测结果。

项目的工作人员不断优化检测方法和寻求资金，以允许获得所有待宰猪批号的电子信息，自愿参与地域信息识别的待宰猪群的批号必须与其最后生活的区域相关联，应注意商业隐私的保护，在那些与第三方合作的私人企业将猪群所在地的一些敏感信息从屠宰场收集的信息分离出来，仅剩地域识别信息，这些信息将被传送到NSU和CADIA用于监测算法的改进，电脑的硬件与软件将由CADIA-AIM进行更新以满足选择性地完成大量数字（印记）的即时识别并确定采样的地域信息，不断更新的硬件、软件、系统等将提示采样者所需的胴体是何时到达采集地点的。

国家兽医局的动物卫生技术人员和/或接触的人员需要采集：

√ 可识别批号的样品，应放入标有条形码并绑定固定编号的收集袋中。

√ 采集的日期。

√ 运输的日期等。

（4）采样方法。最初是在14个已注册的商品猪屠宰场内采样，这些屠宰场宰杀的猪有50%是商品猪，添加新的屠宰场是为了保证足够的地理覆盖范围，表4列出了目前采集肉汁病料的屠宰场和样品数量。

表4 采集肉汁病料的屠宰场和样品数量

地区	州	城市	屠宰场	采集数量
东部地区	明尼苏达州	奥斯丁	Quality Pork（Hormel Meats）	750
		华盛顿	Swift	500
	肯塔基州	路易斯维尔	Swift	1 000
	宾夕法尼亚州	哈特菲尔德	Hatfield Foods	1 000
	北卡罗来纳州	塔希尔	Smithfield Foods	1 000
		小计		4 250
西部地区	艾奥瓦州	斯托姆莱克	Tyson Fresh Meats	500
		滑铁卢	Tyson Fresh Meats	750
		哥伦布章克申	Tyson Fresh Meats	1 000
		斐瑞	Tyson Fresh Meats	500
		马歇尔敦	Swift	500
		奥塔姆瓦	Excel Meats	750
		苏城	John Morrel	750
		丹尼森	Farmland	500
	内布拉斯加州	麦迪逊	Tyson Fresh Meats	750
		小计		6 000
		总计		10 250

为实现目标2，必须采集5 000份肉汁样品。因为样品是用来证明无疫的，所以所有的样品都不可重复，不能有相同日期、相同的批号或地域编码，附录1说明了这种监测流程的弊端以及必须5 000份样品才会有统计学意义。

以目标3为目的的监测方法：监控PRV国际或者国内的来源

目标3的目的在于监测商品猪PRV的潜在传染源，其并不包括监测流程，但是包括确定高风险猪群的采样目标以及评估PRV由国外传入境的可能性。目标3由三部分组成：

（1）监测野生猪群，包括美国境内野生猪群的数量与分布以及监测野生猪群内PRV的存在情况。

（2）猪群禁猎区数量和分布的定期总结。

（3）监测国际上PRV的流行情况。

由于目标3支持监测活动但并不包含采样的流程，因此，目标3的介绍方式与之前不同，猪群概述、病例定义、数据来源及采样方法不全部适合目标3中的各个组成部分。

H. 监测野生猪群

这部分是将每个州内野生猪群的分布和潜在风险通知到联邦政府的管理人员和州立兽医局。对野生猪群的监测可以分为两部分：已知的野生猪群的分布情况和已知野生猪群的PRV的流行情况。但是正如之前在1.6（野生猪群的定义）中提到的，为了评估潜在的PRV暴露风险，我们认为所有的野猪都是PRV阳性。考虑到猪群被当地野生猪群感染的风险，通过采样获得血清学的监测数据往往存在一些不确定因素。

野生猪群的分布以及野生猪群的PRV监测

（1）猪群概述。包括政府、联邦管理中心、野生动植物保护机构划定的所有野生猪群。野生猪群（见1.6）是指不受限制可自由活动的猪群。

（2）病例定义。我们可以在国家绘制的野生猪群分布图中辨别上报的野猪和群体的规模，发现野生猪群时应上报给州或联邦代理处，可能的话准确划分出其分布的位置。绘制的位置将用来帮助确定高风险猪群的地理位置。

为确定PRV在野生猪群中的存在状况，由国家和联邦代理处划分的野生猪群将由APHIS的野生动植物服务中心（WS）采样并进行PRV检测，并按照WS、VS以及政府管理人员的协议进行。这个监测项目的主要作用是证明一个地区是否有PRV的感染、PRV的阳性猪群是否在扩散，或者PRV在一个地区的野生猪群中是否消失。

（3）数据来源。所有用来绘制野生猪群分布的地图的数据将由州立兽医局及其合作单位进行收集和保存，并且使用即时绘图系统跟踪和监测野生猪群的动向，链接地址为http：//www.uga.edu/scwds/dist_maps.htm。

送检野猪血清和组织病料的监测数据信息包括采集的日期、送检组织或样品的类型、送检猪的大概年龄或成熟程度以及送检猪的来源等，WS的工作人员将采集的样品的数据保存在 ASHM 的 PRV 数据库的野生猪群模块。

收到标有条形码的野生猪群样品的 NAHLN 或其他 PRV 指定实验室，应该通过电子通信系统将结果从 NAHLN 数据库上传到 AHSM 数据库，相关的政府、联邦和 WS 的工作人员可以看到结果。

通过野猪 PRV 的血清学监测获得的发现或信息将通过绘图来展示已确定的 PRV 阳性猪群的分布，项目的工作人员将监控 AHMS 的数据库并给当地政府提供信息。

（4）监控的资源。证明野生猪群中存在 PRV 的参照样品由 APHIS 野生动植物服务中心（WS）提供。由 WS 采集的用于经典猪瘟（CSF）监测的样品同样也可以进行 PRV 和布鲁氏菌的检测。样品量的大小由 VS 与 WS 合作后每年每个州样品的多少决定，并且依赖于空闲资金、CSF 检测项目和其他机构的帮助。

发现野生猪群后，由 VS 及其合作者（现在为 SCWDS）绘制在地图上，联邦和州立机构将野生猪群情况上传到 http：//www. uga. edu/scwds/dist_maps. htm/. 可能的话，野生猪群的报告最好是验证过的。

I. 猪群禁猎区的数量和分布

（1）猪群概述。符合目标 3 的猪群包括所有生态保护区猪群和野生猪群。

（2）病例定义。有未知情况的野生猪群的禁猎区是通过直接或间接接触将 PRV 传入商品猪群的，了解禁猎区的位置有助于联邦政府机构鉴别高风险猪群，这部分监测将协助其他的目标。在狩猎俱乐部周围的高风险猪群将符合目标 1 的“需进行血清学检测的高风险猪群”监测流程。

（3）数据和监控的资源。收集禁猎区的位置并在地图上标注。相关的数据包括禁猎区是否开放、是否有猪群及其地理位置。州、联邦及每个州内其他的管理机构应当每年将包含在管理计划中的野生/传统猪群的位置等信息作为其认证报告的一部分，这些信息由 NSU 使用并且绘制在 NSU 绘制的地图上，或提供给 VS 的合作者进行标注，汇总的地图将提供给 NSU。

如有需要的话，政府有权对之前划分在禁猎区内的猪群进行血清学监测。

J. 监控国际疫病情况

通过进口生猪及其产品或其他动物而引入 PRV 的风险是很小的。为监控来源于国际的风险，CEAH 的问题解决中心（CEI）与 OIE 以及行业内企业合作会及时发布那些可能影响美国的疫病情况，以便公众及时了解。CEI负责鉴别和监控那些可能会影响进口猪及其商品的一些变化。当CEI在进口的猪或其商品中检测到PRV存在的可能性增加时，CEI将通知NSU并调拨适合的人员进行控制，接着将实行国内的PRV监测计划以及评估国内风险增加的情况。

另外，美国农业部动植物检疫署将与国家动物卫生政策和项目员工、NCIE、OIE以及与兽医局国际服务中心交流的其他国家的兽医国际部门共同监控世界动物卫生水平，有关世界动物卫生状况的信息会在这些组织以及美国兽医局的其他部门和动物卫生机构之间进行交流。PRV正是国际之间交流的热点之一，当发现存在风险性国际来源时，NSU及其他管理机构将收到通知，NSU将评估这个风险并根据结果实施相应的国内监测计划。

1.10 数据的分析及解释

1.11 数据的描述与报告

来自所有监测流程的数据将输入到ASHM数据库PRV模板中，这是与CSF送检实验室模板一样的网络数据系统。NSU利用这些模板分析数据并将结果上传至国家项目管理者、流行病学家以及相关行业的政府官员。

每年应上报的数据包括：

（1）每个流程收集的样品数量和在相应的流程内采集样品的目标数量。

（2）执行标准中描述的国内监测覆盖率及实际覆盖率的报告。

（3）采样流程中遇到的问题和争议的分析（获得经验以后采样流程及病例的确诊或许必须重新权衡与划定）。

（4）个别国家的数据的分析和上报情况，AVIC及国家兽医局将根据这些信息进行PRV监测项目的调整。

（5）上报证明无疫的样品的数量（另外上传到相关的NCIE的工作人员）。

（6）如果阳性动物反复出现，必须重新评价采样流程的适用性及识别新风险的程度。

（7）通过对野生动植物保护中心的送检野生猪的信息进行分析并作出关于野生猪群内PRV存在现状与特点的报告。

（8）能打猎的一些野生动物保护区的位置以及内部猪群数量的报告。

日常报告应该包括：

（1）包含对应编号收集的样品数据、样品送检和检测的日期。

（2）官方指定的野生猪群的信息，包含条形码和高风险地区在地图上分布的ID码。

1.12 监测系统的实施：优先顺序、时间轴和内部的交流

优先顺序

目标2（无疫证明）已开始实施，然而样品的采集量已是要求的80倍，国家动物卫生项目中心、兽医局的中央与区域员工以及政府的合作者自2009年开始实施一个在接下来的5年内逐渐降低采样数量的过渡计划。

最先实施的步骤是建立数据库，现今PRV监测项目内国家数据库的自动化网络数据服务（AWBDS）并没有按照PRV数据所需的方式建立，虽然现存的AWBDS的数据能够为未来提供参考，但无法适应AHSM-UDB未来的需求。

包含不同猪群分类和信息技术的管理团队，即PRV的AHSM数据库的控制平台已成形，这为全面综合的PRV的次级模板监测数据库的发展提供一个较好的评估和实施的平台。AWBDS现有的数据将被存档备查，但不会转移到新建的AHSM-UDB平台。

由CADIA制订的第一版的说明书在2008年9月完成，最初的协议和系统的更新计划在2009年开始。

该计划正式的确定和执行，需要行业和国家合作伙伴的接受。由NCAHP和NSU的工作人员以正式或非正式的方式为这个计划的支持提出请求，如有必要的话，业内人士可以在美国畜牧业协会和美国动物保健协会召开的会议上决议。

在更改、接受以及得到业界支持以后，NSU、NCAHP（在区域流行病学家的协助之下）和NAHLN的工作人员将一同展开PRV（和猪布鲁氏菌病）监测指南的制作。这与CSF监测指南在结构和范围上很相似，所有相关的信息将被放在合适的网站内（NSU和VS项目网站）以供学习和训练。

NCAHP和VS的地方工作人员有责任实施目标1（快速检测）的监测流程，实验室和血清学采样则在2009年开始实施。

由于在高风险猪群识别确定之前必须建立完善的监测计划，而在养殖地与屠宰场内进行高风险猪群的检测将有可能延迟到政府能够为各地猪群做风险评估之后。

CEAH 的一个风险评估小组最近总结出，从全国范围来看，至今没有有效的数据进行高风险猪群的风险评估。

监测流程在 2010 年末完成，项目的工作人员将与利益相关者合作共同鼓励和监督这些监测流程的实施。

时间轴

我们建议 PRV 根除项目必须长期和分阶段改造监测模型，以保证以下：

（1）在监测范围内无空白区。虽然在屠宰场内 PRV 的监测项目很多，甚至当其他流程紧急执行时，这项监测项目可能突然中止。

（2）预算与人力资源的调整。在这个长期项目中，联邦政府及实体产业需要时间来进行资源的调整和适应预算上的变化。启动实施逐年降低采样数量的方案，要求每年从 70 000 多份样品减到 20 000 份以下。动物卫生监督部门也需要 5 年的缓冲时期来进行调整。

（3）场点识别和电子移动记录系统调整所需的时间。养猪业已经表示其将支持和接受方案中提出的场点信息管理和跨州移动记录。然而，在理想的情况下，这需要至少 24 个月。一旦应用场点识别系统，现有的监测流程都能够利用该系统而变得更加有效。这就需要我们必须定期重新评估监测计划在此流程内的效果。

（4）足够的时间进行数据库开发。有效而且有针对性的监测，需要一个准确的包含场点信息的并且具有成熟运算法则的数据库。这要求在高风险样品中选择合适的数量和地区。数据库的开发即将开始，在其输入准确数据之前它的价值依然是有限的。

附录 3 包含了 3 年内项目实施的时间表，包含了责任方，可测量的产量和截止日期。

内部交流

一个 PRV 领导小组由 NSU、NCAHP-NAHLN 和地方办事处的工作人员组成。这个小组将关注的焦点集中在监测计划、实施和民众担忧的问题。监测计划更新的这些问题可能会引起不可预见的关注。所有更改监测计划的建议将由 PRV 领导组进行审核。

2008 年 6 月初，NCAHP 在艾奥瓦州的埃姆斯市举行一次猪监测培训会议，在这次培训会上 NCAHP 将与联邦管理层、政府合作者就关于 PRV 的监测计划以及相关的预期管理变化进行详细的讨论。

1.13 资源和预算

可从附录1中获得监测流程中的采样数量和预算成本。实施以后，或许需要重新分析来调整各监测流程中成本以及实际需要的样品数量。

下面的表格粗略地计算了所需成本，评估的是监测流程所需的成本而没有详细划分不同目标及兽医部门。与估算值相比，实际上监测的成本可能有高有低，并且考虑到通货膨胀，采样成本都增加了5%。

评估PRV监测计划的成本

	样品数量	2009年成本（$）	样品数量	2010年成本（$）	样品数量	2011年成本（$）
目标1						
PRV疑似病例	30	15 000	30	15 750	30	16 538
送检组织病原学检测	8 600	860 000	8 600	903 000	8 600	948 150
送检血清的血清学检测检测	8 000	96 000	8 000	100 800	8 000	105 840
高危猪群血清学检测	200	60 000	1 000	315 000	1 575	520 930
与野生猪群接触猪群的血清学检测	30	9 000	30	9 450	30	9 923
目标1总和		1 040 000		1 344 000		1 411 200
目标2						
屠宰场的血清学检测	350 000	2 450 000	125 000	857 000	62 500	437 000
屠宰猪的肉汁检测	5 000	35 000	5 000	36 750	5 000	38 588
目标2总和		2 485 000		911 750		475 588
目标3						
SCWDS标注野生猪群		25 000		25 000		25 000
监控国际PRV流行趋势		1 000		1 000		1 000
目标3总和		26 000		26 000		26 000
其他						
信息技术		500 000		500 000		150 000
差旅		5 000		52 500		55 125
各方面		5 000		5 000		50 000
其他方面的总和		600 000		602 500		255 125
总和		4 151 000		2 2884 250		2 167 913

2010年和2011年的检测费用由于通货膨胀上调5%

1.14 监测计划的性能指标

目标1的目的是快速检测，当目标1划定的样品的检测结果同时分析时，能够在95%的置信区间内达到1个月内的$1/10^6$阳性的检测水平。相同的置信区间和阈值同时应用于目标2内因销售目的而进行的证明无疫监测。

监测计划的性能指标由收集的样品的数量来衡量并且使用附录1提到的加权法来计算。如果性能指标能够接受，计算机将给出95%的置信区间水平上快速检测和证明无疫的最小的100%的覆盖范围。

1.15 监测系统的评估

NSU评估监测计划在实现目的和目标方面的有效性，NSU人员与PRV领导小组评估实施的进度、实际获得的样本数量、预算和性能指标，并根据这些作出决定，每年对计划进行修改，所有变动的计划和/或计算将被记录以进行回顾性分析。

参考文献4

在监测计划实施的3年内，会对监测的计划、实施、效果及成本效益进行一次全面的审查，审查由联邦或州内合适的人员或业内代表执行，相关的结果和审查建议会提供给所有相关的机构和个人，以及兽医服务管理团队。

附录1 在相对加权法基础上对伪狂犬病的监测、现状和计划进行评估2007年11月20日草案

Mark Schoenbaum，区域流行病学专家

兽医局西部区域办公室

1. 方法

该方法的目的是对多数据流中监测计划的样本量、性能和最低成本进行优化。结构化相对加权法（SRW）利用一个框架来衡量为达到监测目标而设计的各监测流程的价值。监测是持续收集数据并根据监测数据在适当的时候采取行动。当前的

许多监测计划都是由多个不同的监测流程组成，每一个流程仅对其中 1 个或 2 个监测目标作出贡献。某些监测流程提供的信息或许比其他流程提供的信息更有价值。本方法包括使用合适的数据及专家意见来衡量计划的不同方面，根据样品量对效果和成本的影响作出更好的决定。以下为各因素概述。

系统/流程	相对群体风险或流行率	样品对目标 1 的相对价值	样品对目标 x 的相对价值	每个样品单位成本	监测流程中预期或实际的样品量
基线	t_0	s_0	s_{xy}	c_0	n_{x0}
流程 1	t_1	s_{11}	s_{xy}	c_1	n_1
流程 y	t_y	s_{1y}	s_{xy}	c_y	n_y

（1）至少有一个监测目标 i，$i=1$ 到 x。

（2）至少有一个监测流程 j，$j=0$ 到 y。

（3）监测流程有多个数量的采样级别 n_j，$j=1$ 到 y。

（4）监测流程 $j=0$ 表示基线。

- 为了达到每个监测目标，理论上应为随机采样。
- 对于监测目标 n_{i0}，$i=1$ 到 x，就是从每个需要监测的群体里随机采集的样品数量。

（5）相对权重，s_{ij} 和 t_j（其中 i 为第 1 到 x 个监测目标，j 为第 0 到 y 个监测流程）。

- s_{ij} 就是为满足目标 i 而以 j 的方式收集样品的相对权重，这种权重在使用时要考虑监测流程的敏感性、特异性、时间性、适应性等因素。
- t_j 表示通过流程 j 在群体内采样来计算风险/流行率的相对权重。
- 因为使用的是相对权重，所以权重的实际值并不重要，仅需要它在计划中与其他值的相对关系。
- s 与 t 的权重在评价监测样本中同等重要。
- 基线（$j=0$）也包含在权重的步骤中，可用来评价其他流程的平等性。

（6）需要一个能够平衡各目标的监测计划：

- 包括多个不同监测流程的监测计划。
- 不同的监测流程在样品数量的基础上为每个监测目标作出不同的贡献。
- 在一个相对的规模下比较不同监测目标、监测流程中的各样品的权重($s_{ij}t_i$)。
- 通过可用数据和专家意见决定相对权重。

- 权重比率 r，在建立基线和每个监测流程相对权重的基础上，表示样品的相对价值，$r_{ij}=s_{ij}t_i/s_{i0}t_0$（$i$ 表示第1到 x 个目标，j 表示第1到 y 个流程）。
- 将多样化的监测计划中的每个监测目标 i 等量化 $n_{i0}=\boxtimes r_{ij}n_j$（$i$ 表示第1到 x 个目标，j 表示第1到 y 个流程）。

（7）目标 i 的预期实现目标（EAG）：

- 新提出或现有的监测计划中的措施与目标符合。
- $EAG_i=\boxtimes r_{ij}n_j/n_{j0}$（对特定的目标 i，j 表示第1到 y 个流程）。
- 对于目前开展的监测，每个流程（j＝1到 y）的样品的数量 n_j，都会特定的来确定每个目标的EAG。
- 对于新提出的监测计划，每个监测流程的样品数量（n_j）由每个监测目标/流程进行优化（使用已知的限制方法）。

（8）监测流程中样品量（n_j）的优化：

- 根据上述的计算方法获得计划的最高EAG得分；
- 计划的最低成本。
  - 目标 i 的总成本，$\boxtimes n_{ij}c_j$（j 表示第1到 y 个流程）。
  - 为某目标收集的样品同样适用于其他的目标。
  - 监测计划预计总成本＝$\boxtimes$Max（n_{ij}，i 表示第1到 x 个监测目标）c_j，j 表示1至 y 个监测流程。
- 研究计划中符合目标的不同流程的成本/效益。
  - 流程中每一美元的得分为 $SSD_{ij}=s_{ij}t_j/c_j$。
  - SSD为在特定的监测流程中每单位金额监测样品的期望值。得分为与同一个目标内的其他SSD比较的相对值。

2. 伪狂犬病的监测计划：结果

2007年4月对监测流程进行了更新。

（1）被动报告的PRV疑似病例（FAD）。

◇ 采样群体：上报到州/联邦机构的非正常猪的病例。

◇ 采样单元：病例。

（2）病猪送检组织的实验室诊断（诊断实验室）。

◇ 采样群体：送检到诊断实验室的符合病例定义的猪。

◇ 采样单元：病例。

（3）猪病例的实验室血清学检测（血清学监测）。

◇ 采样群体：送检到诊断实验室的有4～5个病猪的血清样品等。

◇ 采样单元：有多个动物样本的病例（$n=5$）。

（4）从高风险县跨州移动的猪群监测（跨州）。

◇ 采样群体：跨州移动的猪群。

◇ 采样单元：猪群。

（5）野猪狩猎区附近的户外猪群监测（狩猎区）。

◇ 采样群体：北方或中部狩猎区附近的户外猪群。

◇ 采样单元：猪群。

（6）报告直接暴露于野猪的猪群监测（野猪暴露组）。

◇ 采样群体：在北方或中部州内报告接触野猪的猪群。

◇ 采样单元：猪群。

（7）有野猪分布的县区周围的户外猪群监测（户外组）。

◇ 采样群体：有野猪分布并且养殖规模超过1 000头母猪的72个县户外商品养殖场。

◇ 采样单元：猪群。

（8）屠宰场母猪/公猪的检测（母猪/公猪屠宰场）。

◇ 采样群体：从猪群中剔除的，具有背签标识的且在选定的联邦监控屠宰场屠宰的母/公猪。

◇ 采样单元：仅血液样品。

（9）屠宰场的育肥猪检测（育肥猪屠宰场）。

◇ 采样群体：在选定的联邦监控屠宰场屠宰的育肥猪。

◇ 采样单元：仅血液样品。

（10）认证检测（认证）。

◇ 采样群体：为认证阴性状态或监控单个猪群状态而进行的检测群体。

◇ 采样单元：猪群。

3. 伪狂犬病病毒监测计划：分析

见彩图1至彩图4。

4. 讨论和结论

2005 年，NSU 成立了一个 PRV 专家小组帮助拟订监测计划，这个小组由 Eric Bush 来领导，还有 Lowell Anderson、Mark Schoenbaum 和 John Korslund 等人组成。小组成员负责规范各监测流程，包括各监测流程中采样猪群的风险和流行率，对流程中采样方法的价值进行评级，并对之前的监测计划框架提出可选择的抽样方法。

现在的 PRV 监测主要基于屠宰场公/母猪及育肥猪的监测，以及报告至管理机构（FAD）非正常猪病例。这些监测流程主要是在猪群中 PRV 较普遍的地方进行。因此，建立在这些基础上的监测方法在发现 PRV 方面是有效的。

一些专家认为，更有针对性的方法有利于实现快速检测和成本效益，这在其评分中能够反映出来。Des Moines 在 2005 年总结到，PRV 监测中最重要的两个目标是：①商品猪群中 PRV 的快速检测；②证明商品猪群 PRV 无疫。

表 1 和表 2 列出了每一个监测目标和流程权重，这是多位专家在多次会议中面对面讨论的结果。在 2007 年 4 月的会议中，快速检测的目标从 2 个月（95%的置信区间内百万之一的检出率）变为了 1 个月，这体现了我们对快速检测的需求。证明无疫的目标依然为在 95%的置信水平下一年内发现 0.05%的阳性率。

表 1 监测计划 2 的所有流程的等级和成本

系统/流程	相对群体风险或流行率	样品对目标 1 的相对价值	样品对目标 2 的相对价值	每个样品单位的成本($)	监测流程中预期的样品量
0-随机	1	1	100	*n/a*	35 066 088*
基线					29 949**
1-FAD	50	100	20	500	30 病例
2-诊断实验室	80	60	8	100	8 600 病例
3-血清学检测	20	20	8	12	8 000 病例
4-跨州	30	30	8	300	1 000 个猪群
5-狩猎区	40	10	8	300	75 个猪群
6-野猪暴露组	40	15	8	300	30 个猪群
7-户外组	40	20	8	300	500 个猪群
8-母/公猪屠宰场	5	1	90	7	5 000 个样品
9-育肥猪屠宰场	0.9	5	80	7	5 000 个样品
10-认证	10	8	8	5	1 000 个猪群

* 目标 1，快速检测，在 95%的置信度下，在 1 个月内在 100 万个或更多样品中检测到一个阳性。

** 目标 2，证明无疫，在 95%的置信度下，在一年内能够发现 0.05%流行水平。

表 2 2006 年 3 个监测流程的结果

系统/流程	相对群体风险或流行率	样品对目标 1 的相对价值	样品对目标 2 的相对价值	每个样品单位的成本($)	流程内实际的样品量
0-随机	1	1	100	*n/a*	35 066 088*
基线					29 949**
1-FAD	50	100	20	500	20 个病例
8-母/公猪屠宰场	5	1	90	7	5 000 个样品
9-育肥猪屠宰场	0.9	5	80	7	380 000 个样品

* 目标 1，快速检测，在 95%的置信度下，在 1 个月内在 100 万个或更多样品中检测到一个阳性。

** 目标 2，证明无疫，在 95%的置信度下，在一年内能够发现 0.05%流行水平。

彩图 1 证明了我们需要改变现今的 PRV 监测方法。考虑到专家的评级，现今的监测并没有达到所设定的快速检测目标（达到预期目标的 12.3%）。证明无疫的工作却超过预期目标许多，为 8 427%。选择更有目标性的监测方法能增进目标 1 的实现，并且降低目标 2。

各地专家在过去几次会议中对几个可选的监测计划进行了讨论，在最后一次面对面会议中对监测计划的第二选择方案进行了讨论，并以彩图 2 呈现出来。监测计划第二选择方案具有 10 个监测流程，将有可能完成 131%的目标 1（快速检测）和 332%的目标 2（证明无疫）。

成本效益是对每个监测流程采样水平进行讨论的一部分。彩图 3 为每个监测目标下各流程的成本效益划分了等级。每美元获得较高的得分表示相比于同一目标下的其他流程而言具有更高的成本效益。正如期望的一样，屠宰场监测在证明无疫上具有很高的成本效益，而实验室监测和血清学检测这类具有目标性的监测流程对 PRV 的快速检测具有更高的成本效益。

最后，彩图 4 比较了所有的监测流程（2006 年）和提议的监测计划第二选择方案中各流程的总成本，方案 2 的成本可能仅为当前成本的 1/3。

本文所展现的 PRV 监测工作依然在进展中，未来的工作必不可少。希望能够对样本量、成本和其他特征性指标进行重新评估、衡量和优化。例如，比如许多建议的监测流程并没有实施，这些流程的效果或许与最初的期望有很大不同，这些信息或许只有到计划实行 1～2 年后才能获得。因此，对于监测计划的调整是个持续的过程。

在新的 PRV 监测计划实施之前还需要完成更多的工作。专家需要对发生显著变化的监测流程重新权衡。我们会经常召开面对面的会议来更新权重，或许会进行电话会议，但直接面对面的会议会更好。当监测流程被取消、增加或整合时，将需要对样本量和成本进行重新优化。PRV 项目管理者和熟悉病毒、通用的监测机制及抽样方案的兽医流行病学家是我们所需要的专家。

本报告中 SRW 计划框架的优势之一是，监测计划内参数的改变可以相对快速一些。一个新修改的方案可以分为监测流程、样本量、预期成本和预期效果。专家花费更多的时间来权衡各个监测流程和目标，使其客观上达到一致，从而形成一个在各参数设置上更加现实的、能够被广大群众所接受的监测计划。

附录 2　对风险分析需求的响应伪狂犬病监测实施：高风险猪群的监测流程

Katie Portacci（DVM，MPH，DACVPM），Diana R. Mitchell（MS）
风险分析小组，新发事件中心
USDA：APHIS：VS：CEAH、

▷背景

伪狂犬病病毒（PRV）在 2003 年已从商业猪群中彻底根除，尽管如此，它依然在野生猪群中存在并且能在与野生猪群接触的猪群中偶尔发现。

根据 PRV 在商业猪群内完全根除的现状，在 2004 年的美国动物卫生联合会议上提出了 PRV 根除后的监测计划的迫切需要。NSU 着手于建立一个全面的 PRV 监测计划，将之前建立在各州基础上发现病例的监测融入全国的监测计划中，从而在商业猪群中发现 PRV 感染并证明无疫。

国家 PRV 监测计划的一个重要的目标是监控引入 PRV 的风险。2005 年，USDA 的流行病和动物卫生中心开展了一次风险评估，名为"美国境内州与州之间商品猪群反复接触 PRV 的风险评估"，指出了商品猪群具有暴露或者传播 PRV 高风险的州。

国家 PRV 监测计划以这次评估为基础，制定了定向的监测流程，聚焦于鉴定为高风险县区的 24 个州跨州交易的猪群，这种针对高风险猪群的监测被认为是快速检测 PRV 引入的重要流程。

随着该 PRV 监测计划的制定完成，APHIS-VS 项目工作人员准备在 2008 年实施这个计划。为在实施过程中合理分配监测计划资源，猪病人员和 PRV 监测小组需要对州和县级可利用的资源和信息进行准确描述。为实行高风险猪群的目标监测，猪病小组提出了 CEAH 的风险分析小组协助的需求。

▷目标

目标是完成高风险县（有资料证明有野猪的县）内商品猪群的监测活动所需的时间、信息、资金。

当前，仅有很少的信息能用来确定在这些县有多少高风险猪群，或者商业猪群与野生猪群的接近程度。为了确定实施监测计划所需要的资源以及高风险县中猪群的状况，风险分析小组需要解决以下 4 个问题：

1. 现有数据，以及仍然需要从县和州获得的关于疑似猪群尤其是商业猪群的信息。
2. 获得这些信息时，地理信息系统（GIS）技术的价值。
3. 在没有和有小、中、大商业猪群的县获得相关信息所需人力的评估。
4. 各州跨州运输的次数和运输猪的数量。

▷方法

根据评估需求，风险评估小组应就 PRV 监测计划的实施和资源分配提供咨询。但是，为协助猪病工作人员和其他组织，我们评估了以上 4 个问题以确定当前可利用的资源，也对解决这些问题需要什么资源提出了建议。

▷评估和建议

1. 现有数据，以及仍然需要从县和州获得的关于疑似猪群尤其是商业猪群的信息

（1）自 2004 年起关于野生猪群分布的最新数据（SCWDS），监测计划非常需要野生猪群的准确信息来确定风险。

（2）风险分析小组能够利用的国内养殖猪群信息来自国家农业数据服务中心的普查信息（2002），这些信息包括动物的数量、场点数量、县内不同养殖类型的比例。但是，这些数据无法体现出当前使用的生产体系，比如动物的位置或者这些场点的生物安全等级。

（3）为划分“易感”猪场，我们需要一个统一的“易感”猪场的定义，当前的监测计划认为“暴露”的商业猪群就是能够与外界野生猪群接触的家养猪群，这些信息不能从NASS获得，但是一些州或产业协会或许有这些信息。

（4）监测计划内的采样方案有以下3个特征：能够连接户外的设施，完全限制性的设施，完全限制性的设施和外围隔离措施。如果采样是按照以上标准进行的话，猪场的划分也必须按照这些标准。在国家层面上无法获得这些信息。2007年NAHMS关于小型猪场的研究或许可以提供一些概况，但这些信息无法为实施该采样方案提供需要的县级信息。

（5）需要开发一个统一的场点划分系统，定义一致，根据养殖场的风险等级进行划分，创造区划的效果。

（6）识别和分级场点的过程将通过动物和场点的识别系统流程化。但是，如果不加入国家动物识别系统或其他类似的系统，这个措施将无法被普遍利用。因此，现场人员（动物卫生技术人员或兽医）需要识别每个有野猪的县的每个猪场，并登记为合适的类型（根据设定的定义设定而不是主观意向）。获得这个级别的信息所需的资源每个州各有不同，只能由各州进行估算。

（7）如果猪场的易感性取决于县内野猪的分布，必须制定一个更加统一的报告野猪信息的方法。有效的被动报告系统要求对公众进行教育以确保报告。

（8）暴露于野生猪群的区域中猪群的移动，可能会在家养猪群内传播PRV。因此，必须注意，（4）中提到的采样方案并能够反映出在产业体系、州内、州际或者在销售场点之间的猪的移动。我们需要关于这些风险因素的信息，但是在当前单一的国家体系下是无法完全获得这些信息的，虽然部分州的数据库有关于移动的信息。尽管一些州有这些数据（见下面的4），但我们依然没有意识到可靠的、集中的跨州动物移动信息的重要性。

2. 获得这些信息时地理信息系统（GIS）技术的价值

（1）GIS对一个地区进行风险分析是很有帮助的。但这些分析十分依赖于问题1中获得的信息，特别是位置、生物安全、场点类别及野猪分布等信息。没有这些信息，地理信息系统的有用性会受到限制。

（2）如果通过调查获得对于问题1的回答，可使用全球定位系统（GPS）收集农场位置信息。所有现场工作人员需要接受使用GPS装置和以标准的VS格式输入数据的培训。

3. 在没有和有小、中、大商业猪群的县获得相关信息所需人力的评估

获取这些信息所需要的人力资源将由各州确定，因为每个州内的猪养殖数量以及现有的可用于调查工作的人员数量都不相同。

4. 各州跨州运输的次数和运输猪的数量

（1）关于猪群跨州移动的概况来自 2006 年 NAHMS 的研究，但是这个研究并不适用于县级（甚至不适用于某些州）。

（2）获得县级的准确信息必须依靠 AVIC、国家兽医以及拥有兽医检疫电子证书（eCVI）的执业兽医的参与。

（3）2003 年经济研究处（ERS）完成了一个名为“州际牲畜移动”的展望报告。这个报告在很大程度上依赖于 2001 各州 AVIC 开展的调查，报告了主要商品畜（包括猪）检验证书的汇总结果。如何使用这些数据是我们所关心的，由于应答率和养猪业自 2001 年以来的变化，这些数据可能无法准确地反映当前的行业情况。在全国强制使用 eCVI 数据库将有助于通过电子化的手段更彻底的获取信息。至少，开展一项关于各州的新调查将有助于确定各州执行此措施的能力。

▷对未来的建议

风险分析小组在分析数据方面非常高效，但是没有办法产生数据。为了确定每个高风险州的所需资源（正如之前风险评估定义的一样），必须准确了解每个州的实际情况。

为了获得这些信息，有以下几个建议：第一，所有参与到 PRV 监测计划的组织都必须认可关于场点分类及其风险等级的定义；第二，由区域办公室开展对高风险州的调查，确定每个州的现有资源。根据商定的标准定义，确定关于跨州移动以及场点分类中所需其他信息的可用性。

对调查结果进行分析以后，可以判定是需要对每个场点进行实地调查，还是获得国家级的数据已经足够。

基于一些县猪群的大致信息，可能会根据“专家意见”将县内的养殖猪场进行大体的划分。但是，这些数据都很难汇总，而且在提供关于猪群特征的准确信息方面价值不大。

此外，如果风险被定义为接近野生猪群，那么对野生猪群的准确描述是非常必

要的，这个数据库作为常规基础数据应定期维护。

▷结论

基于有限的数据，风险分析小组认为，本次可做的分析有限。我们可以帮助监测团队定义风险群体，在调查中加入经济方面的问题，并帮助编辑对各州的调查表。如果可获得更多的数据，风险分析小组将重新分析数据。

附录3　监测实施计划

2008年PRV监测实施计划

年份	项目	开始日期	完成日期	责任单位	措施
2008	指定和批准一个能够和改进的监测计划兼容的管理计划	2007-12-1	2008-1-31	NCAHP以及WERC和RAD_PPD员工	批准的管理工作计划
2008	实验室PRV抗原检测PCR试验的提交和官方认可	2008-1-1	2008-3-31	NVSL（NAHLN协调员）	本项目中的一种PCR抗原诊断试验获得认可
2008	PRV监测计划的讨论，修改和批准	2008-1-31	2008-1-31	NSU-VSMT	VSMT计划获得批准
2008	解决IT开发问题的PRV-SB变更控制委员会(CCB)IT部门的建立	2008-3-1	2008-6-30	NCAHP员工，NSU，区域猪流行病学专家，CADIA IT员工	由NCAHP和CADIA-AIM提交和批准的委员会名单
2008	区域员工、地方办事处、州合作者关于样品采集、运输、数据采集以及共同执行PRV监测项目的交流	2008-3-1	2008-9-30	NCAHP员工，区域猪流行病学专家，CADIA IT员工	NCAHP人员和区域流行病学家批准的州采样计划文件
2008	APHIS与WS在有关业务规则及野猪监测活动所需采样、诊断资金方面的交流和决策	2008-3-1	2008-9-30	ASEP员工和野生动物处	WS和NCAHP签署的MOU
2008	NAHLN与NVSL在业务规则、将PRV的检测并入NAHLN网络以及和NCAHP间非正式的MOU方面的交流和决策	2008-3-1	2008-9-30	NCAHP员工和NA-HPP ADA，NAHLN	WS和NCAHP签署的MOU

（续）

年份	项目	开始日期	完成日期	责任单位	措施
2008	管理层与实验室利益相关者在监测项目过渡阶段(更少的血清学监测、不同监测流程、资金重新定向)的讨论,形成可接受的5年过渡计划	2008-3-1	2008-10-31	NCAHP主任及NA-HPP ADA	2008 USAHA决议批准
2008	产业与管理者关于项目管理中采用地域ID以及eCVI跨州报告的交流	2008-4-1	2008-10-31	NCAHP：SIP员工和NAHPP ADA	2008 USAHA决议批准
2008	PRV与CCB开发一个详细的AHSM-UDB PRV数据库和猪病监测计划接口的IT(规程)	2008-8-1	2008-9-30	NSU，NCAHP员工，区域猪流行病学专家，CADIA IT员工	NCAHP与CADIA-AIM签署的详细的开发规范

2009—2010年PRV监测实施计划

年份	项目	开始日期	完成日期	责任单位	措施
2009	屠宰母/公猪的采样数量减少到2008年的50%(350 000)	2008-10-1	2008-12-31	NCAHP员工和区域流行病学专家	将PRV检测实验室采集的样品数量降至350 000
2009	完成AHSM的PRV数据库的实验室诊断模板与NAHLN HL-7绑定的开发	2008-10-1	2009-3-31	CADIA IT，PRV CCB	运行能够收到10个诊断实验室血清学和组织学检测结果的数据库
2009	启动诊断实验室监测流程样品收集的协议	2009-1-1	2009-3-31	NCAHP员工和区域流行病学专家	2009年3月31日之前签署10个合作意向或者协议
2009	启动与NAHLN实验室进行PRV和野猪样品检测的实验室诊断合作	2009-1-1	2009-3-31	NAHLN	2009年3月31日之前签署10个合作意向或者协议
2009	制定基于母猪/公猪的屠宰场点监测计划	2009-1-1	2010-9-30	NCAHP/区域流行病学专家，SIP(ID)员工，行业(NPB)，个体屠宰户	20个最大的母猪屠宰机构能够将血清采集到有条形码的试管中并标记地区
2009	制定基于商品猪的屠宰场点监测计划	2009-1-1	2010-9-30	NCAHP/地区的流行病学专家，SIP(ID)员工，行业(NPB)，个体屠宰户	15个最大的商品猪屠宰机构能够将血清采集到有条形码的试管中并标记地区
2009	完成AHSM PRV数据库的场点ID和ECVI输入模块的完整开发，绑定地方网络和MIM NAHLN HL-7消息输入	2009-5-1	2010-12-31	CADIA IT，PRV CCB	运行能够接受来自各州养殖场和移动数据的数据库

（续）

年份	项目	开始日期	完成日期	责任单位	措施
2010	屠宰母/公猪采样数量减少到2009年的50%(175 000)	2009-10-1	2009-12-31	NCAHP员工和区域流行病学专家	将PRV检测实验室采集的样品数量降至175 000
2010	启动NAHLN实验室与PRV诊断实验室关于屠宰场血清学和肉汁样品的检测协议	2010-1-1	2010-3-31	NAHLN	2010年3月31日之前签署10个合作意向或者协议
2010	开发基于屠宰场的母猪/公猪屠宰血清学监测数据库，具有以屠宰场为基础的数据输入（WEB和/或MIM）和NAHLN HL-7消息功能	2010-1-1	2010-12-31	CADIA IT，PRV CCB	运行能够收到血清学检测结果（HL-7）和屠宰场提供的关于动物场点信息的数据库
2010	开发基于屠宰场的商品猪屠宰血清学监测数据库，具有以屠宰场为基础的数据输入（WEB和/或MIM）和NAHLN HL-7消息功能	2010-1-1	2010-1-1	CADIA IT，PRV CCB	运行能够收到血清学检测结果（HL-7）和屠宰场提供的关于动物场点信息的数据库

图书在版编目（CIP）数据

美国伪狂犬病根除经历回顾/［美］美国农业部动植物检疫署编．中国动物疫病预防控制中心组译．—北京：中国农业出版社，2021.4

ISBN 978-7-109-27997-1

Ⅰ．①美…　Ⅱ．①美…②中…　Ⅲ．①猪病—伪狂犬病病毒—防治—美国　Ⅳ．①S858.28

中国版本图书馆 CIP 数据核字（2021）第 038822 号

中国农业出版社出版

地址：北京市朝阳区麦子店街 18 号楼

邮编：100125

责任编辑：刘　伟　王宏宇

版式设计：王　晨　　责任校对：沙凯霖

印刷：北京中兴印刷有限公司

版次：2021 年 4 月第 1 版

印次：2021 年 4 月北京第 1 次印刷

发行：新华书店北京发行所

开本：700mm×1000mm　1/16

印张：19.5　　插页：1

字数：340 千字

定价：100.00 元

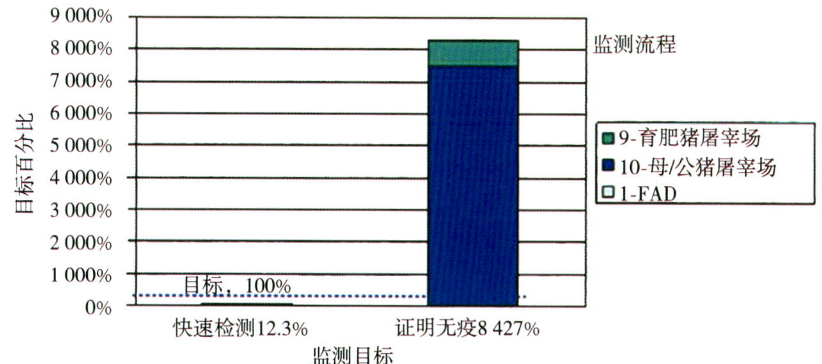

彩图 1　2006 年 3 个监测流程对 2 个 PRV 监测目标的预期成果

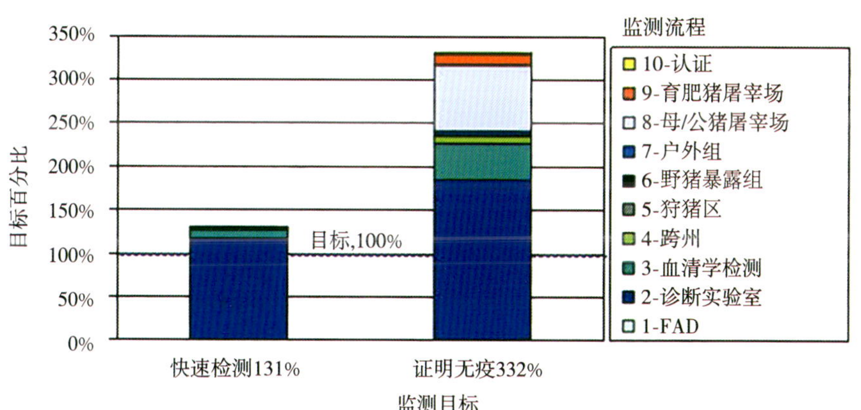

彩图 2　提议的监测计划中不同监测流程对实现 2 个监测目标的预期*

*衡量监测计划对于预期监测目标的实现程度

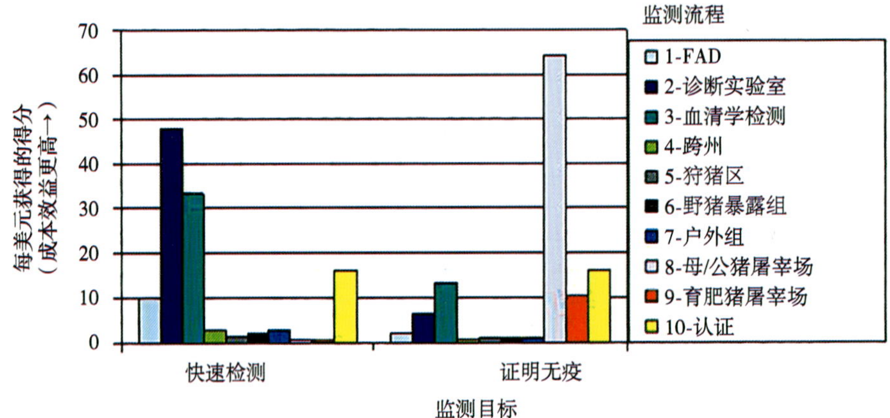

彩图 3　提议的 PRV 监测计划中每一美元对 2 个监测目标的得分*

* 对于每个监测流程成本效益的相对测量

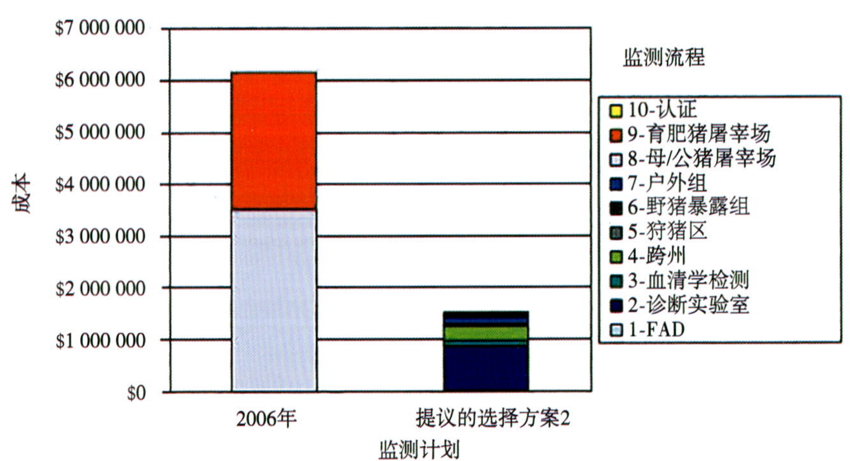

彩图 4　2006 年监测计划与提议的选择方案 2 预期花费的比较